项目计划与控制

（第2版）

欧阳红祥　简迎辉　编著

·北京·

内 容 提 要

本书系统地介绍了项目计划与控制的基本概念、基本原理和方法、工具。全书共分六章，主要内容包括绪论、项目进度计划与控制、项目资源计划与优化、项目成本计划与控制、项目质量计划与控制、项目安全计划与控制。本书引入了大量的案例，并将项目计划与控制的基本原理、方法、工具和管理案例相结合，使读者加深对建设项目管理规律性的认识。

本书图文并茂，案例丰富，可读性强，既可作为工程管理、土木水利工程类本科生和研究生的教材，还可供从事工程项目管理的相关人员在工程实践中学习参考。

图书在版编目（CIP）数据

项目计划与控制 / 欧阳红祥，简迎辉编著. -- 2版. -- 北京 : 中国水利水电出版社，2022.12
ISBN 978-7-5226-1174-7

Ⅰ. ①项… Ⅱ. ①欧… ②简… Ⅲ. ①工程项目管理－高等学校－教材 Ⅳ. ①F284

中国版本图书馆CIP数据核字(2022)第241161号

书　　名	项目计划与控制（第2版） XIANGMU JIHUA YU KONGZHI
作　　者	欧阳红祥　简迎辉　编著
出版发行	中国水利水电出版社 （北京市海淀区玉渊潭南路1号D座　100038） 网址：www.waterpub.com.cn E-mail：sales@mwr.gov.cn 电话：（010）68545888（营销中心）
经　　售	北京科水图书销售有限公司 电话：（010）68545874、63202643 全国各地新华书店和相关出版物销售网点
排　　版	中国水利水电出版社微机排版中心
印　　刷	天津嘉恒印务有限公司
规　　格	184mm×260mm　16开本　14.25印张　347千字
版　　次	2015年1月第1版第1次印刷 2022年12月第2版　2022年12月第1次印刷
印　　数	0001—2000册
定　　价	**42.00**元

凡购买我社图书，如有缺页、倒页、脱页的，本社营销中心负责调换

第2版前言

任何项目都有其特定的目标，而目标的实现需要依赖计划与控制两个重要的管理过程。项目计划是项目组织根据项目目标，对项目实施过程作出周密安排的管理活动。项目控制是项目组织将项目的实际情况与计划进行对比，找出偏差，分析成因，提出并实施纠偏措施的管理活动。为提高项目的建设效率和效果，越来越多的项目组织运用项目计划和控制的理论和方法来管控项目，从而确保项目能够走向成功。

本书共六章，主要内容包括绪论、项目进度计划与控制、项目资源计划与优化、项目成本计划与控制、项目质量计划与控制、项目安全计划与控制。本书第一章由河海大学简迎辉编写，第二章由南京工业大学浦江学院鲍莉荣编写，第三章由皖江工学院杨晓凌编写，第四章至第六章由河海大学欧阳红祥编写，全书由欧阳红祥统稿，简迎辉审阅。在本书编写过程中，得到了杨志勇、高辉的大力帮助。

本书最大的特点是理论与实际相结合，通过将基本理论与案例深度融合的方式，增强了内容的可读性和趣味性。

本书在编写过程中，参考了国内外许多专家学者所著的文献，在此，谨对相关专家表示深深的谢意。

由于作者水平有限，书中难免存在一些缺点和错误，殷切期望广大读者批评指正。

编者

2022年3月

第1版前言

作为国民经济的支柱产业之一，建筑业保持了较高的 发展态势，同时，建筑业也面临着复杂多变的外部环境和竞争日趋激烈的局面。在此背景下，越来越多的建筑企业通过项目管理来提升自身的核心竞争力，通过运用项目计划与控制中的理论、方法与工具来确保大型复杂项目能走向成功。基于此，本书聚焦项目管理过程中计划与控制两个环节，从概念入手，对项目计划与控制的体系、内容、程序等进行了详细介绍。

本书还用较大的篇幅介绍了项目计划与控制中较为成熟的技术与方法，如网络计划技术、工程质量检验与控制的工具、危险源识别和评价的方法、工程费用预算技术等，这些技术与方法已在工程实践中得到广泛应用，并已成为经典的分析方法和工具。与此同时，本书也介绍了项目计划与控制中的新理论和新方法，如资源优化中的遗传算法、安全生产预测中的灰色理论、设计方案优选中的模糊评价方法、安全生产评价中的人工神经网络等，这些新理论和方法既有学术价值，也有应用前景，对提升工程项目管理水平具有重要意义。

本书共分7章，包括：绪论，工程项目进度计划与控制，工程项目资源计划与优化，工程项目投资计划与控制，工程项目质量计划与控制，工程项目安全计划与控制，Microsoft Project 软件介绍。第一章由简迎辉编写，第二章由鲍莉荣编写，其他各章由欧阳红祥负责完成，全书由欧阳红祥统稿。在本书编写过程中，得到了杨建基、谈飞、张云宁、杨志勇的大力帮助，研究生杨骏、支建东、崔祥、何天翔等参与了本书中部分案例的搜集与整理工作以及部分图表的绘制工作，本书的出版也得到了2013年度安徽省高等教育振兴计划的资助，在此一并表示感谢！

本书在编写过程中，参考了国内外许多专家学者所著的文献，在此，谨对相关专家表示深深的谢意。

由于作者水平有限，书中难免存在一些缺点和错误，殷切期望广大读者批评指正。

编者

2014年10月于南京

目 录

第一章　绪　　论

第一节　项目与项目目标

一、项目

项目（project）一词已被广泛应用于经济社会的各个方面。许多项目管理专家或组织都试图用简明扼要的语言对项目进行概括和描述，但由于视角不同，使得这些定义不可能完全一致。美国项目管理协会（Project Management Institute，PMI）认为：项目是为创造独特的产品、服务或成果而进行的临时性工作。下面为项目的例子（但不限于）：

（1）开发新的复方药。

（2）扩展导游服务。

（3）合并两个公司。

（4）改进公司的业务流程。

（5）为公司采购和安装新的计算机硬件系统。

（6）一个地区的石油勘探。

（7）修改公司内部使用的计算机软件。

（8）开展研究以开发新的制造过程。

（9）建造一座大楼。

（10）举办大型体育盛会。

由此可见，项目的形式是多种多样的，但各种形式的项目却有着共同的特点：都要求在一定的期限内完成；不得超过一定的费用；要达到一定的性能要求。

项目的“临时性”是指项目有明确的起点和终点。“临时性”并不一定意味着项目的工期较短。在以下一种或多种情况下，项目即宣告结束：

（1）达成项目目标。

（2）已无可能实现项目目标。

（3）无法获得项目所需资金。

（4）项目需求不复存在。

（5）无法获得所需人力或物力资源。

（6）出于某种原因而终止项目。

项目能够为相关方带来效益。项目带来的效益可以是有形的、无形的或两者兼有。有形效益包括货币资产、股东权益、公共事业、固定设施等。无形效益包括商誉、品牌认知度、公共利益、商标等。

二、项目目标

项目目标指实施项目所要达到的期望结果。项目目标往往不止一个，而是一个由多目标组成的系统。

1. 项目目标设置原则

现代管理学之父彼得·德鲁克在《管理的实践》中提出了目标设定的五个原则（SMART 原则），设置项目的目标时，同样需要遵守这五个原则：

（1）目标必须是具体的（specific）。

（2）目标必须是可以衡量的（measurable）。可以衡量就是目标是否达成，可以用指标或成果的形式进行衡量。

（3）目标必须是可以达到的（attainable）。

（4）目标必须和其他目标具有相关性（relevant）。

（5）目标必须具有明确的截止期限（time-based）。制定目标时，要明确具体的完成时限，没有完成时限的目标是没有意义的。

2. 项目的三大控制目标

项目通常包括进度、质量、成本三大控制目标，除此之外，建设项目还包括安全控制目标。例如某建设项目的进度目标为：总工期 20 个月，2021 年 5 月开工，2022 年 12 月竣工；成本目标为总投资 3.2 亿元；质量目标为验收合格；安全目标为杜绝较大及以上安全事故。

项目的三大控制目标之间存在对立统一的关系。对立关系表现为：若压缩总工期，则会增加项目的成本、降低项目的质量；若提高质量标准，则会增加项目的成本、延长总工期。统一关系表现为：若压缩总工期，则项目会提前进入运行阶段，提前发挥效益，能提早收回投资；若提高质量标准，则会降低项目运行阶段的维修成本。因此，在确定项目的三大控制目标时，要考虑三者之间的关系，保持这三个目标之间的协调均衡性。三大控制目标之间的关系如图 1-1 所示。

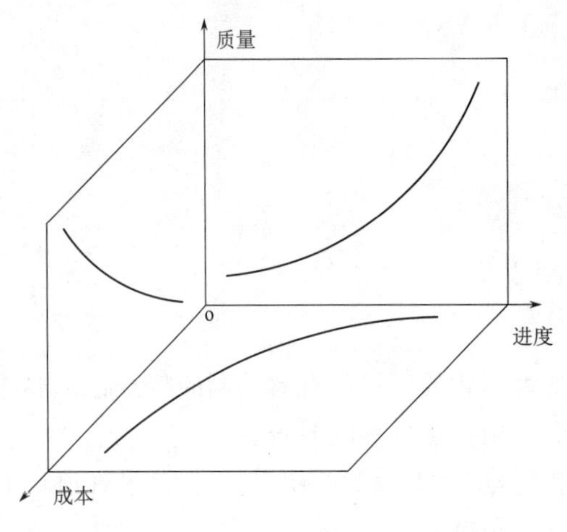

图 1-1　三大控制目标之间的关系图

第二节　项　目　计　划

一、项目计划的作用

项目计划是项目组织根据项目目标，对项目实施过程作出周密安排的管理活动。项目计划的作用表现在以下三个方面。

1. 细化和论证项目的目标

项目目标确立后，通过项目计划可以明确项目目标能否实现及其实现的途径和方式，并能及时发现总目标与各个子目标之间是否相互协调。因此，项目计划既是对项目目标的细化，又是对项目目标的论证。

2. 指导和检验项目的实施

项目计划确定了完成项目目标所需的各项工作、明确了项目组织的责权、设定了完成各项工作的时间、资源和成本以及需达到的质量标准等，这些都是指导项目实施的依据和指南。项目实施后，项目计划还可以作为检验评价实施效果的尺度。项目组织可将项目实际数据与计划值进行比较，计算出各类偏差。偏差的大小可反映出项目实施的效果。一般来说，偏差越小，说明项目实施的效果越好。

3. 协调项目参与方的行为

专业化分工使项目的参与方众多，项目的顺利实施有赖于各参与方在时间、空间上协调一致。科学的项目计划能合理地协调各参与方、各专业、各工种的关系，使得各参与方的行为尽可能协调或一致，充分地利用时间和空间，保证各项工作的顺利开展。

二、项目计划的要求

1. 符合实际

项目计划要可行，能符合实际，不能纸上谈兵。符合实际主要体现在符合项目内外部环境、符合项目的客观规律、能反映项目各参与方利益诉求等。

2. 留有余地

项目计划是基于当下环境条件而对各项活动作出的周密安排。考虑到未来环境条件有可能发生改变，因此，项目计划必须留有余地，以适应可能出现的新情况。

3. 相互协调

一个科学可行的项目计划，不仅内容要完整，而且要相互协调，体现在三个方面：

（1）不同层次之间的协调。下一级计划要服从上一级计划，上一级计划应考虑下一级计划实现的可能性。

（2）不同专业之间的协调。应按照总体计划编制专业计划，同时还应注意专业计划之间的协调。例如施工进度计划应与材料采购计划相协调。

（3）利益相关者之间的协调。例如分包商的计划要与总包商的计划相协调，设计单位的供图计划应与施工单位的施工计划相协调。

三、项目计划的分类

1. 按计划的深度分类

按计划的深度可分为总体计划和详细计划。

（1）总体计划。总体计划也称节点计划、里程碑计划，用来描述项目的整体形象及战略部署。例如项目的总进度计划、项目的总投资计划等。

（2）详细计划。详细计划用来描述应包括的具体工作、人财物等资源的配置、具体的实施方法、时间上的安排等。例如分部工程进度计划、分部工程质量验收计划等。

2. 按时间的长短分类

按时间的长短可分为年、季、月和周计划。项目组织可以根据项目的复杂程度和管理实际需要，选择编制年、季、月和周计划。一般来说，若项目的实施时间较长，需要跨年度的，则应编制年计划，然后根据年计划进一步编制季、月、周计划或者只编制月计划。

3. 按控制目标分类

按控制目标可分为项目进度计划、项目成本计划、项目质量计划、项目安全计划。

（1）项目进度计划。项目进度计划是表达项目中各项工作的开展顺序、开始及完成时间的计划。按时间跨度，可将项目进度计划分为年、季、月、周进度计划；按编制深度不同，可将项目进度计划分为总进度计划、单项工程进度计划、单位工程进度计划、分部分项工程进度计划等。这些不同类别的进度计划构成了项目的进度计划系统。

（2）项目成本计划。项目成本计划包括资源计划、成本估算和资金使用计划。资源计划就是要决定在每一项工作中要用什么样的资源以及在各个时间段用多少资源。成本估算指的是完成项目各项工作所需资源（人、材料、设备等）的成本近似值。将成本估算按时间进行分解，就可得到资金使用计划。

（3）项目质量计划。项目质量计划是针对具体项目的要求，以及应重点控制的环节所编制的对设计、采购、项目实施、检验等环节的质量控制方案。质量计划的目的主要是确保项目的质量标准能够得以满意的实现。

（4）项目安全计划。项目实施过程中，人的不安全行为和物的不安全状态在同一时空出现，就会出现安全事故，从而导致人员伤亡和财产损失。项目安全计划就是确定项目的危险源、评价危险等级、明确防范措施。

四、项目计划的内容

项目计划是一份指导项目实施的文件。不同规模、不同类型项目的计划详略程度不同，表达项目计划的方式和方法也可能不同，但项目计划通常应该明确以下事项：

（1）做什么（what）：要明确项目的目标，确定实现该目标所应完成的各项工作。

（2）如何做（how）：确定完成各项工作的方法、手段和步骤。

（3）谁来做（who）：明确由哪个部门和哪些人去负责完成相应的工作。

（4）何时做（when）：明晰工作之间的先后关系，确定每一项工作在何时实施，需要多长时间完成。

（5）花费多少（how much）：计算各项工作所需资源数量和成本，计算项目总费用。

第三节　项　目　控　制

一、项目控制的定义

项目在实施过程中常常面临多种因素的干扰，因此项目的实际状况必然会偏离预期轨道，例如成本超支、工期拖延等。如果不进行项目控制，偏离程度将会越来越大，最终导致项目的失败。所谓项目控制，是指项目组织将项目的实际情况与原计划（或既定目标）进行对比，找出偏差，分析成因，研究纠偏措施，并实施纠偏措施的所有管理活动。

一个好的控制系统可以保证项目按预期轨道运行，相反，一个不好的控制系统有可能导致项目实施不稳定，甚至失败。图 1-2（a）表示随着时间的推移，项目目标的实际值和预期值之间的差距越来越大，项目处于失控的状态。图 1-2（b）表示随着时间的推移，项目目标的实际值和预期值之间的差距越来越小，项目处于受控的状态。

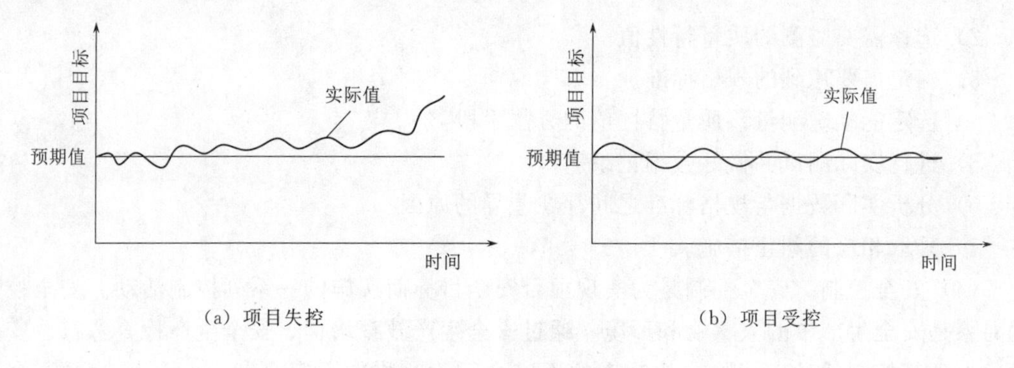

(a) 项目失控　　(b) 项目受控

图 1-2　项目控制状态

二、项目控制的分类

1. 按控制过程分类

按控制过程可分为事前控制、事中控制和事后控制三种。

(1) 事前控制。项目实施前，项目组织采取一定的防范措施防止计划与实际产生偏差的管理活动称为事前控制，这是一种防患于未然的控制方法。例如，项目实施前的技术交底、对拟进场工人进行安全教育培训等属于事前控制。

(2) 事中控制。在项目实施过程中，项目组织对项目计划的执行情况及效果进行现场检查、监督和改正的管理活动称为事中控制。例如，检查钢筋的焊接质量、检查特殊工种的持证上岗情况等属于事中控制。

(3) 事后控制。项目的部分工作或全部工作完成后，项目组织对其进行的评估验收属于事后控制。例如，项目的分部工程验收、项目的竣工验收等属于事后控制。

很明显，项目控制的重点应放在事前控制上，它经济有效，但需要丰富的经验。只有拥有丰富的经验，才能事先预判出会产生偏差的对象，并提出有效的对策措施。

2. 按控制目标分类

项目控制的目的是确保项目的实际状况能满足项目目标的要求。项目目标通常包括工期.成本、质量、安全等主要目标，因此项目控制主要包括进度控制、成本控制、质量控制和安全控制。除此之外，项目控制还包括项目范围控制、项目变更控制等。

(1) 进度控制。项目实施过程中，项目组织必须不断地监控项目的进程以确保每项工作都能按进度计划执行。同时，必须不断收集实际数据，并将实际数据与计划进行对比分析，必要时应采取有效的措施，确保项目按预定的进度目标完成，避免工期的拖延。

(2) 成本控制。成本控制就是要保证各项工作要在它们各自的预算范围内完成。成本控制的基本思路是：各部门定期上报其实际成本数据，再由控制部门对其进行审核，以保证各种支出的合理性，然后再将已经发生的成本与预算相比较，分析其是否超支，并采取相应的措施加以弥补。

(3) 质量控制。为达到质量要求所采取的作业技术和活动称为质量控制。质量控制的目的就是要确保项目质量能满足有关方面所提出的质量要求。质量控制大致可以分为 7 个步骤：

1) 选择控制对象。

2）选择需要监测的质量特性值。

3）确定需要达到的规格标准。

4）选定能准确测量该质量特性值的方法手段。

5）进行实际测试并做好数据记录。

6）分析实际数据与规格标准之间存在差异的原因。

7）采取相应的纠正措施。

（4）安全控制。安全控制是为实现项目安全目标而实施的一系列控制活动。安全控制的对象是安全生产中的人、物和环境。通过安全生产教育培训、安全生产检查考核、安全事故处理等控制活动，消除或控制人的不安全行为、物的不安全状态和环境的不安全因素，以防止事故的发生，保障人的生命安全和健康，保护国家、集体的财产不受损失。

3. 按控制方式分类

按控制方式可分为主动控制与被动控制。

（1）主动控制。预先确定影响项目目标的因素，分析目标偏离的可能性，拟定和采取各项预防性措施。这是一种面对未来的控制，要尽力消除不利因素，使被动局面不易出现。

（2）被动控制。对项目的实施进行检查跟踪，发现偏差后，立即采取纠正措施，使目标一旦出现偏差就能得以纠正。

三、项目控制的流程

项目控制的流程如图1-3所示。在项目实施过程中，项目控制流程需要不断地循环，直至项目结束。

1. 实施计划并收集实际数据

实施执行既定计划，并收集项目目标的实际值，如实际成本、实际进度等。

2. 计算项目目标的偏差

通过将项目实施过程中的各种绩效报告、统计资料等文件与项目合同、计划、技术规范等文件对比，及时发现项目目标实际值和计划值的差异，以获取项目目标偏差信息。

（1）偏差的表达形式。项目目标偏差信息可以用两种形式表达。第一种是表格形式，表格分成若干行和列，行代表要进行偏差分析的对象，列显示实际的、计划的和偏差数据，见表1-1。

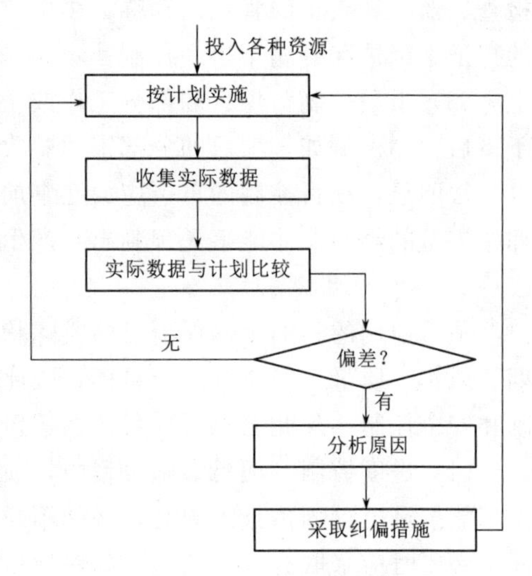

图1-3　项目控制的流程

表1-1　偏差分析表样式

序　号	分析对象	计划值	实际值	偏　差
1	工期/d	300	312	12
2	成本/万元	4680	4500	－180

第二种是图形形式，如图1-4所示。图1-4中T表示项目的完工时间，M表示项目完工时项目目标的计划值，t表示项目的检查时间，P和A表示t这个检查时间项目目标的计划值和实际值。图中有两条曲线，一条代表计划曲线，另一条代表实际曲线。在任何时间点上两条曲线在垂直方向上的距离称为偏差。

图形形式的优点是它可以同时显示不同时间点上的偏差，而表格形式只能显示当前检查时间点上的偏差。

（2）偏差的类型。

1）正向偏差。正向偏差一般指进度超前、成本节约、质量高于标准、安全高于预期等。通常，正向偏差对项目而言是一件好事情。例如，进度产生正向偏差后，可以尽早地完成项目；资源可以从进度超前的工作中调配给进度延迟的工作，从而解决潜在的资源冲突问题等。

2）负向偏差。负向偏差一般指进度拖延、成本超支、质量低于标准、安全低于预期等。通常，负向偏差对项目而言是一件坏事情。

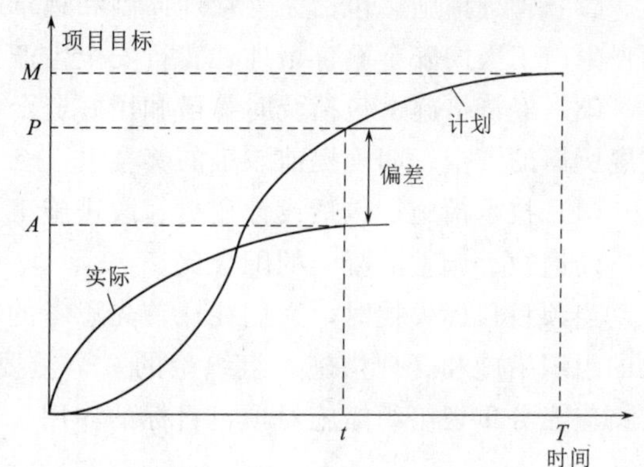

图1-4　计划与实际的偏差

在项目的实施过程中，正向偏差和负向偏差有时会交替发生，总体而言，偏差的大小会随着时间的推移而逐步减小。

3. 偏差的原因分析

从项目参与者的角度分析，偏差可能是以下几个方面原因引起的。

（1）业主的原因。如业主没有按合同规定提供相关资料，或应由业主提供的材料在时间和质量上不符合合同要求致使工期延误，或在项目执行过程中业主提出变更使得工程量大增而导致成本增加等。由于业主的原因造成的偏差应由业主承担责任。

（2）承包方的原因。如由承包方负责的设计出现错误、承包方采用的项目实施方案不符合实际等。由承包方责任造成的偏差应由承包方承担责任。

（3）第三方的原因。第三方是指除业主与承包方以外的相关方。例如，政府对项目的不恰当干预、当地民众阻碍项目的实施等。第三方的原因造成的项目偏差，应由业主负责向第三方追究责任。

（4）供应商的原因。供应商是指与项目承包方签订资源供应合同的企业，包括分包商、原材料供应商和提供加工服务的企业等。例如，未按时提供原材料、材料质量不合格、分包的工作没有按期完成等。由供应商原因造成的项目偏差应先由承包方承担纠偏的责任和由此带来的损失，然后承包方可以依据其与供应商签订的交易合同向供应商提出损失补偿要求。

（5）不可抗力。所谓不可抗力，是指合同订立时不能预见、不能避免并不能克服的客观情况，如台风、洪水、冰雹、罢工、骚乱、战争等。不可抗力事件造成的偏差应由业主和承包方共同承担责任。

4. 常用纠偏措施

掌握了项目偏差大小及偏差原因后，项目组织就可以有针对性地提出并采取适当的纠偏措施。

(1) 组织措施。包括调整项目组织结构、任务分工、管理职能分工、工作流程和人员等措施。例如将项目组织结构由直线制改为直线职能制、增加生产工人的数量。

(2) 管理措施。包括完善管理体制和规章制度、调整管理的方法和手段等措施。例如加强生产工人的安全教育培训、实行安全生产责任制。

(3) 经济措施。包括及时筹措和用好资金、完善奖惩机制等措施。例如落实加快项目进度所需的资金、明确提前竣工的奖金。

(4) 技术措施。包括设计变更、改进施工方法和改变施工机具等措施。例如调整土方碾压的遍数、调整混凝土的配合比。

当项目目标失控时，人们往往首先思考的是采取什么技术措施，而忽略可能或应当采取的组织措施和管理措施。组织论的一个重要结论是：组织是目标能否实现的决定性因素，应充分重视组织措施对项目目标的作用。

第四节 通用技术与工具

在项目计划与控制中，需要借助很多工具和技术进行检查、分析和评价工作，有些工具和技术是通用的，例如无论是编制进度计划，还是编制投资计划、质量计划，都需要用到工作分解结构这种技术。有些工具和技术是专有的，例如网络计划技术只能用于编制进度计划，质量控制图只能用于质量控制。本节仅介绍一些常用的通用工具和技术，其他专有工具和技术分别在第二章至第六章予以介绍。

一、工作分解结构

工作分解结构（work breakdown structure，WBS）指把项目可交付成果按一定原则分解成较小的、更易于管理的单元，形成层次清晰的结构，如图 1－5 所示。工作分解是制订进度计划、成本计划、质量计划等的重要依据。

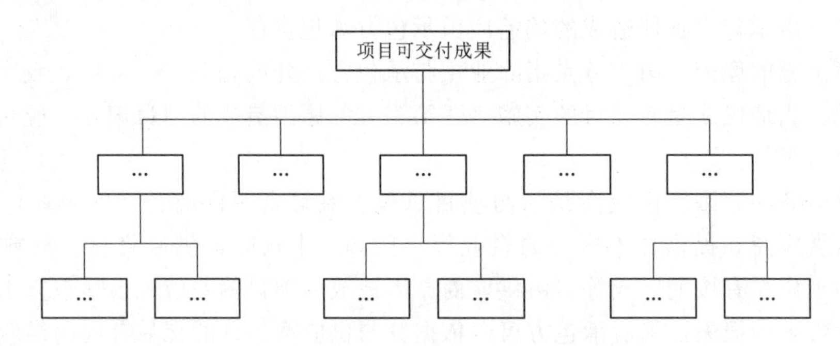

图 1－5 工作分解结构示意图

1. 工作分解的基本要求

(1) 每个单元是唯一的。

（2）每个单元只能从属一个上级单元。

（3）并非所有的分枝都要分解到同一个层次。

（4）应保证项目的完整性，不能出现遗漏。

2. 工作分解的方式

工作分解可以采用多种方式进行，包括但不限于：

（1）按项目的功能分解。

（2）按照实施过程分解。

（3）按照项目的地域分布分解。

（4）按照项目的各个目标分解。

（5）按部门分解。

（6）按职能分解等。

二、因果分析图

因果分析图是通过图形表现出事物之间的因果关系，是一种知因测果或倒果查因的分析方法。因果分析图的形状像鱼刺，故也称鱼刺图，如图 1－6 所示。

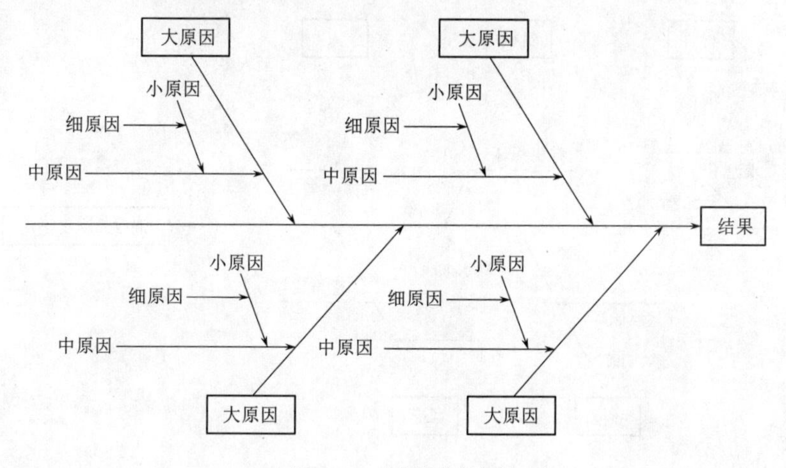

图 1－6　因果分析图

1. 绘制步骤

（1）确定要分析的某个特定问题（或结果），例如安全事故，写在图的右边，画出主干，箭头指向右端。

（2）确定造成事故的大类原因，如安全管理、操作者、材料、方法、环境等，画大枝。

（3）对上述大类原因进一步剖析，找出中原因，以中枝表示，一个原因画出一个枝，文字记在中枝线的上下。

（4）将上述中原因层层展开，找出小原因、细原因，一直到不能再分为止。

（5）确定因果分析图中的主要原因，并标上符号，作为重点控制对象。

（6）制定对策措施。

上述绘图步骤可归纳为：针对结果，分析原因；先主后次，层层深入。

2. 注意事项

(1) 确定的特定问题要具体，针对性要强。

(2) 在寻找原因时，防止只停留在罗列表面现象，而不深入分析因果关系。

(3) 原因表达要简练明确。

【例 1-1】 某建设工程施工中出现混凝土强度不足的现象，借助因果分析图找出主要原因。

解：(1) 明确要分析的问题（主干）。本例要分析的问题是混凝土强度不足。放在主干箭头的前面。

(2) 寻找产生问题的大原因（大枝）。本例影响混凝土强度的大原因主要是人、材料、机械、工艺和环境五个方面。

(3) 进一步确定中、小原因（中、小枝）。例如人的原因又可分为基本知识差和责任心差两个中原因。责任心差主要是因为分工不当引起的。

(4) 补充遗漏的因素。发扬民主，反复讨论，补充遗漏的因素。

本案例的因果分析图如图 1-7 所示。

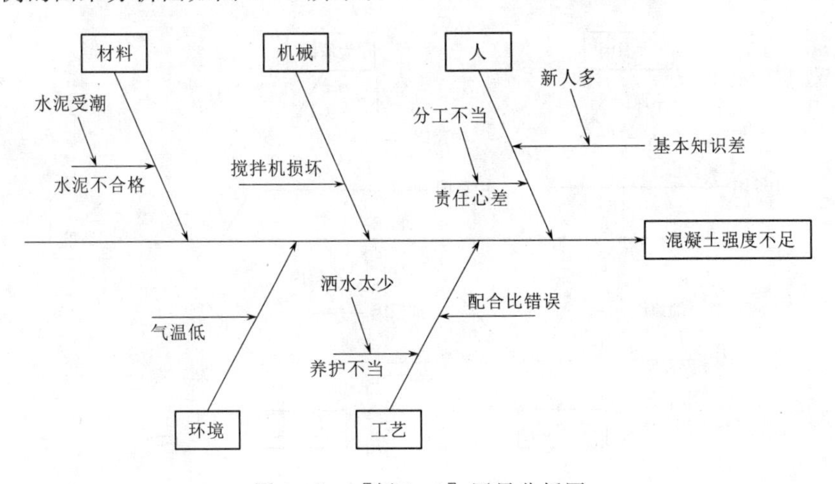

图 1-7　[例 1-1] 因果分析图

(5) 制定对策。针对影响质量的因素，有的放矢地制定对策。本案例的对策措施见表 1-2。

表 1-2　　混凝土强度不足的对策措施

序　号	大　原　因	中　小　原　因	对　　策
1	人	基本知识差	对工人进行教育培训
		责任心差	建立工作岗位责任制
2	材料	水泥受潮	密封保管
3	机械	搅拌机损坏	定期更换零部件
4	工艺	配合比错误	重新设计并试配
5	环境	气温低	采取保温措施

三、德尔菲法

德尔菲法于20世纪40年代由赫尔默（Helmer）和戈登（Gordon）创造，后经美国兰德公司进一步发展与完善而来。德尔菲法的实施程序一般分为组建工作小组、选择专家、设计问卷、实施调查、整理分析结果等步骤。

1. 组建工作小组

工作小组负责整个技术活动过程，包括拟订调查主题，选择专家，制定、发放、回收调查问卷，依据专家反馈意见进行整理、统计、分析等工作。

2. 选择专家

一般而言，所选择的专家应具有相关专业背景和敬业精神。从专家数量看，人数不能太少，考虑到有些专家可能中途退出，一般选择20～50人为宜。从专家来源看，尽可能选择来自政府、企业、高校、研究机构等方面的专家。

3. 设计问卷

问卷中要有相应的背景介绍材料，以说明本次研究的目的、意义和方法；要有根据研究主题设计出的具体问题；要有具体的填表说明，最好有一个范例供专家参考。为了最大限度地提高问卷调查的质量，问题必须清晰简练，另外，问题数量也不宜过多。

4. 实施调查

问卷调查一般需要经过两轮甚至更多轮。第一轮问卷回收后，由工作小组对收回的问卷进行汇总、整理和分析。若专家的意见一致性较高，则停止问卷调查，否则要进行第二轮甚至第三轮问卷调查，以获得较一致的结果。

5. 整理分析结果

工作小组整理分析最终的结果，并出具最终报告。

四、组织分解结构

组织分解结构（organizational breakdown structure，OBS）是一种将项目组织分解成具有一定层级结构的组织单元（部门或团队）的方法。组织分解结构的目的是确定执行工作单元的相关部门或组织成员，是将工作单元和组织单元分层次、有条理地联系起来的一种项目组织结构图形，如图1-8所示。

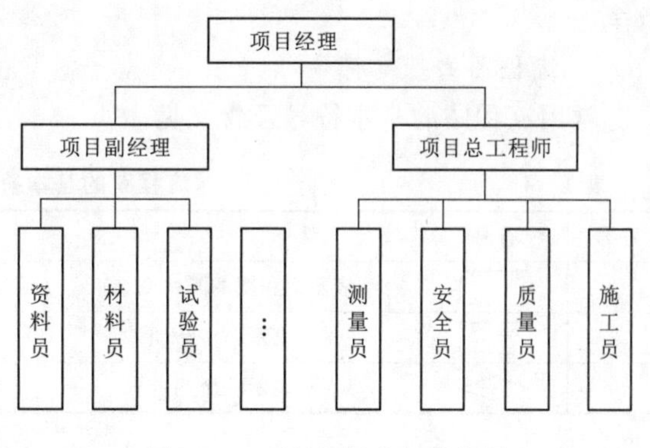

图1-8　项目组织分解结构图

OBS看上去与WBS很相似，但它不是根据项目的可交付物进行分解，而是根据组织的部门或团队进行分解。OBS通常与WBS相结合，即项目所包含的工作被列在每个部门或团队下面。通过这种方式，每个部门或团队就能了解自己该做的工作。

五、责任分配矩阵

责任分配矩阵（responsibility assignment matrix，RAM）是用来对项目组织成员或

部门进行分工，明确其角色与职责的有效工具。表1-3中纵向为工作单元，它是工作分解的结果；横向为组织成员或部门名称，它是组织分解的结果；表中数字表示项目组织成员或部门在某个工作单元中的职责。

表1-3　　责任分配矩阵表

工作单元	部门					
	项目经理部	成本控制部	进度控制部	质量控制部	合同管理部	……
A	3	1	2	2	2	
B						
C						

注　1代表负责，2代表参与，3代表监督。

责任分配矩阵能将项目的工作单元落实到相关的人员或职能部门，清楚地显示组织成员或部门的角色、职责和相互关系，避免责任不清而出现推诿、扯皮现象。可按如下步骤绘制责任分配矩阵表：

（1）列出需要完成的工作单元。

（2）列出参与实施工作单元的个人或职能部门名称。

（3）以工作单元为行，以个人或职能部门为列，画出关系矩阵表。

（4）在关系矩阵表的行与列交叉窗口里，用字母、符号或数字显示工作与执行者（个人或职能部门）的责任关系。

（5）检查各个部门或人员的工作分配是否均衡、适当，是否有过度分配或者分配不当的现象，如有必要则做进一步的调整和优化。

六、流程图

流程是指一系列活动进行的程序，流程图就是用特定的符号表示活动之间内在关系的图形。流程图作为一个工具，可以把一个复杂的过程简单化，可大大提高解决实际问题的效率。

1. 流程图的基本符号

常用流程图的基本符号及含义见表1-4。

表1-4　　流程图的基本符号及含义

序号	符号	含　义	序号	符号	含　义
1	（圆角矩形）	表示流程图的开始或结束	4	→	表示进展的方向
2	（矩形）	表示一个活动	5	（文件符号）	表示输出的文件
3	（菱形）	表示一个判定	6	（圆柱）	表示档案的存储

2. 流程图的基本结构

（1）顺序结构。在顺序结构中，各个活动是按先后顺序执行的，这是一种最简单的结构。如图1-9（a）所示，A、B、C是三个连续的活动，它们是按顺序执行的。

（2）选择结构。选择结构用于判断给定的条件，然后根据判断的结果来控制流程走向[图1-9（b）]。在实际运用中，某一判定结果可以为空操作。

(3) 循环结构。循环结构是指在一定的条件下，反复执行某一操作的流程结构[图 1-9 (c)]。循环结构又可以分为当型结构和直到型结构。

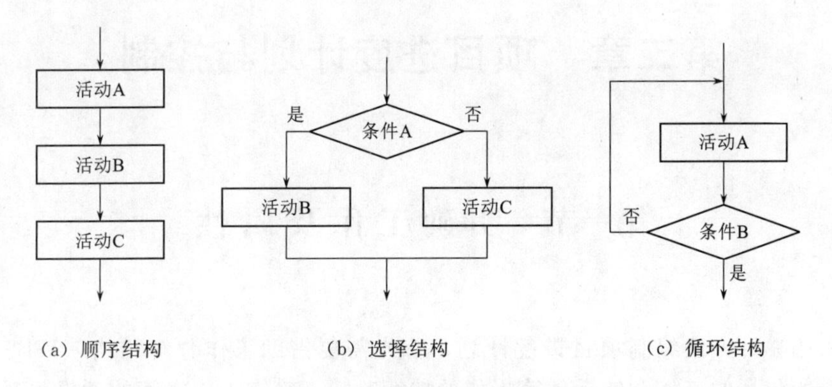

图 1-9 流程图的基本结构

复习思考题

1. 项目计划的作用有哪些？
2. 项目目标设定的原则有哪些？
3. 简述项目控制的分类。
4. 简述项目控制的基本程序。
5. 项目实施过程中为什么会产生偏差？产生偏差的原因有哪些？
6. 如何表达项目的偏差？
7. 试用因果分析图来分析建设项目成本出现偏差的原因。
8. 项目有哪些分解的原则？
9. 公路上发生一起货车翻车事故，事故的主要原因是驾驶员麻痹大意，在小雨、路滑、视线不良的弯道上不提前减速，以致在对面来车时，造成车辆侧滑，加之车载货物固定不牢，重心偏移，导致车辆倾覆。根据上述事故原因分析，做出该事故的因果分析图。
10. 简述德尔菲法的工作流程。
11. 绘制建设项目招投标的工作流程图。

第一章课件

第二章　项目进度计划与控制

第一节　明确工作及属性

无论采用哪种方法编制项目进度计划，首先需要借助工作分解结构（WBS）这种工具明确项目所包括的工作，然后估算工作的持续时间、确定工作之间的逻辑关系、编制工作明细表，最后才能制定项目的进度计划。工作的持续时间以及工作之间的逻辑关系称为工作的属性。

一、明确工作

明确工作是指借助工作分解结构这种工具，识别出为完成项目可交付成果而必须实施的具体工作。项目分解层次越多，工作数目也就越多。一般来说，当编制总进度计划时，项目可分解为两层，当编制详细进度计划时，项目就要分解为三至四层。对于建设项目来说，当编制总进度计划时，需要将建设项目依次分解为单项工程和单位工程，最底层的单位工程称为工作。当编制详细进度计划时，需要将建设项目依次分解为单项工程、单位工程、分部工程和分项工程，最底层的分项工程称为工作，如图 2-1 所示。

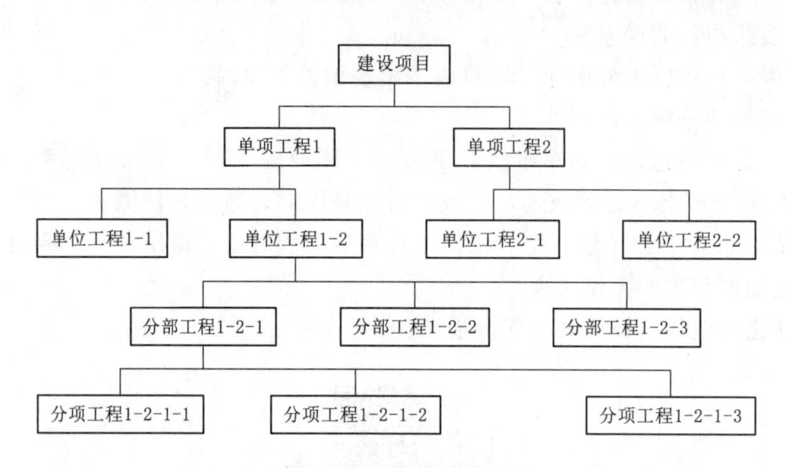

图 2-1　建设项目工作分解结构图（四层）

当项目分解层次较多时，采用上述图形方式来表达项目所包含的工作并不合适。主要原因有：一是占用较大图幅，二是绘制和修改困难。因此，可以采用表格方式来反映项目所包含的全部工作。

【例 2-1】　某新建道路工程，全长 1068m，主要工作包括施工准备、桥梁工程、路基工程、路面工程、绿化工程、交通安全标志工程、机电设备安装工程、竣工验收撤场等，其工作及包含的内容见表2-1。

表2-1 道路工程工作清单

序号	工作名称	工作内容
1	施工准备	搭建临时设施、控制点的复测、搭建施工围挡等
2	桥梁工程	基础开挖、混凝土墩浇筑、箱梁的预制和架设等
3	路基工程	雨污水管道施工、路基开挖与填筑
4	路面工程	级配碎石底基层、水泥稳定碎石基层，沥青混凝土路面
5	绿化工程	铺设表土、种植树木和花草
6	交通安全标志工程	交通安全标志定位与安装
7	机电设备安装工程	交通信号灯、信号控制机的安装
8	竣工验收撤场	竣工验收、临时设施拆除、人员和机械撤场

二、估算工作的持续时间

工作的持续时间（duration，D）是指完成该项工作所需的时间，也称工作的工期。工作的持续时间有时是确定的，有时是随机的。工作持续时间的估计主要有以下几种方法。

1. 按工程量和产量定额计算

可根据工程量、人机产量定额和人机数量按下式计算：

$$D=\frac{w}{R \cdot m \cdot n} \tag{2-1}$$

式中：D 为工作的持续时间，d；w 为工作的工程量，m^3 或 m^2；R 为产量定额，指单位时间完成的工程量，m^3 或 m^2；m 为施工人数（或机械台数）；n 为每天工作班数，一般情况下，$n=1$。

【例2-2】 某土方开挖工程，工程量为 $1500m^3$，拟投入1台 $1m^3$ 挖掘机挖土，挖掘机的产量定额为 $112m^3/h$。则土方开挖的持续时间为

$$D=\frac{1500}{112\times1\times1}=13.4(h)$$

2. 直接套用工期定额

对于单位工程的持续时间，可根据国家制定的各类工期定额进行适当修改后套用。例如，火力发电工程可参照《电力工程项目建设工期定额》（2012年版）来确定单位工程的持续时间。建筑安装工程可参照《建筑安装工程工期定额》（TY 01—89—2016）来确定单位工程的持续时间。

【例2-3】 某住宅工程为现浇框架结构，该工程地处Ⅱ类地区。±0.00以上有28层，建筑面积为 $27500m^2$，±0.00以下有2层，建筑面积为 $2500m^2$。试根据《建筑安装工程工期定额》（TY 01—89—2016）计算该工程的工期。

（1）在《建筑安装工程工期定额》（TY 01—89—2016）中，找出相关单位工程的工期定额，见表2-2。

表 2-2　相关单位工程的工期定额

定额编号	层　　数	建筑面积/m^2	工　　期/d		
			Ⅰ类	Ⅱ类	Ⅲ类
1～32	2层，地下室	≤4000	135	140	145
1～124	30层以下	≤30000	495	515	550

（2）计算该工程的工期。±0.00 以下有 2 层，工期为 140d；±0.00 以上有 28 层，工期为 515d。该工程的总工期为：140＋515＝655(d)。

3. 三时估计法

有些工作没有确定的工程量，又没有颁布的工期定额可套用，在这种情况下，可以采用三时估计法来计算其持续时间：

$$D=\frac{a+4\times m+b}{6} \tag{2-2}$$

式中：a 为乐观时间；m 为最可能时间；b 为悲观时间。

上述三种时间是在经验基础上，根据实际情况估计出来的。

【例 2-4】　某一工作在正常情况下的时间是 15d，在最有利的情况下的时间是 9d，在最不利的情况下的时间是 18d，那么该工作的持续时间由下式给出：

$$D=\frac{9+4\times 15+18}{6}=14.5(\text{d})$$

三、确定工作之间的关系

工作之间的关系可根据工艺和项目要求安排成平行、顺序或搭接关系。平行关系指两项工作同时开始，但不一定要同时完成，如图 2-2（a）所示。顺序关系指一项工作完成后，另一项工作才能开始，如图 2-2（b）所示。搭接关系有四种基本形式：开始到开始（start to start，STS）、开始到完成（start to finish，STF）、完成到开始（finish to start，FTS）、完成到完成（finish to finish，FTF），如图 2-3 所示。

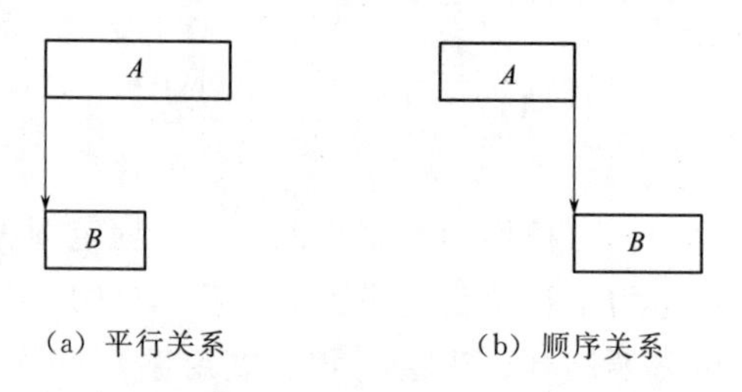

图 2-2　平行与顺序关系示意图

【例 2-5】　某道路污水管施工，分为两个施工段，施工工序有开槽、埋管、回填土，则工序之间的关系可安排成如图 2-4 所示的形式。其中，埋管 1 和开槽 2 是平行关系；开槽 1 和开槽 2 是先后关系。开槽 1 是开槽 2 的紧前工作，埋管 2 是开槽 2 的后续工作。

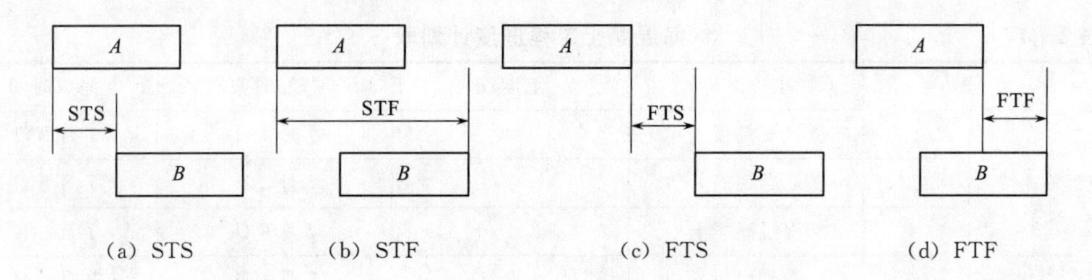

图 2-3　搭接关系示意图

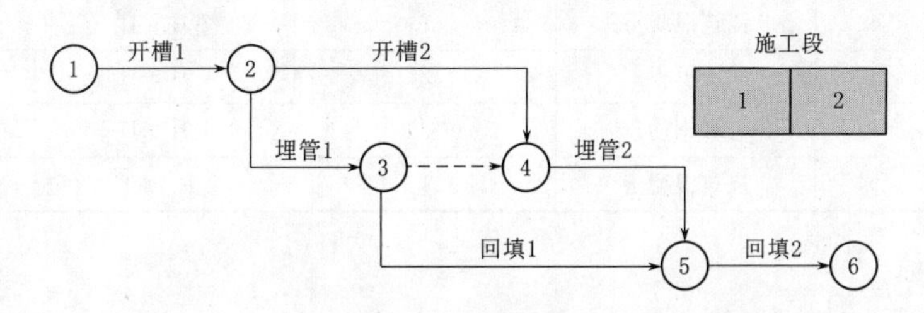

图 2-4　道路污水管施工中施工工序之间的逻辑关系图

四、编制工作明细表

工作之间的关系、资源需要量以及持续时间确定后，即可编制工作明细表，见表 2-3。在此基础上，就可以借助各种技术编制项目进度计划。

表 2-3　　工作明细表

序号	工作名称	工程量		资源		持续时间	紧前工作	后续工作	备注
		数量	单位	名称	数量				
1	*A*								
2	*B*								
3	*C*								
4	*D*								

第二节　制订进度计划

一、进度计划的表达形式

项目进度计划的表达形式主要有计划表、横道图和网络图等形式。由于表达形式不同，它们所发挥的作用也就各具特点。

1. 计划表

某钢筋混凝土工程分成三个施工段施工，主要工作有支模板、绑扎钢筋和浇筑混凝土。该工程的进度计划见表 2-4。表 2-4 中给出了每项工作的名称、工期、开始时间及完成时间。计划表的优点是形式简单、绘制容易，缺点是工作之间的逻辑关系表达不明确。

表 2-4　　钢筋混凝土工程进度计划表

序号		工作名称	工期/d	开始时间	完成时间
施工段Ⅰ	1	支模板	2	7月1日	7月2日
	2	绑钢筋	3	7月3日	7月5日
	3	浇筑混凝土	1	7月6日	7月6日
施工段Ⅱ	4	支模板	2	7月3日	7月4日
	5	绑钢筋	3	7月6日	7月8日
	6	浇筑混凝土	1	7月9日	7月9日
施工段Ⅲ	7	支模板	2	7月5日	7月6日
	8	绑钢筋	3	7月9日	7月11日
	9	浇筑混凝土	1	7月12日	7月12日

2. 横道图

横道图又称甘特图。在横道图中，纵向列示工作，横向列示日期，用横道线位置表示工作的开始时间和完成时间，横道线的长度表示工作的持续时间。钢筋混凝土工程的进度计划如图 2-5 所示。横道图的优点是简单、直观、易懂，缺点是不能全面地反映出各项工作之间的逻辑关系，也不便进行各种时间参数计算，不容易找出影响项目总工期的关键工作。

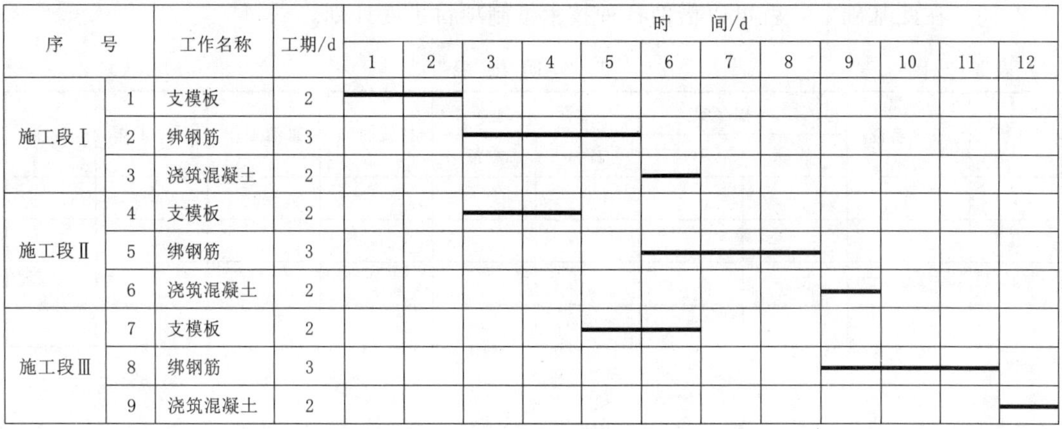

序号		工作名称	工期/d	时间/d											
				1	2	3	4	5	6	7	8	9	10	11	12
施工段Ⅰ	1	支模板	2												
	2	绑钢筋	3												
	3	浇筑混凝土	2												
施工段Ⅱ	4	支模板	2												
	5	绑钢筋	3												
	6	浇筑混凝土	2												
施工段Ⅲ	7	支模板	2												
	8	绑钢筋	3												
	9	浇筑混凝土	2												

图 2-5　钢筋混凝土工程的横道图

3. 网络图

网络图有多种形式，包括双代号网络图、双代号时标网络图、单代号网络图、单代号搭接网络图、强制时限网络图等。表 2-4 所示的钢筋混凝土工程的双代号网络图如图 2-6 所示。图 2-6 中“支 1”、“支 2”和“支 3”分别指施工段Ⅰ、施工段Ⅱ和施工段Ⅲ中的支模板，“绑 1”、“绑 2”和“绑 3”分别指施工段Ⅰ、施工段Ⅱ和施工段Ⅲ中的绑钢筋，“浇 1”、“浇 2”和“浇 3”分别指施工段Ⅰ、施工段Ⅱ和施工段Ⅲ中的浇筑混凝土。

钢筋混凝土工程单代号网络图如图 2-7 所示。

网络图的优点：一是能全面反映各个工作之间的逻辑关系；二是可以进行各种时间参数

的计算，进而找出关键线路和关键工作。网络图的缺点是不直观、时间参数计算较为复杂。

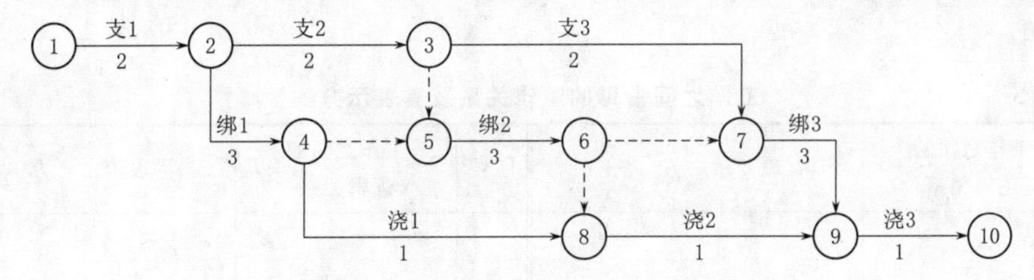

图 2－6　钢筋混凝土工程双代号网络图（单位：d）

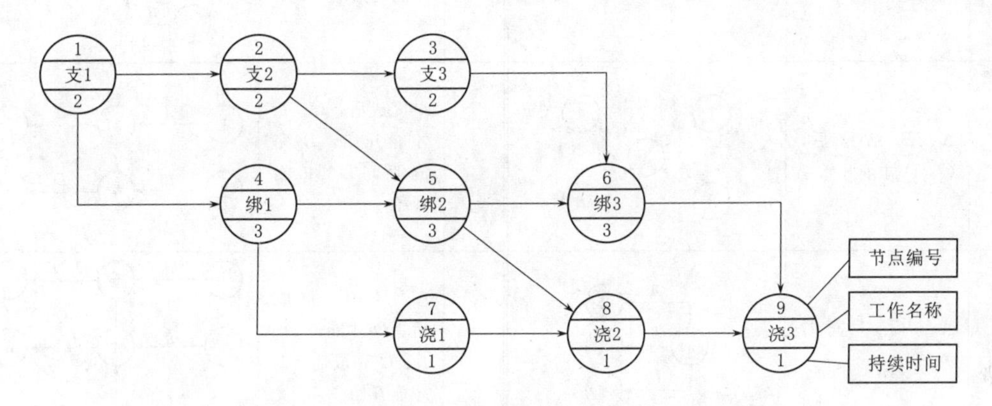

图 2－7　钢筋混凝土工程单代号网络图（单位：d）

二、双代号网络图

1. 相关基本概念

双代号网络图由若干箭线和圆圈组成，如图 2－6 所示。图 2－6 中的箭线表示工作，箭线上方的文字表示工作名称，下方的数字表示该工作的持续时间。工作分为两种类型：消耗时间和（或）消耗资源的工作，称为实工作，一般用带箭头的实线表示，例如图中的②—④代表实工作；虚工作既不消耗时间也不消耗资源，一般用带箭头的虚线表示，并且不标注工作名称和持续时间，例如图中的④—⑤代表虚工作。

图中的圆圈称为节点，每个节点都有唯一的编号。节点②称为工作“支 2”的箭尾节点，节点③称为工作“支 2”的箭头节点。图中的节点①称为双代号网络图的起点节点，节点⑩称为双代号网络图的终点节点。

图 2－6 中，“支 2”和“绑 1”称为“绑 2”的紧前工作，“绑 3”和“浇 2”称为“绑 2”的后续工作。“支 1”没有紧前工作，意味着“支 1”是该项目首先要实施的工作。

从起点节点开始，沿着箭线方向顺序通过一系列箭线和节点，最后到达终点节点的通路称为线路。每一条线路的工期等于该线路上各项工作持续时间的总和。例如图 2－6 中的线路①→②→③→⑦→⑨→⑩的工期为 10d，线路①→②→④→⑤→⑥→⑦→⑨→⑩的工期为 12d。双代号网络图中最长的线路称为关键线路，关键线路上的工作称为关键工作。

2. 双代号网络图的绘制

绘制双代号网络图时，必须遵守一定的规则，这样才能准确表达出各项工作之间的逻辑关系。绘图规则通常包括以下几条：

（1）必须正确表达各项工作之间的逻辑关系。工作之间常见的逻辑关系及其表示方法见表 2-5。

表 2-5　　工作之间常见的逻辑关系及其表示方法

序号	工作之间的逻辑关系	表示方法	序号	工作之间的逻辑关系	表示方法
1	A 结束后，B 才能开始		6	A、B 结束后，C 才能开始	
2	A、B 结束后，C、D 才能开始		7	A 完成后，C、D 才能开始，B 完成后，D 才能开始	
3	A、B、C 同时开始		8	A、B、C 完成后，D 才能开始，B、C 完成后，E 才能开始	
4	A、B、C 同时结束		9	A、B 完成后，C 才能开始，B、D 完成后，E 才能开始	
5	A 结束后，B、C 才能开始		10	A 完成后，B、C 才能开始，B 完成后，E 才能开始，C 完成后，D 才能开始	

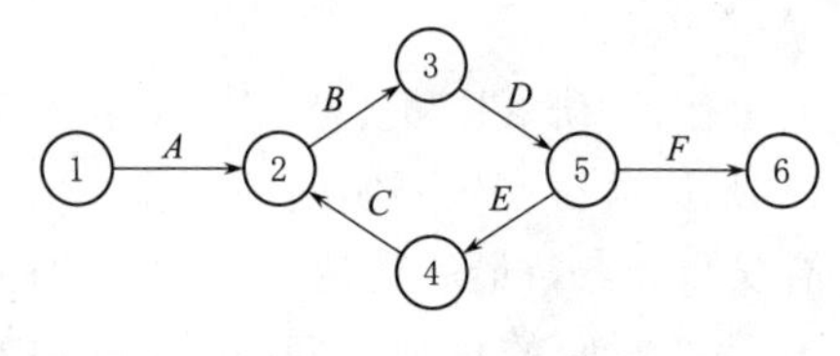

图 2-8　循环回路的情形

（2）双代号网络图中严禁出现循环回路。图 2-8 中，②—③—⑤—④—②构成循环回路，表明双代号网络图存在逻辑关系上的错误。

（3）双代号网络图中不允许出现双向箭线和无箭头箭线。图 2-9（a）中，工作 A 是双向箭线，应改为向右的单向箭线。图 2-9（b）中，工作 B 是无箭头箭线，应改为向右的单向箭线。

（4）双代号网络图中不允许出现没有箭头节点或没有箭尾节点的箭线。图 2-10（a）中，工作 B 没有箭尾节点，应增加一个箭尾节点。图 2-10（b）中，工作 C 没有箭头节点，应增加一个箭头节点。

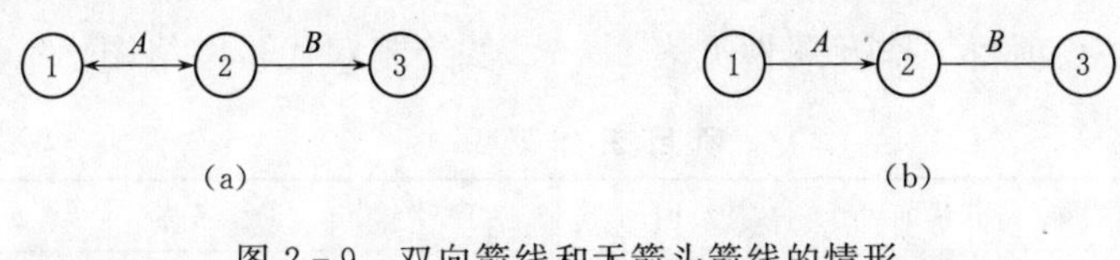

图 2-9　双向箭线和无箭头箭线的情形

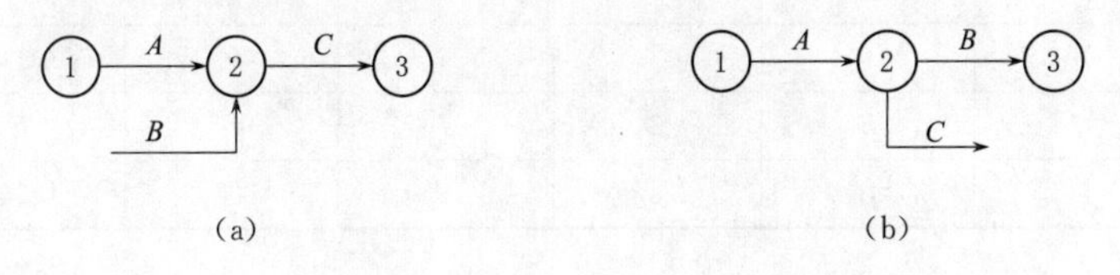

图 2-10　无箭尾节点和无箭头节点的情形

(5) 双代号网络图中只允许有一个起点节点和一个终点节点。图 2-11 中，存在三个起点节点①、②、③和两个终点节点⑧、⑨。应将三个起点节点合为一个起点节点，同理，应将两个终点节点合为一个终点节点。

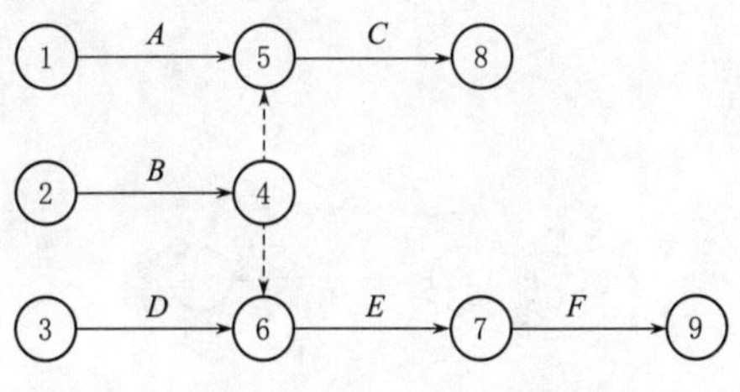

图 2-11　多个起点节点和终点节点的情形

(6) 双代号网络图中，每项工作都只有唯一的一条箭线及其相应的一对节点，且箭尾节点的编号应小于箭头节点的编号。图 2-12 (a) 中的 A、B 两项工作的节点编号都是①—②，那么工作①—②究竟指 A 还是 B，容易引起混淆。此时可增加一个节点和一条虚线来解决此问题，图 2-12 (b) 才是正确的画法。

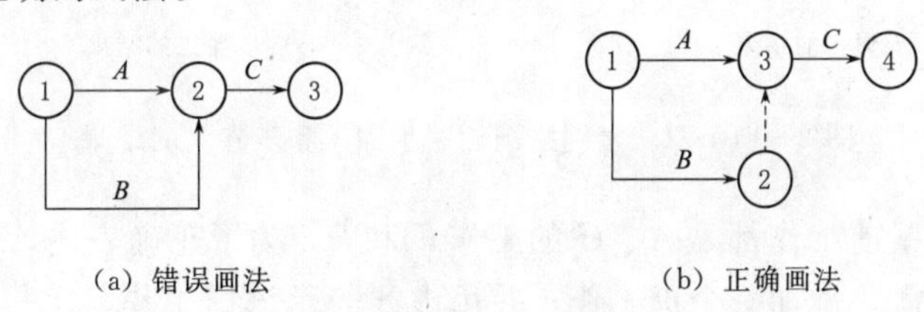

图 2-12　工作的节点编号不唯一的情形

(7) 绘制双代号网络图时，应避免箭线交叉。若交叉不可避免，则应使用过桥法或指向法，如图 2-13 所示。

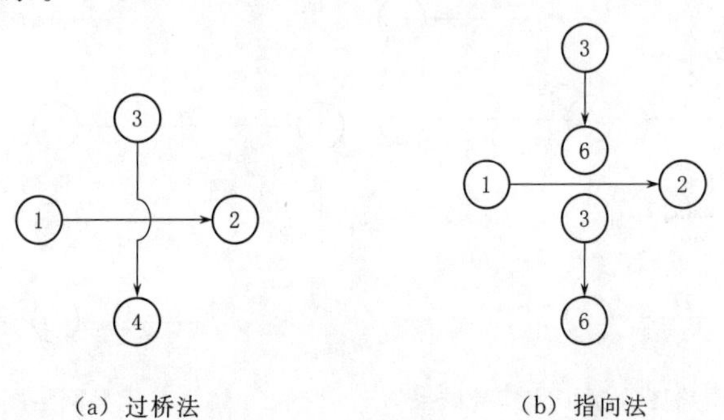

图 2-13　过桥法和指向法

【例 2-6】　某项目工作及属性见表 2-6，试绘制双代号网络图。

表 2-6　　　　项目工作及属性

序号	工作名称	紧前工作	持续时间/d	序号	工作名称	紧前工作	持续时间/d
1	A	—	4	5	E	A、C	5
2	B	—	2	6	F	A、C	6
3	C	B	3	7	G	D、E、F	3
4	D	B	3	8	H	D、F	5

步骤一：画出没有紧前工作的工作 A 和 B，为了遵守“双代号网络图只能有一个起点节点”的规则，工作 A 和 B 应共用一个箭尾节点，如图 2-14（a）所示。

步骤二：画出紧前工作都是 B 的工作 C 和 D，工作 C 和 D 应共用一个箭尾节点，如图 2-14（b）所示。

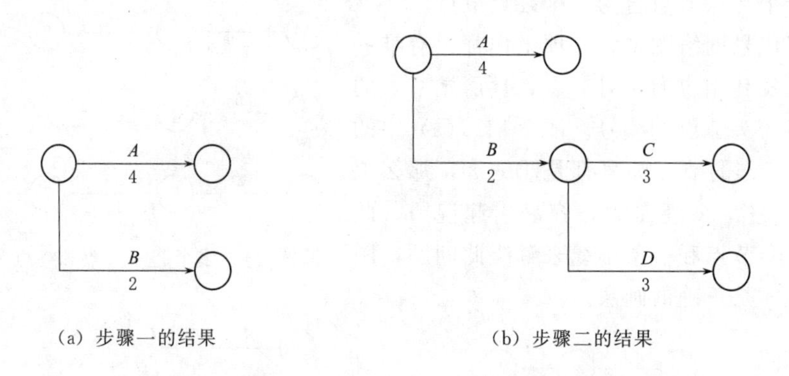

（a）步骤一的结果　　（b）步骤二的结果

图 2-14　双代号网络图绘制步骤一和步骤二的结果

步骤三：画出紧前工作都是 A、C 的工作 E 和 F，为了正确表述 A、C 和 E、F 之间的逻辑关系，此时需要增加一个虚工作，并用虚线表示该虚工作。工作 E 和 F 应共用一个箭尾节点，如图 2-15 所示。

步骤四：画出紧前工作是 D、E、F 的工作 G，为了正确表述 D、E、F 和 G 之间的逻辑关系，此时需要增加两个虚工作，并用虚线表示该虚工作，如图 2-16 所示。

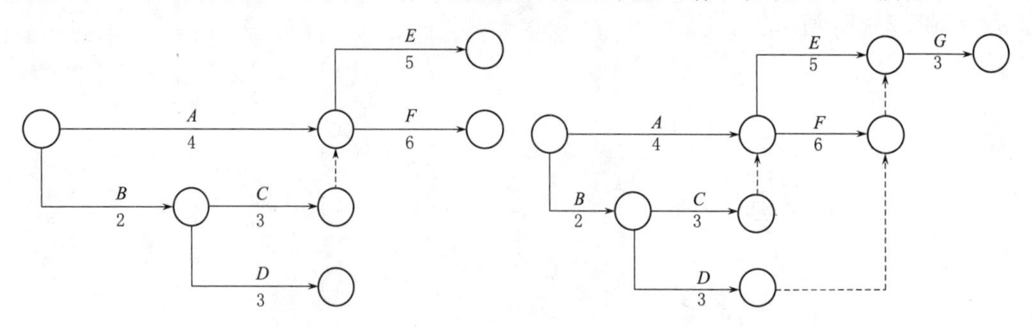

图 2-15　双代号网络图绘制步骤三的结果　　图 2-16　双代号网络图绘制步骤四的结果

步骤五：画出紧前工作是 D、F 的工作 H，如图 2-17 所示。

步骤六：工作 C 之后的虚工作以及工作 D 之后的虚工作都属于多余的虚工作，应去除。为保证“双代号网络图只能有一个终点节点”的规则，应将工作 G 和 H 的箭头节点合二为一，如图 2-18 所示。

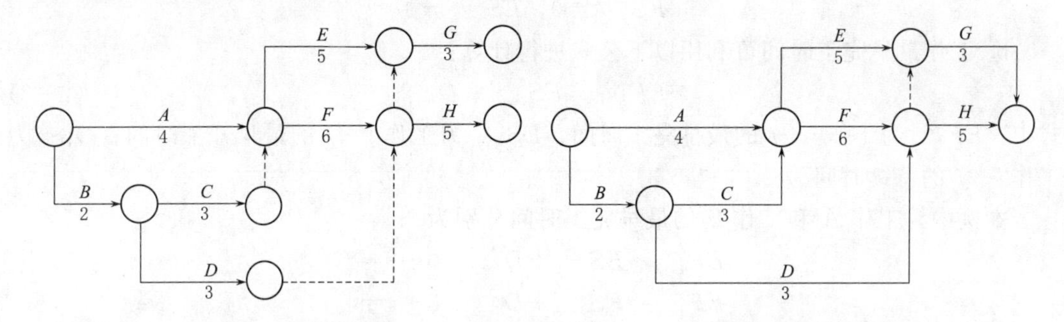

图 2-17　双代号网络图绘制步骤五的结果　　　　图 2-18　双代号网络图绘制步骤六的结果

步骤七：给所有节点编号，应满足“箭头节点编号大于箭尾节点的编号”的规则。最终的双代号网络图如图 2-19 所示。

3. 双代号网络图时间参数

双代号网络图中的每个工作都有 6 个时间参数，分别是最早开工时间（early start，ES）、最早完工时间（early finish，EF）、最迟开工时间（late start，LS）、最迟完工时间（late finish，LF）、总时差（total float，TF）和自由时差（free float，FF）。

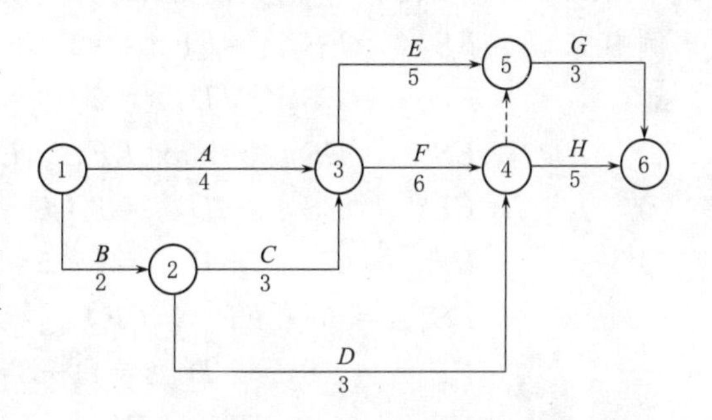

图 2-19　最终的双代号网络图

（1）时间参数的定义。

1）工作的最早开工时间指考虑其紧前工作的约束下，该工作有可能开始的最早时间。该工作的最早完工时间等于其最早开工时间加上其持续时间，即 $EF=ES+D$。

2）工作的最迟完工时间指考虑其后续工作的约束下，该工作必须完成的最迟时间。该工作的最迟开工时间等于其最迟完工时间减去其持续时间，即 $LS=LF-D$。

3）工作的总时差指在不影响项目总工期的前提下，该工作的最大机动时间。其值等于其最迟完工时间减去其最早完工时间，或者等于其最迟开工时间减去其最早开工时间，即 $TF=LF-EF$ 或者 $TF=LS-ES$。

4）工作的自由时差指在不影响其后续工作最早开工时间的前提下，该工作的最大机动时间。其值等于后续工作最早开工时间减去该工作的最早完工时间，然后在所得结果中取最小值。

（2）工作法计算时间参数。工作法是以双代号网络图中的工作（不包括虚工作）为对象，直接计算各项工作的时间参数的方法。下面以图 2-19 为例，说明工作法计算时间参数的过程。

1）计算工作的最早时间。工作最早时间的计算应从双代号网络图的起点节点开始，顺着箭线方向依次进行。

a. 箭尾节点是起点节点的工作，其最早开工时间规定为0。如在本例中，工作A和B的最早开工时间都为0，即

$$ES_{1-3}=0,\ ES_{1-2}=0$$

b. 工作最早完工时间可利用以下公式进行计算：

$$EF_{i-j}=ES_{i-j}+D_{i-j} \tag{2-3}$$

式中：EF_{i-j}为工作$i—j$的最早完工时间；ES_{i-j}为工作$i—j$的最早开工时间；D_{i-j}为工作$i—j$的持续时间。

本例中，工作A和工作B的最早完工时间分别为

$$EF_{1-2}=ES_{1-2}+D_{1-2}=0+2=2$$

$$EF_{1-3}=ES_{1-3}+D_{1-3}=0+4=4$$

c. 箭尾节点不是起点节点的工作，其最早开工时间应等于其紧前工作最早完工时间的最大值，即

$$ES_{i-j}=\max[EF_{h-i}] \tag{2-4}$$

式中：EF_{h-i}为工作$i—j$的紧前工作$h—i$的最早完工时间。

本例中
$$ES_{2-3}=ES_{2-4}=EF_{1-2}=2, EF_{2-3}=ES_{2-3}+D_{2-3}=2+3=5$$

$$EF_{2-4}=ES_{2-4}+D_{2-4}=2+3=5$$

$$ES_{3-4}=ES_{3-5}=\max[EF_{1-3}, EF_{2-3}]=\max[4,5]=5$$

$$EF_{3-4}=ES_{3-4}+D_{3-4}=5+6=11$$

$$EF_{3-5}=ES_{3-5}+D_{3-5}=5+5=10$$

$$ES_{4-6}=\max[EF_{3-4}, EF_{2-4}]=\max[11,5]=11$$

$$EF_{4-6}=ES_{4-6}+D_{4-6}=11+5=16$$

$$ES_{5-6}=\max[EF_{3-5}, EF_{3-4}, EF_{2-4}]=\max[10,11,5]=11$$

$$EF_{5-6}=11+3=14$$

2）确定计算工期。在所有的箭头节点是终点节点的工作中，其最早完工时间的最大值就是计算工期，即

$$T_c=\max[EF_{i-n}] \tag{2-5}$$

式中：T_c为计算工期；EF_{i-n}为箭头节点是终点节点的工作的最早完工时间。

本例中，计算工期为

$$T_c=\max[EF_{5-6}, EF_{4-6}]=\max[14,16]=16$$

3）确定计划工期。计划工期一般由相关文件进行规定，例如合同上规定的履约时间。若事先没有规定计划工期，则计划工期就等于计算工期，即$T_p=T_c$。

本例中，计划工期为

$$T_p=T_c=16$$

4）计算工作的最迟时间。工作最迟完工时间和最迟开工时间的计算应从双代号网络图的终点节点开始，逆着箭线方向依次进行。

a. 箭头节点是终点节点的工作，其最迟完工时间等于计划工期，即

$$LF_{i-n}=T_p \tag{2-6}$$

式中：LF_{i-n} 为箭头节点是终点节点的工作的最迟完工时间。

本例中，工作 G 和 H 的最迟完工时间分别为

$$LF_{4-6}=16,\ LF_{5-6}=16$$

b. 工作的最迟开工时间可利用下式进行计算：

$$LS_{i-j}=LF_{i-j}-D_{i-j} \quad (2-7)$$

式中：LS_{i-j} 为工作 $i—j$ 的最迟开工时间；LF_{i-j} 为工作 $i—j$ 的最迟完工时间。

本例中，$LS_{4-6}=LF_{4-6}-D_{4-6}=16-5=11$，$LS_{5-6}=LF_{5-6}-D_{5-6}=16-3=13$。

c. 箭头节点不是终点节点的工作，其最迟完工时间等于其后续工作最迟开工时间的最小值，即

$$LF_{i-j}=\min[LS_{j-k}] \quad (2-8)$$

式中：LS_{j-k} 为工作 $i—j$ 的后续工作 $j—k$ 的最迟开工时间。

本例中

$$LF_{3-5}=LS_{5-6}=13, LS_{3-5}=LF_{3-5}-D_{3-5}=13-5=8$$
$$LF_{2-4}=LF_{3-4}=\min[LS_{4-6}, LS_{5-6}]=\min[11,13]=11$$
$$LS_{2-4}=LF_{2-4}-D_{2-4}=11-3=8$$
$$LS_{3-4}=LF_{3-4}-D_{3-4}=11-6=5$$
$$LF_{1-3}=LF_{2-3}=\min[LS_{3-4}, LS_{3-5}]=\min[5,8]=5$$
$$LS_{1-3}=LF_{1-3}-D_{1-3}=5-4=1$$
$$LS_{2-3}=LF_{2-3}-D_{2-3}=5-3=2$$
$$LF_{1-2}=\min[LS_{2-3}, LS_{2-4}]=\min[2,8]=2$$
$$LS_{1-2}=LF_{1-2}-D_{1-2}=2-2=0$$

5）计算工作的总时差。工作的总时差指在不影响总工期的前提下，该工作的最大机动时间。其值等于该工作最迟完工时间与最早完工时间之差，或该工作的最迟开工时间和最早开工时间之差，即

$$TF_{i-j}=LF_{i-j}-EF_{i-j}=LS_{i-j}-ES_{i-j} \quad (2-9)$$

式中：TF_{i-j} 为工作 $i—j$ 的总时差；其余符号意义同前。

本例中

$$TF_{1-2}=LS_{1-2}-ES_{1-2}=0-0=0,\ TF_{1-3}=LS_{1-3}-ES_{1-3}=1-0=1$$
$$TF_{2-3}=LS_{2-3}-ES_{2-3}=2-2=0,\ TF_{2-4}=LS_{2-4}-ES_{2-4}=8-2=6$$
$$TF_{3-4}=LS_{3-4}-ES_{3-4}=5-5=0,\ TF_{3-5}=LS_{3-5}-ES_{3-5}=8-5=3$$
$$TF_{4-6}=LS_{4-6}-ES_{4-6}=11-11=0,\ TF_{5-6}=LS_{5-6}-ES_{5-6}=13-11=2$$

6）计算工作的自由时差。工作的自由时差指在不影响其后续工作最早开工时间的前提下，该工作的最大机动时间。计算工作的自由时差时，应按以下两种情况分别考虑：

a. 对于有后续工作的工作，其自由时差等于其后续工作的最早开工时间减该工作的最早完工时间，然后取最小值，即

$$FF_{i-j}=\min[ES_{j-k}-EF_{i-j}] \quad (2-10)$$

式中：FF_{i-j} 为工作 $i—j$ 的自由时差；其余符号意义同前。

本例中

$$FF_{1-2}=\min[ES_{2-3}-EF_{1-2}, ES_{2-4}-EF_{1-2}]=\min[2-2,2-2]=0$$
$$FF_{1-3}=\min[ES_{3-5}-EF_{1-3}, ES_{3-4}-EF_{1-3}]=\min[5-4,5-4]=1$$
$$FF_{2-3}=\min[ES_{3-5}-EF_{2-3}, ES_{3-4}-EF_{2-3}]=\min[5-5,5-5]=0$$

$FF_{2-4}=\min[ES_{4-6}-EF_{2-4},ES_{5-6}-EF_{2-4}]=\min[11-5,11-5]=6$

$FF_{3-4}=\min[ES_{4-6}-EF_{3-4},ES_{5-6}-EF_{3-4}]=\min[11-11,11-11]=0$

$FF_{3-5}=ES_{5-6}-EF_{3-5}=11-10=1$

b. 对于没有后续工作的工作，其自由时差等于计划工期与该工作的最早完工时间之差，即

$$FF_{i-n}=T_P-EF_{i-n} \tag{2-11}$$

本例中 $FF_{4-6}=T_P-EF_{4-6}=16-16=0$

$FF_{5-6}=T_P-EF_{5-6}=16-14=2$

7）确定关键工作和关键线路。在双代号网络图中，总时差最小的工作为关键工作。特别是当计划工期等于计算工期时，总时差为 0 的工作就是关键工作。本例中，工作 B、C、F、H 的总时差均为 0，故它们都是关键工作。

关键工作确定之后，将关键工作首尾相连，便构成了从起点节点到终点节点的通路，这条通路就是关键线路。在关键线路上可能有虚工作存在。关键线路一般用粗箭线、双线箭线或彩色箭线标出。

工作的 6 个时间参数计算完毕后，可将结果标注在图中的相应位置，如图 2-20 所示。

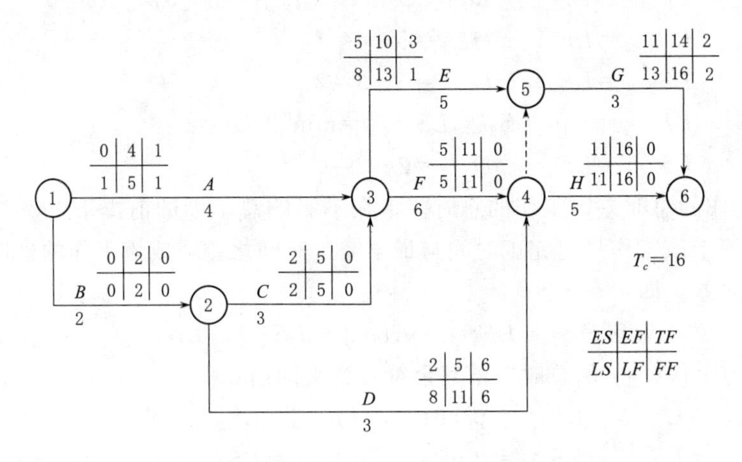

图 2-20　工作时间参数计算结果及关键线路

（3）节点法计算时间参数。节点法是先计算双代号网络图中各个节点的最早时间和最迟时间，再计算各项工作的时间参数的方法。

下面以图 2-21 为例，说明节点法计算时间参数的过程。

1）计算节点的最早时间（early time，ET）。节点最早时间的计算应从双代号网络图的起点节点开始，顺着箭线方向依次进行。

a. 起点节点的最早时间规定为 0。本例中，节点①的最早时间为 0，即 $ET_1=0$。

b. 其他节点的最早时间按下式进行计算：

$$ET_j=\max[ET_i+D_{i-j}] \tag{2-12}$$

式中：ET_j 为工作 $i—j$ 的箭头节点 j 的最早时间；ET_i 为工作 $i—j$ 的箭尾节点 i 的最早时间；D_{i-j} 为工作 $i—j$ 的持续时间。

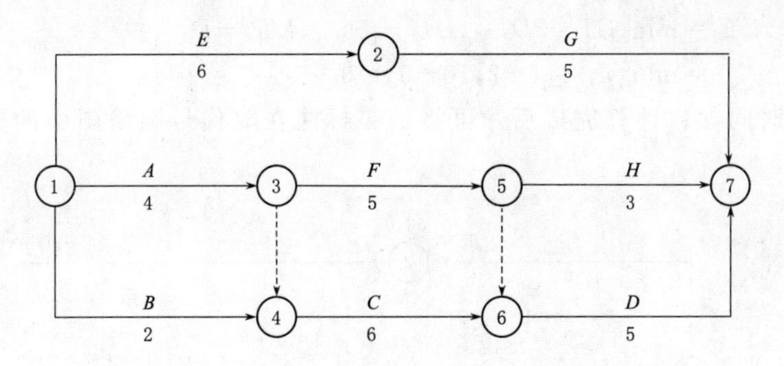

图 2-21　某建设项目双代号网络图（单位：d）

本例中　　$ET_2 = ET_1 + D_{1-2} = 0+6=6$

$ET_3 = ET_1 + D_{1-3} = 0+4=4$

$ET_4 = \max[ET_1 + D_{1-4}, ET_3 + D_{3-4}] = \max[0+2, 4+0] = 4$

$ET_5 = ET_3 + D_{3-5} = 4+5=9$

$ET_6 = \max[ET_4 + D_{4-6}, ET_5 + D_{5-6}] = \max[4+6, 9+0] = 10$

$ET_7 = \max[ET_5 + D_{5-7}, ET_6 + D_{6-7}, ET_2 + D_{2-7}]$

$= \max[9+3, 10+5, 6+5] = 15$

2）确定计算工期。计算工期等于终点节点的最早时间，即

$$T_c = ET_n \tag{2-13}$$

式中：ET_n 为终点节点 n 的最早时间。

本例中，计算工期为

$$T_c = ET_7 = 15$$

3）确定计划工期。若事先没有规定计划工期，则计划工期就等于计算工期，即 $T_p = T_c$。

4）计算节点的最迟时间（late time，LT）。节点最迟时间的计算应从双代号网络图的终点节点开始，逆着箭线方向依次进行。

a. 终点节点的最迟时间等于计划工期，即

$$LT_n = T_p \tag{2-14}$$

本例中，终点节点⑦的最迟时间为 $LT_7 = T_p = 15$。

b. 其他节点的最迟时间按下列公式进行计算：

$$LT_i = \min[LT_j - D_{i-j}] \tag{2-15}$$

式中：LT_i 为工作 i—j 的箭尾节点 i 的最迟时间；LT_j 为工作 i—j 的箭头节点 j 的最迟时间。

本例中　　$LT_6 = LT_7 - D_{6-7} = 15-5=10$

$LT_5 = \min[LT_6 - D_{5-6}, LT_7 - D_{5-7}] = \min[10-0, 15-3] = 10$

$LT_4 = LT_6 - D_{4-6} = 10-6=4$

$LT_3 = \min[LT_4 - D_{3-4}, LT_5 - D_{3-5}] = \min[4-0, 10-5] = 4$

$LT_2 = LT_7 - D_{2-7} = 15-5=10$

$$LT_1 = \min[LT_3 - D_{1-3}, LT_4 - D_{1-4}, LT_2 - D_{1-2}]$$
$$= \min[4-4, 4-2, 10-6] = 0$$

各节点的时间参数计算完成后，可将结果标注在双代号网络图中的相应位置，如图 2-22 所示。

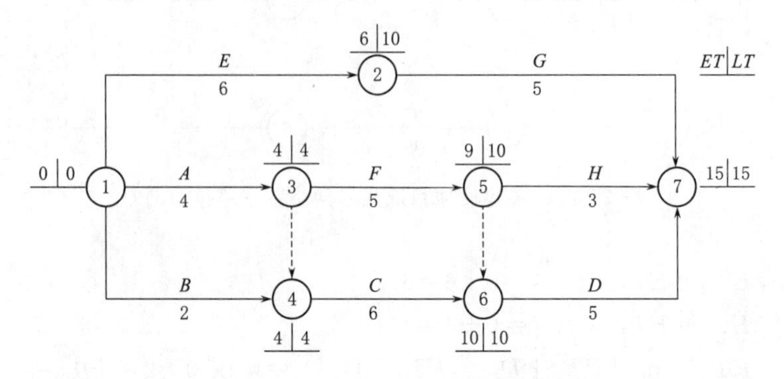

图 2-22　双代号网络图节点时间参数计算结果

5）计算工作的 6 个时间参数。

a. 工作的最早开工时间等于该工作箭尾节点的最早时间，即

$$ES_{i-j} = ET_i \tag{2-16}$$

b. 工作的最早完工时间等于该工作箭尾节点的最早时间与其持续时间之和，即

$$EF_{i-j} = ET_i + D_{i-j} \tag{2-17}$$

c. 工作的最迟完工时间等于该工作箭头节点的最迟时间，即

$$LF_{i-j} = LT_j \tag{2-18}$$

d. 工作的最迟开工时间等于该工作箭头节点的最迟时间与其持续时间之差，即

$$LS_{i-j} = LT_j - D_{i-j} \tag{2-19}$$

e. 工作的总时差等于该工作箭头节点的最迟时间减去该工作箭尾节点的最早时间，再减去该工作的持续时间，即

$$TF_{i-j} = LT_j - ET_i - D_{i-j} \tag{2-20}$$

f. 工作的自由时差等于该工作箭头节点的最早时间减去该工作箭尾节点的最早时间，再减去该工作的持续时间，即

$$FF_{i-j} = ET_j - ET_i - D_{i-j} \tag{2-21}$$

6）确定关键线路和关键工作。总时差最小的工作为关键工作，由关键工作依次相连而成的线路即为关键线路。本例中，工作的 6 个时间参数及关键线路如图 2-23 所示。

三、双代号时标网络图

1. 双代号时标网络图的绘制

（1）双代号时标网络图的绘制规则。

1）时间刻度线可标注在图的顶部和（或）底部。

2）以实箭线的水平长度表示实工作的持续时间，以虚箭线表示虚工作，以波形线的水平长度表示工作的自由时差。无论哪种箭线，箭线末端都要绘出箭头。

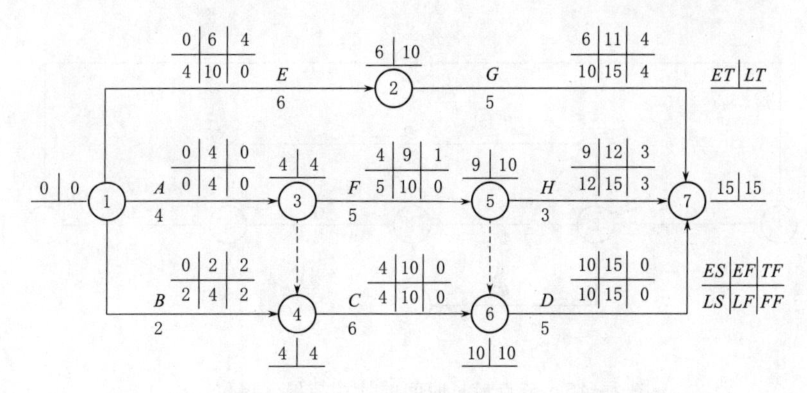

图 2-23　双代号网络图工作时间参数计算结果及关键线路

3）双代号时标网络图一般按最早时间绘制。

(2) 双代号时标网络图的绘制方法。现以图 2-24 为例，介绍双代号时标网络图的绘制步骤。

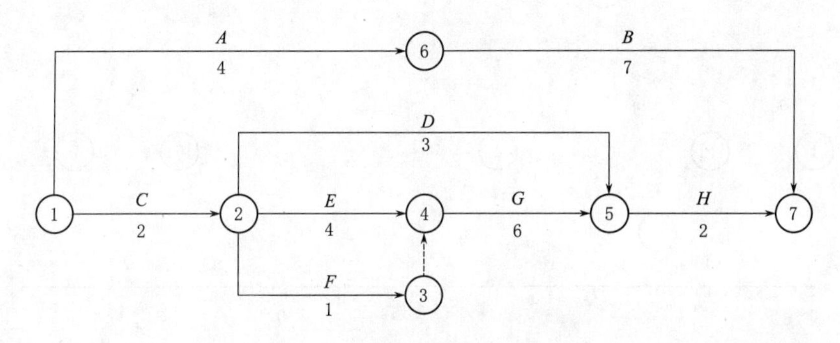

图 2-24　双代号网络图（单位：d）

1）计算节点的最早时间。按前述方法计算每一个节点的最早时间，计算结果如图 2-25 所示。图 2-25 中节点附近有下划线的数字指该节点的最早时间。

2）绘制时间刻度线。一般在顶部和底部分别绘制两条时间刻度线，两条时间刻度线之间要留有足够的空间，顶部和底部的同一时间刻度要保持在同一条垂直线上。顶部和底部时间刻度线的起点坐标默认为 0。

3）按最早时间确定节点的位置。例如，节点⑥的中心应该在“4”刻度线上，节点③的中心应该在“3”刻度线上，如图 2-26 所示。

4）绘制箭线和波形线。根据工作的持续时间绘制实线，用波形线将实线右端点与其箭头节点相连接。如图 2-27 中的工作⑥—⑦。

5）绘制虚线和波形线。虚工作一般以垂直虚线表示，若虚工作的箭尾节点和箭头节点不在同一刻度线上，则水平部分需用波形线表示。如图 2-27 中的工作③—④。

2. 双代号时标网络图时间参数的计算

(1) 计算工期的确定。终点节点与起点节点的时间刻度之差即为计算工期。图 2-27 中，$T_c=14-0=14$。

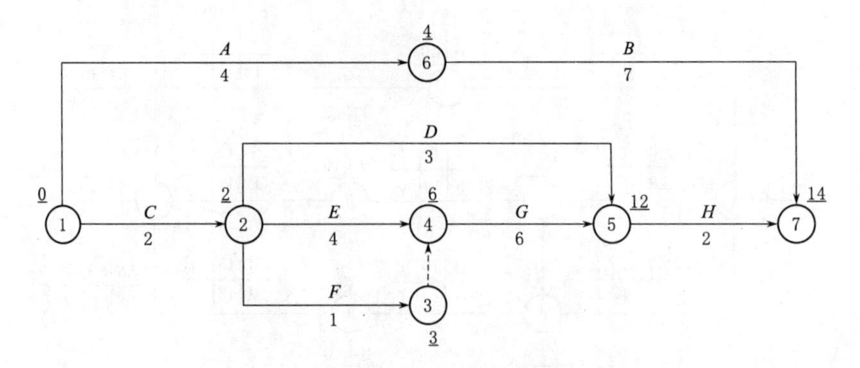

图 2-25　节点最早时间的计算结果（单位：d）

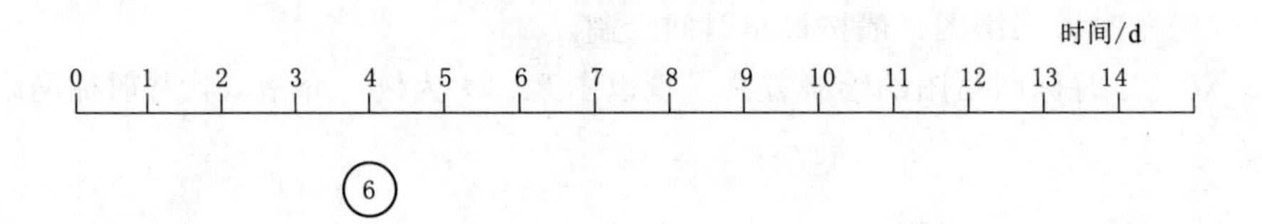

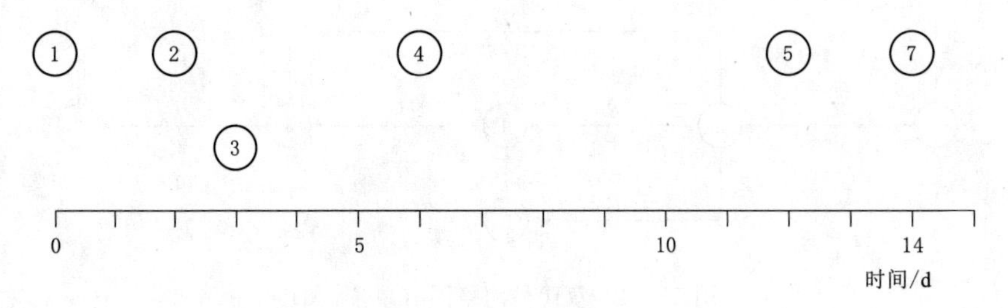

图 2-26　节点的位置

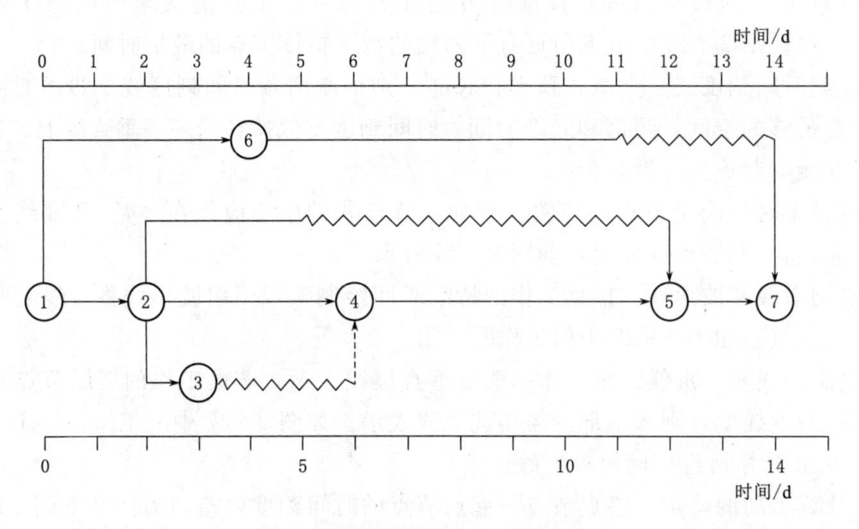

图 2-27　最终的双代号时标网络图

(2) 最早时间的确定。每条箭线箭尾节点中心对应的时间刻度，就是工作的最早开工时间。实线右端点所对应的时间刻度即为该工作的最早完工时间。虚工作的最早开工时间和最早完工时间相等，为其箭尾节点对应的时间刻度。

图 2-27 中 $ES_{1-2}=0$，$EF_{1-2}=2$，$ES_{1-6}=0$，$EF_{1-6}=4$

$ES_{2-4}=2$，$EF_{2-4}=6$，$ES_{2-3}=2$，$EF_{2-3}=3$

$ES_{2-5}=2$，$EF_{2-5}=5$，$ES_{4-5}=6$，$EF_{4-5}=12$

$ES_{6-7}=4$，$EF_{6-7}=11$，$ES_{5-7}=12$，$EF_{5-7}=14$

$ES_{3-4}=3$，$EF_{3-4}=3$

(3) 工作自由时差的确定。工作自由时差值等于其波形线的长度。图 2-27 中，$FF_{1-2}=0$，$FF_{1-6}=0$，$FF_{2-3}=0$，$FF_{2-4}=0$，$FF_{2-5}=7$，$FF_{3-4}=3$，$FF_{4-5}=0$，$FF_{5-7}=0$，$FF_{6-7}=3$。

(4) 工作总时差的计算。工作总时差应自终点节点开始，逆着箭线方向依次进行。

1) 箭头节点是终点节点的工作，其总时差等于计划工期与该工作最早完工时间之差，即

$$TF_{i-n}=T_p-EF_{i-n} \tag{2-22}$$

图 2-27 中，$TF_{5-7}=14-14=0$，$TF_{6-7}=14-11=3$。

2) 箭头节点不是终点节点的工作，其总时差等于其后续工作的总时差与该工作自由时差之和，然后取最小值。

$$TF_{i-j}=\min[TF_{i-k}+FF_{i-j}] \tag{2-23}$$

图 2-27 中 $TF_{4-5}=0+0=0$，$TF_{2-5}=0+7=7$

$TF_{2-4}=0+0=0$，$TF_{3-4}=0+3=3$

$TF_{2-3}=3+0=3$，$TF_{1-6}=3+0=3$

$TF_{1-2}=\min[0+0，3+0，7+0]=0$

(5) 工作最迟时间的计算。由于已知工作的最早开工时间和最早完工时间及总时差，则工作的最迟时间可按下列公式计算：

$$LS_{i-j}=ES_{i-j}+TF_{i-j} \tag{2-24}$$

$$LF_{i-j}=EF_{i-j}+TF_{i-j} \tag{2-25}$$

图 2-27 中 $LS_{1-2}=TF_{1-2}+ES_{1-2}=0+0=0$，$LF_{1-2}=TF_{1-2}+EF_{1-2}=2$

$LS_{1-6}=TF_{1-6}+ES_{1-6}=3+0=3$，$LF_{1-6}=TF_{1-6}+EF_{1-6}=3+4=7$

$LS_{2-5}=TF_{2-5}+ES_{2-5}=7+2=9$，$LF_{2-5}=TF_{2-5}+EF_{2-5}=7+5=12$

$LS_{2-4}=TF_{2-4}+ES_{2-4}=0+2=2$，$LF_{2-4}=TF_{2-4}+EF_{2-4}=0+6=6$

$LS_{2-3}=TF_{2-3}+ES_{2-3}=3+2=5$，$LF_{2-3}=TF_{2-3}+EF_{2-3}=3+3=6$

$LS_{3-4}=TF_{3-4}+ES_{3-4}=3+3=6$，$LF_{3-4}=TF_{3-4}+EF_{3-4}=3+3=6$

$LS_{4-5}=TF_{4-5}+ES_{4-5}=0+6=6$，$LF_{4-5}=TF_{4-5}+EF_{4-5}=12$

$LS_{5-7}=TF_{5-7}+ES_{5-7}=0+12=12$，$LF_{5-7}=TF_{5-7}+EF_{5-7}=14$

$LS_{6-7}=TF_{6-7}+ES_{6-7}=3+4=7$，$LS_{6-7}=TF_{6-7}+EF_{6-7}=14$

(6) 关键线路的确定。自起点节点开始顺着箭线方向到达终点节点，始终不出现波形线的线路即为关键线路。图 2-27 中，①—②—④—⑤—⑦是关键线路。

四、单代号网络图

在单代号网络图中，节点表示工作，节点编号、工作名称及持续时间标注在圆圈内，箭线表示工作之间的先后关系。关于紧前工作、后续工作、线路、关键线路、起点节点、终点节点的概念与双代号网络图相同。

1. 单代号网络图的绘制

单代号网络图的绘制规则与双代号网络图的绘制规则基本类似，需遵循以下基本原则：

（1）准确表达各项工作之间的逻辑关系。

（2）单代号网络图中不应出现循环回路。

（3）单代号网络图中节点的编号不能重复，一个节点只能代表一项工作。

（4）单代号网络图中不能出现双箭头或无箭头线段。

（5）单代号网络图中的起点节点和终点节点唯一。

（6）尽量避免交叉箭线。无法避免时，可采用过桥法处理。

【例 2－7】 某项目所包含工作的信息见表 2－7，试绘制单代号网络图。

表 2－7　项目所包含工作的信息

序　号	工作名称	紧前工作	持续时间/d	序　号	工作名称	紧前工作	持续时间/d
1	*A*	—	4	5	*E*	*A*	5
2	*B*	—	2	6	*F*	*A*、*B*、*C*	6
3	*C*	—	3	7	*G*	*E*、*F*	3
4	*D*	*B*	3	8	*H*	*D*	5

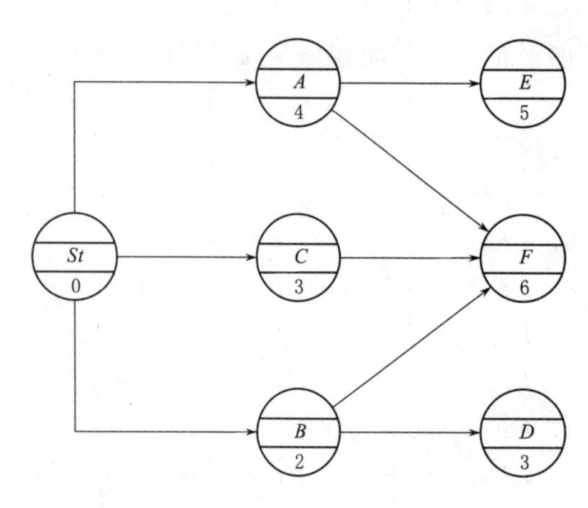

图 2－28　绘图第一步的结果

单代号网络图绘制过程如下：

（1）画出没有紧前工作的工作 *A*、*B* 和 *C*，为满足“单代号网络图只能有一个起点节点”的规则，需增加一个虚拟的节点Ⓢⓣ，其持续时间为 0。再画出工作 *D*、*E* 和 *F*，如图 2－28 所示。

（2）画出工作 *G*、*H*，如图 2－29 所示。

（3）为满足“单代号网络图只能有一个终点节点”的规则，需增加一个虚拟的节点Ⓕⓝ，其持续时间为 0。最后给所有节点编号，要满足“箭头节点编号大于箭尾节点编号”的规则，如图 2－30 所示。

2. 单代号网络图时间参数的计算

单代号网络图的节点代表工作，它的 6 个时间参数分别是：最早开工时间、最早完工时间、最迟开工时间、最迟完工时间、总时差和自由时差。下面以图 2-31 为例，介绍时间参数的计算步骤。

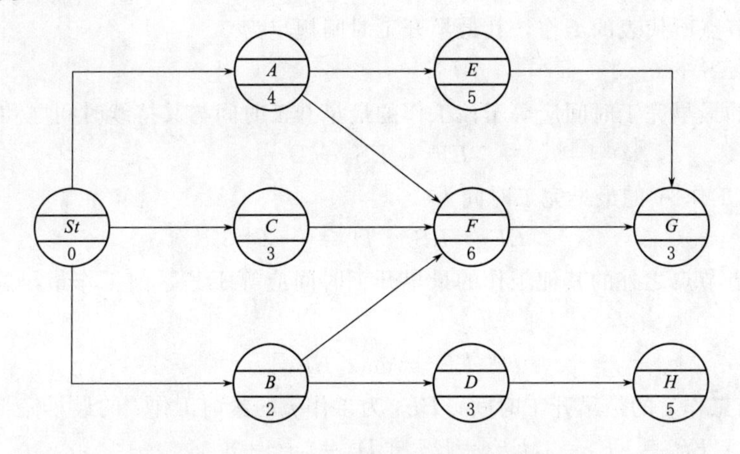

图 2-29　绘图第二步的结果

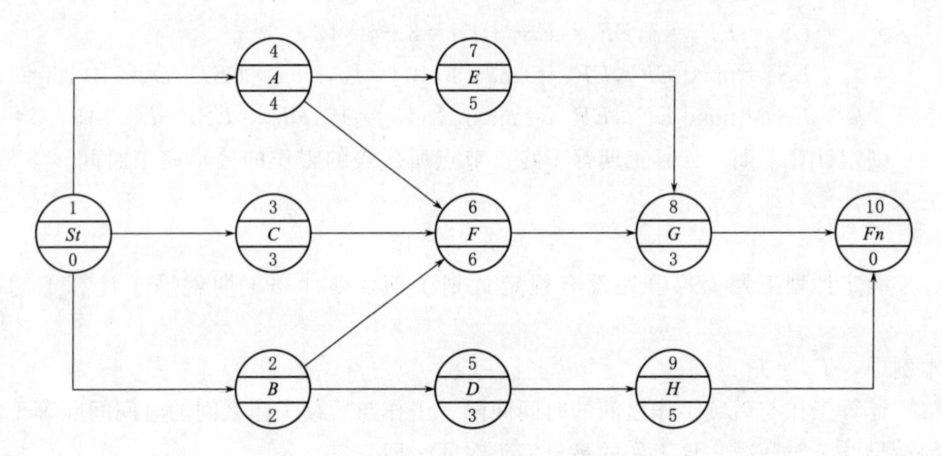

图 2-30　绘图第三步的结果

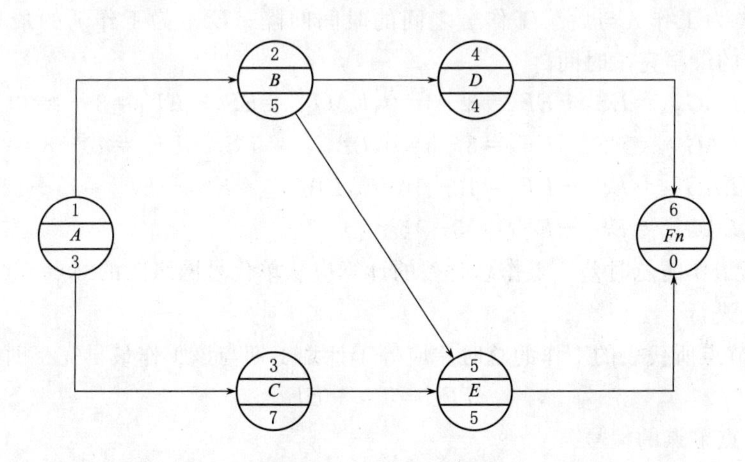

图 2-31　单代号网络图

（1）计算工作的最早时间。工作最早时间的计算应从单代号网络图的起点节点开始，顺着箭线方向依次进行。

1）起点节点所代表的工作，其最早开工时间规定为0。

本例中，$ES_1=0$。

2）工作的最早完工时间应等于该工作的最早开工时间与其持续时间之和，即

$$EF_i = ES_i + D_i \tag{2-26}$$

本例中，工作 A 的最早完工时间为

$$EF_1 = ES_1 + D_1 = 0 + 3 = 3$$

3）除起点节点之外的其他工作的最早开工时间应等于其紧前工作最早完工时间的最大值，即

$$ES_j = \max[EF_i] \tag{2-27}$$

式中：ES_j 为工作 j 的最早开工时间；EF_i 为工作 j 的紧前工作 i 的最早完工时间。

本例中　$ES_2 = EF_1 = 3, EF_2 = ES_2 + D_2 = 3 + 5 = 8$

$ES_3 = EF_1 = 3, EF_3 = ES_3 + D_3 = 3 + 7 = 10$

$ES_4 = EF_2 = 8, EF_4 = ES_4 + D_4 = 8 + 4 = 12$

$ES_5 = \max[EF_2, EF_3] = \max[8, 10] = 10, EF_5 = ES_5 + D_5 = 10 + 5 = 15$

$ES_6 = \max[EF_4, EF_5] = \max[12, 15] = 15, EF_6 = ES_6 + D_6 = 15 + 0 = 15$

（2）确定计算工期。计算工期等于终点节点所代表的工作的最早完工时间。本例中，计算工期为

$$T_c = EF_6 = 15$$

（3）确定计划工期。若事先没有规定计划工期，则计划工期就等于计算工期，即 $T_P = T_c$。

本例中，$T_P = T_c = 15$。

（4）计算工作与后续工作之间的时间间隔。工作与后续工作之间的时间间隔等于后续工作的最早开工时间减去该工作的最早完工时间，即

$$LAG_{i,j} = ES_j - EF_i \tag{2-28}$$

式中：$LAG_{i,j}$ 为工作 i 与后续工作 j 之间的时间间隔；ES_j 为工作 j 的最早开工时间；EF_i 为工作 i 的最早完工时间。

本例中　$LAG_{1,2} = ES_2 - EF_1 = 3 - 3 = 0, LAG_{1,3} = ES_3 - EF_1 = 3 - 3 = 0$

$LAG_{2,4} = ES_4 - EF_2 = 8 - 8 = 0, LAG_{2,5} = ES_5 - EF_2 = 10 - 8 = 2$

$LAG_{3,5} = ES_5 - EF_3 = 10 - 10 = 0, LAG_{4,6} = ES_6 - EF_4 = 15 - 12 = 3$

$LAG_{5,6} = ES_6 - EF_5 = 15 - 15 = 0$

（5）计算工作的总时差。工作总时差的计算应从单代号网络图的终点节点开始，逆着箭线方向依次进行。

1）终点节点所代表的工作的总时差应等于计划工期与该工作最早完工时间之差，即

$$TF_n = T_P - EF_n \tag{2-29}$$

式中：n 为终点节点的编号。

本例中，终点节点⑥的总时差为0，即 $TF_6 = 15 - 15 = 0$。

2）除终点节点之外的其他工作的总时差应等于该工作与后续工作之间的时间间隔加上后续工作的总时差，然后取最小值，即

$$TF_i = \min[LAG_{i,j} + TF_j] \tag{2-30}$$

式中：TF_i 为工作 i 的总时差；$LAG_{i,j}$ 为工作 i 与后续工作 j 之间的时间间隔；TF_j 为工作 j 的总时差。

本例中 $TF_5 = TF_6 + LAG_{5,6} = 0+0=0, TF_4 = TF_6 + LAG_{4,6} = 0+3=3$

$TF_3 = TF_5 + LAG_{3,5} = 0+0=0$

$TF_2 = \min[(TF_4 + LAG_{2,4}), (TF_5 + LAG_{2,5})] = \min[(3+0), (0+2)] = 2$

$TF_1 = \min[(TF_2 + LAG_{1,2}), (TF_3 + LAG_{1,3})] = \min[(2+0), (0+0)] = 0$

（6）计算工作的自由时差。

1）终点节点所代表的工作的自由时差等于计划工期与该工作的最早完工时间之差，即

$$FF_n = T_P - EF_n \tag{2-31}$$

式中：n 为终点节点的编号。

本例中，终点节点⑥的自由时差为

$$EF_6 = T_P - EF_6 = 15 - 15 = 0$$

2）除终点节点之外的其他工作的自由时差等于该工作与后续工作时间间隔的最小值，即

$$EF_i = \min[LAG_{i,\ j}] \tag{2-32}$$

本例中 $EF_5 = LAG_{5,6} = 0, FF_4 = LAG_{4,6} = 3$

$FF_3 = LAG_{3,5} = 0$

$FF_2 = \min[LAG_{2,4}, LAG_{2,5}] = \min[0,2] = 0$

$FF_1 = \min[LAG_{1,2}, LAG_{1,3}] = \min[0,0] = 0$

（7）计算工作的最迟时间。

1）工作的最迟完工时间等于该工作的最早完工时间与其总时差之和，即

$$LF_i = EF_i + TF_i \tag{2-33}$$

2）工作的最迟开工时间等于本工作的最早开工时间与其总时差之和，即

$$LS_i = ES_i + TF_i \tag{2-34}$$

本例中 $LS_1 = ES_1 + TF_1 = 0+0=0$，$LF_1 = EF_1 + TF_1 = 3+0=3$

$LS_2 = ES_2 + TF_2 = 3+2=5$，$LF_2 = EF_2 + TF_2 = 8+2=10$

$LS_3 = ES_3 + TF_3 = 3+0=3$，$LF_3 = EF_3 + TF_3 = 10+0=10$

$LS_4 = ES_4 + TF_4 = 8+3=11$，$LF_4 = EF_4 + TF_4 = 12+3=15$

$LS_5 = ES_5 + TF_5 = 10+0=10$，$LF_5 = EF_5 + TF_5 = 15+0=15$

$LS_6 = ES_6 + TF_6 = 15+0=15$，$LF_6 = EF_6 + TF_6 = 15+0=15$

将以上计算结果标注在图 2-32 中的相应位置。

（8）确定单代号网络图的关键线路。从单代号网络图的起点节点开始，顺着箭线方向依次找出相邻两项工作之间时间间隔为 0 的线路，该线路即为关键线路。一般用粗箭线或双箭线表示关键线路。图 2-32 中，①—③—⑤—⑥为关键线路。

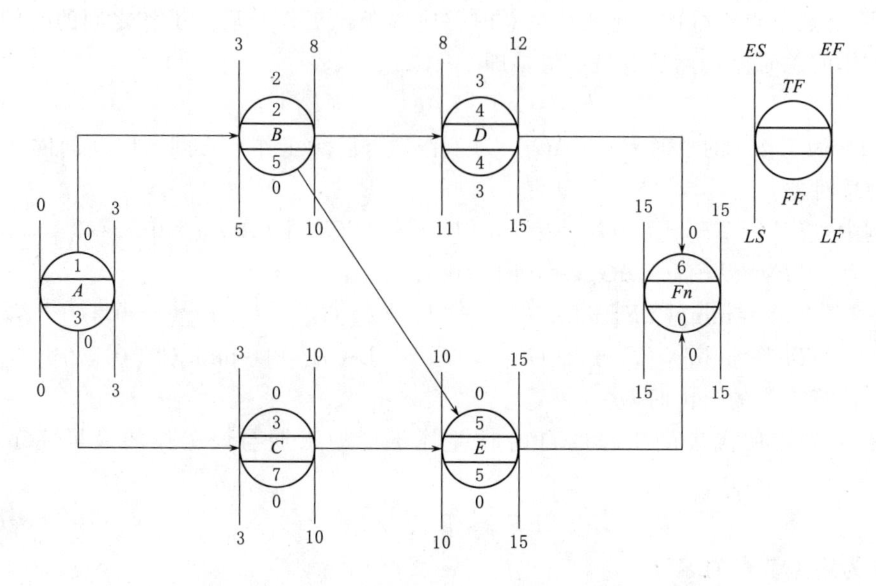

图 2-32　单代号网络图工作时间参数计算结果及关键线路

五、单代号搭接网络图

1. 搭接关系的类型

工作之间的搭接关系有四种类型：开始到开始、开始到完成、完成到开始、完成到完成。有时，工作之间还可能存在两种以上的搭接关系，称为混合搭接关系。

(1) 开始到开始（STS）的搭接关系。图 2-33 表示工作 i 开始一段时间后，工作 j 才能开始。这一段时间称为时距，通常记为 $STS=n$，其中 n 为非负数。

从图 2-33 中可得出如下计算公式：

$$ES_j = ES_i + STS_{i-j} \tag{2-35}$$

$$LS_i = LS_j - STS_{i-j} \tag{2-36}$$

(2) 开始到完成（STF）的搭接关系。图 2-34 表示工作 i 开始一段时间后，工作 j 才能完成。这一段时间称为时距，通常记为 $STF=n$，其中 n 为非负数。

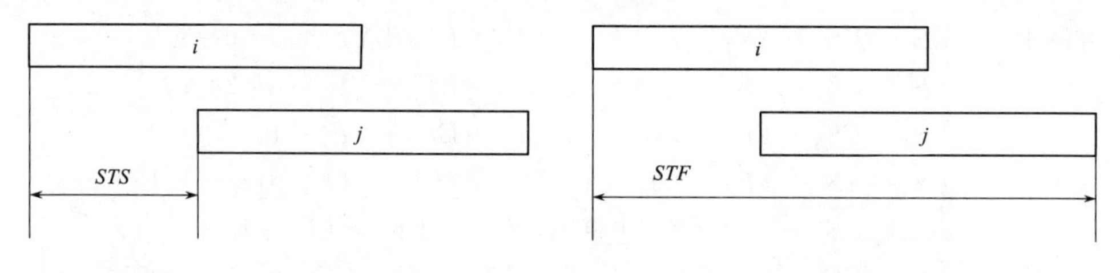

图 2-33　STS 的搭接关系　　　　图 2-34　STF 的搭接关系

从图 2-34 可得出如下计算公式：

$$EF_j = ES_i + STF_{i-j} \tag{2-37}$$

$$LS_i = LF_j - STF_{i-j} \tag{2-38}$$

(3) 完成到开始（FTS）的搭接关系。图 2－35 表示工作 i 完成一段时间后，工作 j 才能开始。这一段时间称为时距，通常记为 $FTS=n$，其中 n 为非负数。

从图 2－35 可得出如下计算公式：

$$ES_j = EF_i + FTS_{i-j} \quad (2-39)$$

$$LF_i = LS_j - FTS_{i-j} \quad (2-40)$$

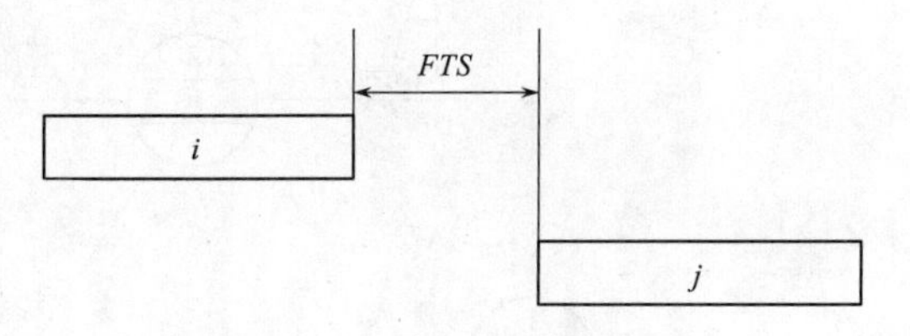

图 2－35　FTS 的搭接关系

(4) 完成到完成（FTF）的搭接关系。图 2－36 表示工作 i 完成一段时间后，工作 j 才能完成。这一段时间称为时距，通常记为 $FTF=n$，其中 n 为非负数。

从图 2－36 可得出如下计算公式：

$$EF_j = EF_i + FTF_{i-j} \quad (2-41)$$

$$LF_i = LF_j - FTF_{i-j} \quad (2-42)$$

(5) 混合搭接关系。两项工作之间存在上述四种搭接关系中的两种关系，称为混合搭接关系。例如工作 i 和 j 同时存在 STS 与 FTF 的逻辑关系，如图 2－37 所示。

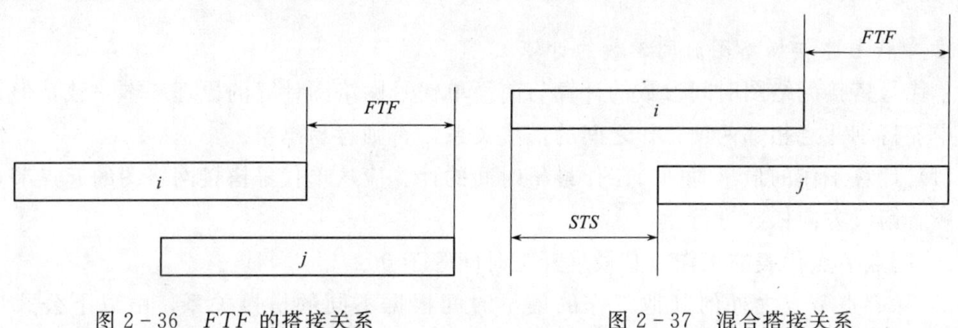

图 2－36　FTF 的搭接关系　　图 2－37　混合搭接关系

2. 单代号搭接网络图的绘制

单代号搭接网络图与单代号网络图在绘图规则与方法上基本相同，一般先绘制单代号网络图，然后再将搭接关系和时距标注在箭线上方即可。下面以表 2－8 为例，介绍单代号搭接网络图的绘制过程。

表 2－8　项目包含的工作及工作之间的搭接关系

序号	工作名称	持续时间	搭接关系
1	A	3	—
2	B	5	$STS_{A,B}=1$
3	C	7	$FTS_{A,C}=1$
4	D	4	$FTS_{B,D}=1$
5	E	5	$STS_{C,E}=3$，$FTF_{B,E}=5$
6	F	1	$FTF_{D,F}=1$，$FTS_{E,F}=1$

(1) 根据工作之间的搭接关系，可以确定：工作 A 无紧前工作，工作 B、C 的紧前工作是 A，工作 D 的紧前工作是 B，工作 E 的紧前工作是 B、C，工作 F 的紧前工作是

D、E。据此，画出单代号网络图。

（2）将搭接关系和时距标注在箭线上方，最终的单代号搭接网络如图 2-38 所示。

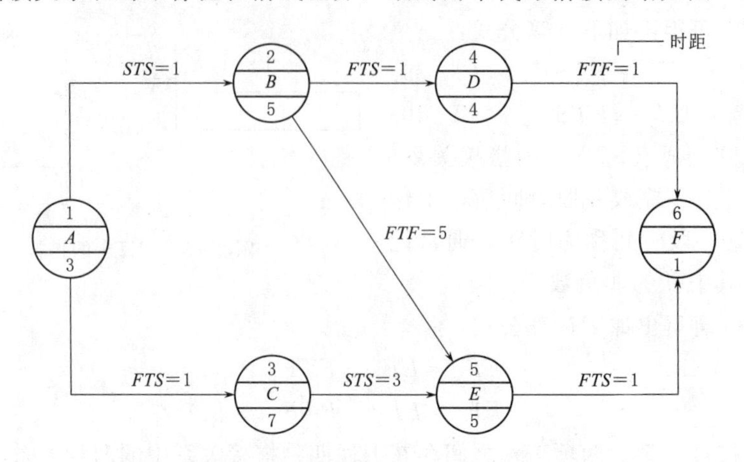

图 2-38　最终的单代号搭接网络图

3. 单代号搭接网络图时间参数的计算

单代号搭接网络图时间参数的计算与前面单代号网络图计算的原理基本一致，但计算过程中要特别注意相邻两项工作之间的搭接关系，否则容易出错。

（1）计算工作的最早时间。工作最早时间的计算应从单代号搭接网络图的起点节点开始，顺着箭线方向依次进行。

1）起点节点代表的工作，其最早开工时间等于 0。

2）除起点节点之外的其他工作的最早时间根据不同的搭接关系，由以下公式进行计算：

a. 当 i 和 j 是 STS 关系时

$$ES_j = ES_i + STS_{i-j}$$

b. 当 i 和 j 是 STF 关系时

$$EF_j = ES_i + STF_{i-j}$$

c. 当 i 和 j 是 FTS 关系时

$$ES_j = EF_i + FTS_{i-j}$$

d. 当 i 和 j 是 FTF 关系时

$$EF_j = EF_i + FTF_{i-j}$$

若存在两种以上的搭接关系时，应分别按上式计算最早时间，然后取其最大值。

3）工作的最早开工时间和最早完工时间应满足下式：

$$EF_i = ES_i + D_i \tag{2-43}$$

4）计算工作的最早开工时间时，可能出现最早开工时间为负值的现象，此时应将该工作的最早开工时间确定为 0。

（2）计算工期和计划工期的确定。计算工期应等于所有节点最早完工时间的最大值。若事先没有规定计划工期，则计划工期就等于计算工期，即 $T_P = T_c$。

(3) 计算工作的最迟时间。计算最迟时间参数应从单代号搭接网络图的终点节点开始，逆着箭线方向依次进行。

1) 终点节点代表的工作，其最迟完工时间等于计划工期。

2) 除终点节点之外的其他工作的最迟时间应根据不同搭接关系按下列公式计算：

a. 当 i 和 j 是 STS 关系时

$$LS_i = LS_j - STS_{i-j}$$

b. 当 i 和 j 是 STF 关系时

$$LS_i = LF_j - STF_{i-j}$$

c. 当 i 和 j 是 FTS 关系时

$$LF_i = LS_j - FTS_{i-j}$$

d. 当 i 和 j 是 FTF 关系时

$$LF_i = LF_j - FTF_{i-j}$$

若存在两种以上的搭接关系时，应分别按上式计算最迟时间，然后取其最小值。

3) 工作的最迟开工时间和最迟完工时间应满足下式：

$$LS_i = LF_i - D_i$$

4) 在计算过程中，当某项工作最迟完工时间大于计划工期时，则应将该工作的最迟完工时间确定为计划工期。

(4) 计算相邻两项工作间的时间间隔。相邻两项工作间的时间间隔应根据其搭接关系不同，分别按下式进行计算：

1) 当 i 和 j 是 STS 关系时

$$LAG_{i,j} = ES_j - ES_i - STS_{i-j}$$

2) 当 i 和 j 是 STF 关系时

$$LAG_{i,j} = EF_j - ES_i - STF_{i-j}$$

3) 当 i 和 j 是 FTS 关系时

$$LAG_{i,j} = ES_j - EF_i - FTS_{i-j}$$

4) 当 i 和 j 是 FTF 关系时

$$LAG_{i,j} = EF_j - EF_i - FTF_{i-j}$$

(5) 计算工作的自由时差。

1) 终点节点所代表的工作的自由时差等于计划工期与该工作最早完工时间之差，即

$$FF_n = T_p - EF_n \quad (2-44)$$

2) 除终点节点之外的其他工作的自由时差等于其与后续工作的时间间隔的最小值，即

$$FF_i = \min[LAG_{i-j}] \quad (2-45)$$

(6) 计算工作的总时差。工作的总时差等于该工作最迟完工时间与最早完工时间之差，或该工作的最迟开工时间和最早开工时间之差，即

$$TF_i = LF_i - EF_i \text{ 或者 } TF_i = LS_i - ES_i \quad (2-46)$$

(7) 确定关键工作。总时差最小的工作为关键工作。

【例 2-8】 通过图 2-39 来阐述单代号搭接网络图时间参数的计算过程。

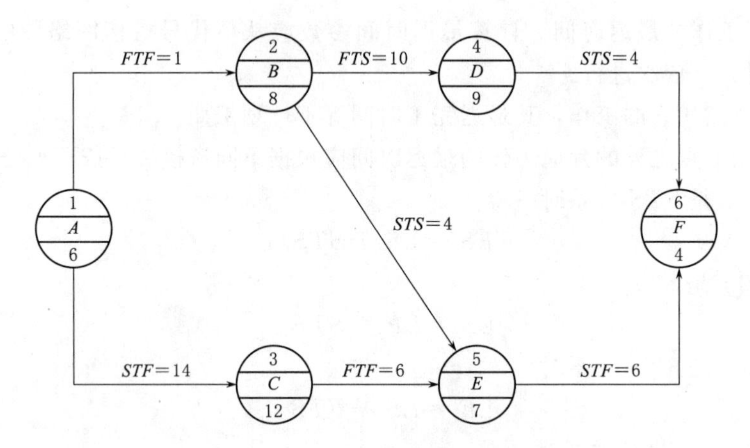

图 2-39　单代号搭接网络图

(1) 计算工作的最早开工时间和最早完工时间。

工作 A：$ES_A=0$，$EF_A=6$。

工作 B：$EF_B=EF_A+FTF_{A,B}=6+1=7$，$ES_B=EF_B-D_B=7-8=-1$。工作 B 的最早开工时间出现负值，显然不合理。此时，将工作 B 的最早开工时间确定为 0，则 $ES_B=0$，$EF_B=8$。

工作 C：$EF_C=ES_A+STF_{A,C}=14$，$ES_C=EF_C-D_C=14-12=2$。

工作 D：$ES_D=EF_B+FTS_{B,D}=8+10=18$，$EF_D=ES_D+D_D=18+9=27$。

工作 E：$EF_E=EF_C+FTF_{C,E}=14+6=20$，$ES_E=20-7=13$；又因 $STS_{B,E}=4$，则 $ES_E=4$，$EF_E=11$。两者之间取大值，得 $ES_E=13$，$EF_E=20$。

工作 F：$ES_F=ES_D+\mathrm{STS}_{D,F}=22$，$EF_F=26$；又根据 $STF_{E,F}=6$，则 $EF_F=13+6=19$，$ES_F=19-4=15$。两者之间取大值，得 $ES_F=22$，$EF_F=26$。

(2) 确定计算工期和计划工期。在所有工作中，工作 D 的最早完工时间最大，因此，计算工期应等于 D 的最早完工时间，即 $T_C=EF_D=27$。由于未规定计划工期，因此计划工期应等于计算工期，即 $T_P=T_C=27$。

(3) 计算工作最迟开工时间和最迟完工时间。

$LF_F=T_P=27$，$LS_F=LF_F-D_F=27-4=23$。

$LS_E=LF_F-STF_{E,F}=27-6=21$，$LF_E=LS_E+D_E=21+7=28$，由于其最迟完工时间超过了计划工期，显然不合理。此时，将工作 E 的最迟完工时间确定为计划工期，即 $LF_E=T_P=27$，则 $LS_E=27-7=20$。

$LS_D=LS_F-STS=23-4=19$，$LF_D=LS_D+D_D=19+9=28$，由于其最迟完工时间超过了计划工期，显然不合理。此时，将工作 D 的最迟完工时间确定为计划工期，即 $LF_D=T_P=27$，则 $LS_D=27-9=18$。

$LF_C=LF_E-FTF_{C,E}=27-6=21$，$LS_C=LF_C-D_C=21-12=9$。

$LF_B=LS_D-FTS_{B,D}=18-10=8$，$LS_B=LF_B-D_B=8-8=0$，又根据 $STS_{B,E}=4$，则 $LS_B=LS_E-STS_{B,E}=20-4=16$，两者之间取小值，得 $LS_B=0$，$LF_B=8$。

$LF_A=LF_B-FTF_{A,B}=8-1=7$，$LS_A=LF_A-D_A=7-6=1$，又根据 $STF_{A,C}=14$，

则 $LS_A=LF_C-STF_{A,C}=21-14=7$，两者之间取小值，得 $LS_A=1$，$LF_A=7$。

（4）计算相邻两项工作之间的时间间隔。

$$LAG_{A,B}=EF_B-EF_A-FTF_{A,B}=8-6-1=1$$
$$LAG_{B,D}=ES_D-EF_B-FTS_{B,D}=18-8-10=0$$
$$LAG_{D,F}=ES_F-ES_D-STS_{D,F}=22-18-4=0$$
$$LAG_{B,E}=ES_E-ES_B-STS_{B,E}=13-0-4=9$$
$$LAG_{A,C}=EF_C-ES_A-STF_{A,C}=14-0-14=0$$
$$LAG_{C,E}=EF_F-EF_C-FTF_{C,E}=20-14-6=0$$
$$LAG_{E,F}=EF_F-ES_E-STF_{E,F}=26-13-6=7$$

（5）计算工作的自由时差。

$$FF_A=\min[LAG_{A,B},LAG_{A,C}]=0,FF_B=\min[LAG_{B,D},LAG_{B,E}]=0$$
$$FF_C=LAG_{C,E}=0,FF_D=LAG_{D,F}=0$$
$$FF_E=LAG_{E,F}=7$$
$$FF_F=T_p-EF_F=27-26=1$$

（6）计算总时差。

$TF_F=1$，$TF_E=7$，$TF_D=0$，$TF_C=7$，$TF_B=0$，$TF_A=1$。

（7）确定关键工作。本例中，工作 B 和 D 的总时差最小，为关键工作。

本例计算结果如图 2-40 所示。

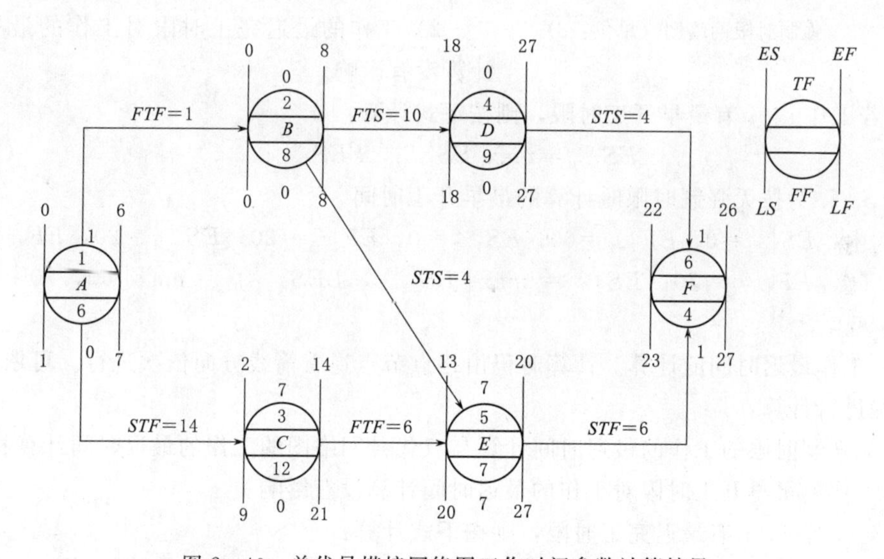

图 2-40 单代号搭接网络图工作时间参数计算结果

六、强制时限网络图

网络计划中的工作，除了受逻辑关系的约束之外，有时还会受到某种时间上的限制，或不得早于某时刻开工，或不得迟于某时刻完工，这就是最早开工时限、最迟完工时限，统称为强制时限。反映这种强制时限的网络图称为强制时限网络图，其形式可以是双代号网络图或者单代号网络图。以下叙述以双代号网络图为例。

1. 强制时限的意义及符号

（1）最早开工时限。工作的最早开工时限是指该工作必须在某个特定日期之后开工。最早开工时限用≫*LES* 表示，*LES* 指上述特定日期。最早开工时限一般标注在横向箭线尾部的上面，如图 2-41 所示。图 2-41 表示工作⑤—⑥必须在第 50 天后开始。

（2）最迟完工时限。工作的最迟完工时限是指该工作必须在某个特定日期之前完工。最迟完工时限用 *LLF*≪表示，*LLF* 指上述特定日期。最迟完工时限一般标注在横向箭线头部的下面，如图 2-42 所示。图 2-42 表示工作⑦—⑨必须第 70 天之前完成。

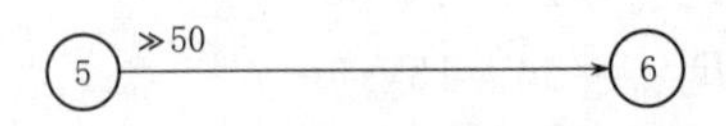

图 2-41　最早开工时限（单位：d）

图 2-42　最迟完工时限（单位：d）

2. 强制时限网络图计划时间参数的计算

现以图 2-43 为例说明强制时限网络图计划时间参数的计算过程。

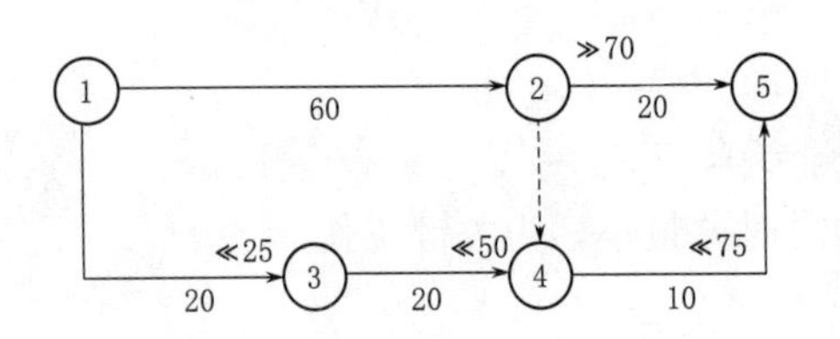

图 2-43　强制时限网络图（单位：d）

（1）工作最早时间的计算。计算时仍由起点节点顺着箭线方向依次进行。可依据下列三种情况进行计算：

1）无强制时限的工作的最早时间计算与双代号网络图的工作的最早时间计算相同。

2）工作的最迟完工时限对工作的最早时间计算没有影响。

3）若工作 $i—j$ 有最早开工时限，则按下式计算：

$$ES_{i-j}=\max[ES'_{i-j}, LES_{i-j}] \tag{2-47}$$

式中：ES'_{i-j} 为按无强制时限时计算的最早开工时间。

本例中，$ES_{1-2}=0$，$EF_{1-2}=60$；$ES_{1-3}=0$，$EF_{1-3}=20$；$ES_{3-4}=20$，$EF_{3-4}=40$；$ES_{4-5}=60$，$EF_{4-5}=70$；$ES_{2-5}=\max[ES'_{2-5}, LES_{2-5}]=\max[60, 70]=70$，$EF_{2-5}=90$。

（2）工作最迟时间的计算。计算时仍由终点节点逆着箭线方向依次进行。可依据下列三种情况进行计算：

1）无强制时限的工作的最迟时间计算与双代号网络图的工作的最迟时间计算相同。

2）工作的最早开工时限对工作的最迟时间计算没有影响。

3）若工作 $i—j$ 有最迟完工时限，则按下式计算：

$$LF_{i-j}=\min[LF'_{i-j}, LLF_{i-j}] \tag{2-48}$$

式中：LF'_{i-j} 为按无强制时限时计算的最迟完工时间。

本例中，$LF_{2-5}=90$，$LS_{2-5}=70$；$LF_{4-5}=\min[LLF_{4-5}, LF'_{4-5}]=\min[75, 90]=75$，$LS_{4-5}=65$；$LF_{3-4}=\min[LLF_{3-4}, LF'_{3-4}]=\min[50, 65]=50$，$LS_{3-4}=30$；$LF_{1-3}=\min[LLF_{1-3}, LF'_{1-3}]=\min[25, 30]=25$，$LS_{1-3}=5$；$LF_{1-2}=65$，$LS_{1-2}=5$。

（3）工作总时差的计算。

按下式进行计算：

$$TF_{i-j}=LS_{i-j}-ES_{i-j}=LF_{i-j}-EF_{i-j} \tag{2-49}$$

本例中，$TF_{1-2}=LF_{1-2}-EF_{1-2}=65-60=5$；$TF_{1-3}=LF_{1-3}-EF_{1-3}=25-20=5$；$TF_{2-5}=LF_{2-5}-EF_{2-5}=90-90=0$；$TF_{3-4}=LF_{3-4}-EF_{3-4}=50-40=10$；$TF_{4-5}=LF_{4-5}-EF_{4-5}=75-70=5$。

(4) 工作自由时差的计算。

按下式进行计算：

$$FF_{i-j}=\min[(ES_{j-k}-EF_{i-j}),(LLF_{i-j}-EF_{i-j})] \tag{2-50}$$

本例中，$FF_{1-2}=\min[60-60,70-60]=0$；$FF_{2-5}=90-90=0$；$FF_{1-3}=\min[20-20,25-20]=0$；$FF_{3-4}=\min[60-40,50-40]=10$；$FF_{4-5}=\min[90-70,75-70]=5$。

(5) 关键工作的确定。总时差最小的工作就是关键工作。本例中，关键工作为②—⑤。项目组织应重点关注关键工作和有强制时限的工作。

强制时限网络图时间参数计算结果如图 2-44 所示。

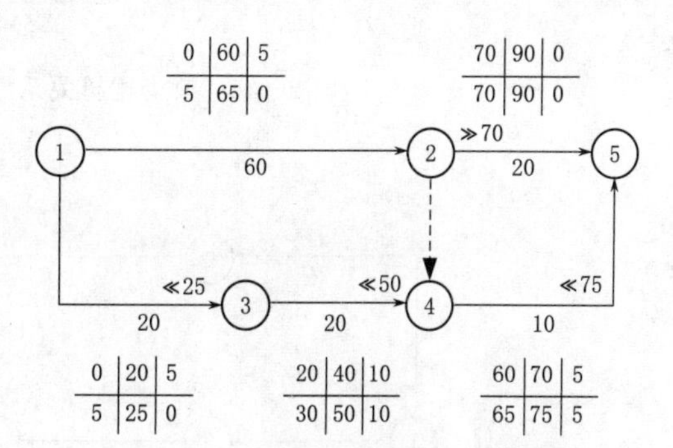

图 2-44　强制时限网络图时间参数计算结果（单位：d）

第三节　优化进度计划

项目进度计划编制完成后，需要检查计算工期是否大于计划工期，若计算工期大于计划工期，此时就需要对项目的进度计划进行优化（调整）。进度计划优化的目的就是使进度计划的计算工期小于或等于计划工期。

一、进度计划的优化方法

优化方法分为两种：一是改变工作之间的逻辑关系；二是缩短关键工作的持续时间。

1. 改变工作之间的逻辑关系

某项目的初始进度计划如图 2-45 所示，则项目的计算工期为 12d。为缩短计算工期，可将工作 B、C 调整为平行关系（图 2-46），此时项目的计算工期为 8d。两种方式相比，项目的计算工期减少了 4d。

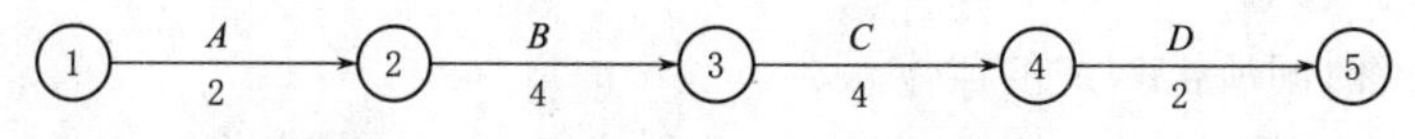

图 2-45　某项目的初始进度计划（单位：d）

2. 缩短关键工作的持续时间

在不改变工作之间逻辑关系的情况下，适当缩短关键工作的持续时间，也能缩短计算工期。某项目的双代号网络图如图 2-47 所示，关键线路为①—③—⑤—⑦—⑨，计算工期为 18d。如将关键工作⑦—⑨缩短 2d，则关键线路变为①—③—⑤—⑦—⑨和①—③—⑤—⑥—⑨，此时，计算工期为 16d。如将关键工作⑦—⑨再缩短 1d，观察发现计算工期仍为 16d。由此可知，当双代号网络图中存在多条关键线路时，必须同时缩短这些关键线路。

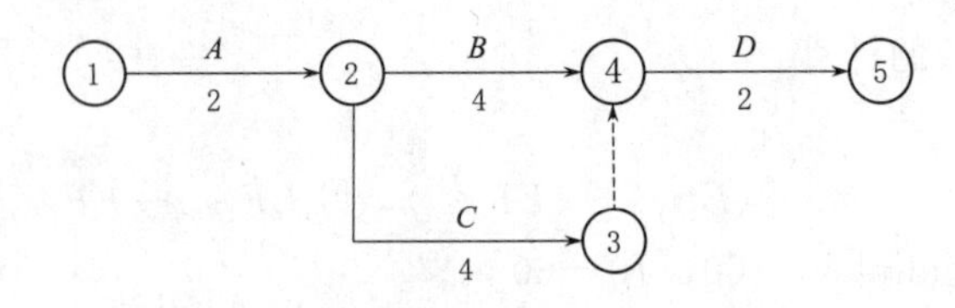

图 2-46　改变逻辑关系之后的进度计划（单位：d）

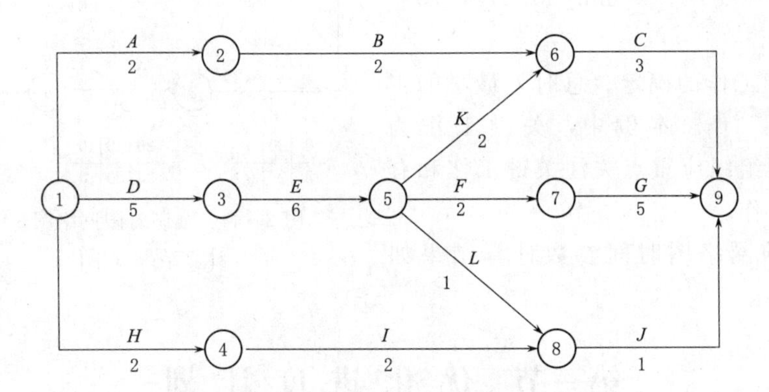

图 2-47　某项目的双代号网络图（单位：d）

二、进度计划优化的步骤

（1）找出关键线路和关键工作。

（2）计算 T_C 值。

（3）计算应缩短的时间：

$$\Delta T = T_C - T_P \tag{2-51}$$

若 $\Delta T < 0$，优化终止，否则继续下一步。

（4）选择关键工作，适当压缩其持续时间。选择关键工作时宜考虑下列因素：

1）缩短持续时间对质量和安全影响不大。

2）有充足的资源。

3）缩短持续时间所需增加的成本最少。

（5）重复以上步骤，直到计算工期小于或者等于计划工期为止。

【例 2-9】　某项目初始双代号网络图如图 2-48 所示，箭线下方若只有一个数据，表示该工作不能压缩。若有两个数据，括号外数据为该工作正常持续时间，括号内数据为该工作最短持续时间。选定压缩对象时，按如下优先级别考虑（从高到低）：①—②、①—③、⑦—⑨、④—⑧、⑧—⑨。假设计划工期为 32d，试对其进行进度优化。

解：（1）按工作正常持续时间找出初始双代号网络图的关键线路及关键工作。本例关键线路为①—③—⑥—⑦—⑨，关键工作为①—③、③—⑥、⑥—⑦和⑦—⑨。计算工期为 40d。

（2）计算应缩短的时间：

$$\Delta T = T_c - T_r = 40 - 32 = 8(\mathrm{d})$$

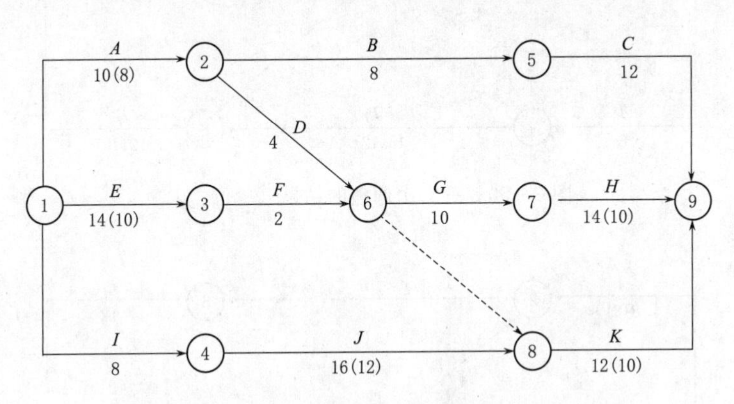

图 2-48　某项目初始双代号网络图（单位：d）

（3）第一次调整。选择关键工作①—③作为压缩对象。观察发现，可将关键工作①—③缩短 2d，此时，双代号网络图中出现了两条关键线路：①—③—⑥—⑦—⑨和①—②—⑥—⑦—⑨，如图 2-49 所示。此时，计算工期为 38d，仍大于计划工期，故需继续压缩。

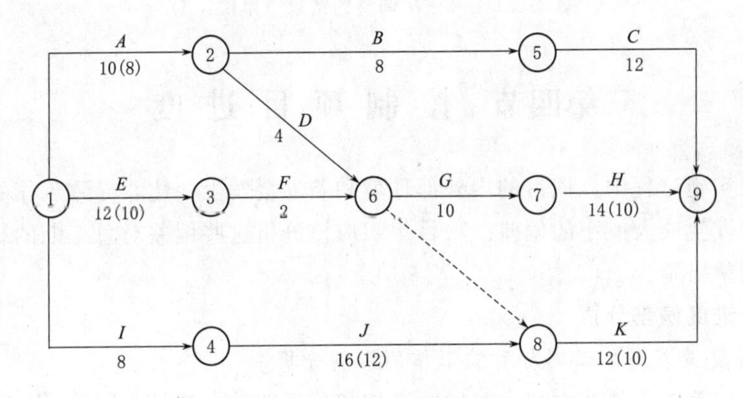

图 2-49　第一次调整的结果（单位：d）

（4）第二次调整。选择关键工作①—②和①—③作为压缩对象，将其持续时间同时压缩 2d。此时，双代号网络图中出现了三条关键线路：①—③—⑥—⑦—⑨、①—②—⑥—⑦—⑨和①—④—⑧—⑨，如图 2-50 所示。计算工期为 36d，仍大于计划工期，故需继续压缩。

（5）第三次调整。选择关键工作⑦—⑨和④—⑧作为压缩对象，将其持续时间同时压缩 4d，如图 2-51 所示。此时，计算工期为 32d，等于计划工期，故优化结束。

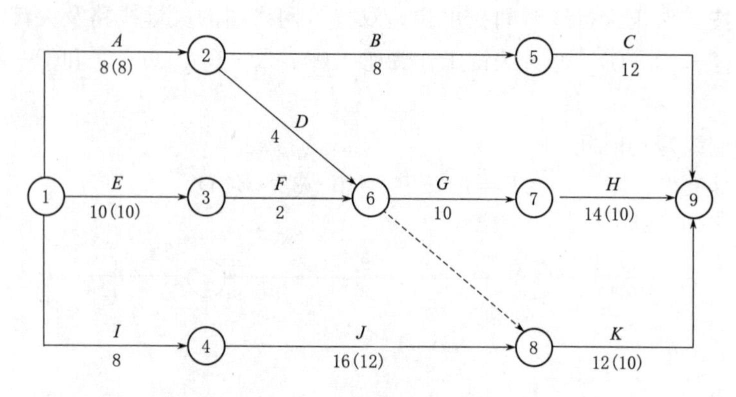

图 2-50　第二次调整的结果（单位：d）

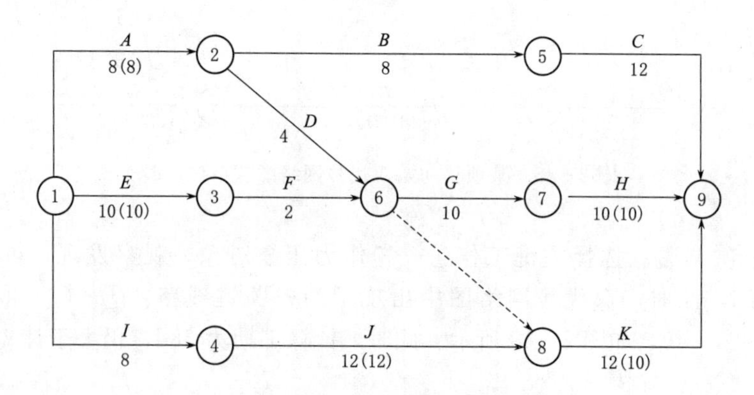

图 2-51　第三次调整的结果（单位：d）

第四节　控制项目进度

在项目的实施过程中，项目的内外部环境和条件会发生变化，导致工作的实际进度与计划进度之间发生或大或小的偏差。项目组织应该分析这些偏差对总工期的影响，并提出相应的进度调整措施。

一、项目进度偏差分析

1. 工作进度偏差对总工期与后续工作的影响分析

工作进度偏差的正负及大小，对后续工作和总工期的影响是不同的，分析时需要利用该工作的总时差和自由时差进行判断。

（1）工作的进度提前。

1）非关键工作进度提前，不影响总工期，可能影响其后续工作。图 2-52 中，假如非关键工作 D 的进度提前 1d，这种提前不影响总工期，不影响它的后续工作 G。假如非关键工作 B 的进度提前 1d，这种提前不影响总工期，但会影响它的后续工作 C。

2）关键工作进度提前，则会影响总工期和其后续工作。图 2-52 中，假如关键工作 E 的进度提前 1d，则总工期提前 1d，同时影响它的后续工作 F 和 G。

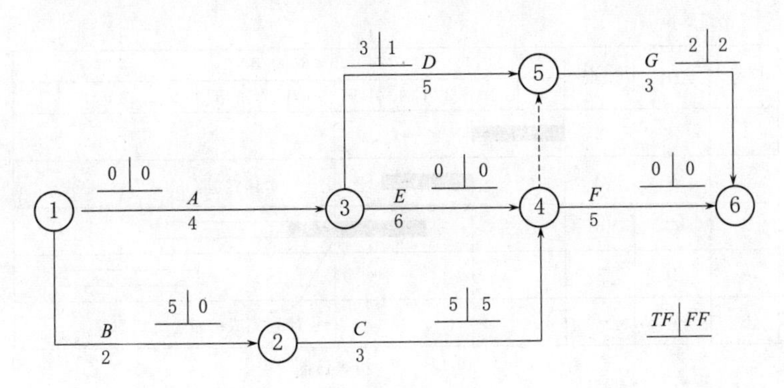

图 2-52　双代号网络图与总时差和自由时差（单位：d）

(2) 工作的进度拖延。

1) 关键工作进度拖延，则会影响总工期和其后续工作。图 2-52 中，假如关键工作 A 的进度拖延 2d，则总工期拖延 2d，同时影响它的后续工作 D 和 E。

2) 非关键工作进度拖延，并且拖延值超过其总时差，则此种拖延必将影响总工期和其后续工作。图 2-52 中，假如非关键工作 C 的进度拖延 6d，则总工期拖延 1d，同时影响它的后续工作 F 和 G。

3) 非关键工作进度拖延，拖延值超过其自由时差，但未超过总时差，则此种拖延将不影响总工期，但会影响其后续工作。图 2-52 中，假如非关键工作 B 的进度拖延 3d，则不影响总工期，但会影响它的后续工作 C。

4) 非关键工作进度拖延，拖延值未超过其自由时差，也未超过总时差，则此种拖延不会影响总工期和其后续工作。图 2-52 中，假如非关键工作 C 的进度拖延 1d，则不影响总工期和它的后续工作 G 和 F。

2. *进度偏差分析的方法*

进度偏差分析的方法主要有横道图法、S 形曲线法和前锋线法。

(1) 横道图法。根据项目中各项工作的进展是否匀速进行，横道图法又可分为匀速进展横道图法和非匀速进展横道图法。

1) 匀速进展横道图法。所谓匀速进展，指每天完成的工程量相等，或者累计完成百分比与时间呈线性关系。匀速进展横道图法进行进度偏差分析的步骤如下：

a. 编制横道图进度计划。

b. 在横道图上标出检查日期。

c. 按实际累计完成百分比用颜色填充于计划框的内部，表示工作的实际进度，如图 2-53 所示。

d. 对比实际进度和计划进度，找出偏差。若涂黑的粗线右端落在检查日期的左侧，则实际进度拖后；若涂黑的粗线右端落在检查日期的右侧，则实际进度提前；若涂黑的粗线右端与检查日期重合，则实际进度与计划进度一致。

图 2-53 中，工作 C 的进度提前了，提前值等于涂黑的粗线右端对应日期与检查日期的差值，即提前 1d。

序号
工作
工期
时间/d
1 2 3 4 5 6 7 8 9 10 11 12
1 A 2
2 B 2
3 C 6
4 D 3
5 … …
实际完成：50%
计划完成：1/3
检查日期

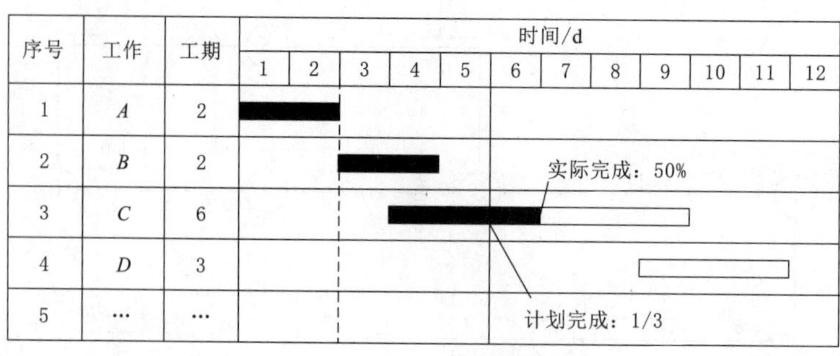

图 2-53　匀速进展的计划与实际进度横道图

2）非匀速进展横道图法。所谓非匀速进展，指每天完成的工程量不相等，或者累计完成百分比与时间呈非线性关系。非匀速进展横道图法进行进度偏差分析的步骤如下：

a. 绘制横道图进度计划，并在横道线上方标出计划累计完成百分比。

b. 在横道图上标出检查日期。

c. 按实际累计完成百分比用颜色填充于计划线框的内部，表示工作的实际进度，如图 2-54 所示。

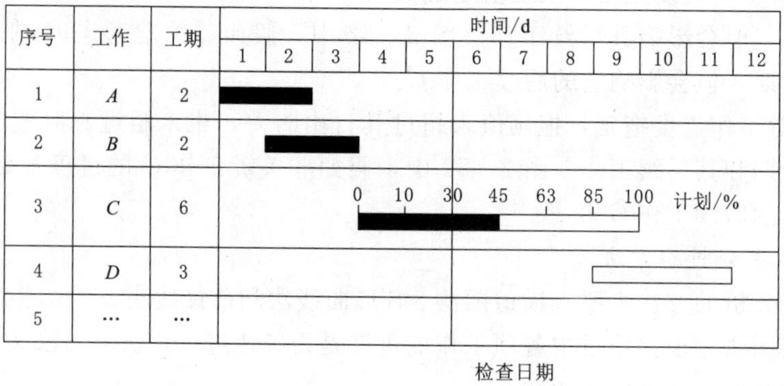

序号
工作
工期
时间/d
1 2 3 4 5 6 7 8 9 10 11 12
1 A 2
2 B 2
3 C 6
4 D 3
5 … …
0 10 30 45 63 85 100 计划/%
检查日期

图 2-54　非匀速进展的计划与实际横道图

d. 对比实际进度和计划进度，找出偏差。若涂黑的粗线右端落在检查日期的左侧，则实际进度拖后；若涂黑的粗线右端落在检查日期的右侧，则实际进度提前；若涂黑的粗线右端与检查日期重合，则实际进度与计划进度一致。

图 2-54 中，工作 C 的进度提前了，提前值等于涂黑的粗线右端对应的百分比与检查日期对应的百分比的差值，即提前了 15%。由于累计完成百分比与时间是非线性关系，因此很难将 15%精确换算为天数。

（2）S 形曲线法。绘制 S 形曲线及分析进度偏差的步骤如下：

1）绘制计划累计完成工作量曲线。

a. 根据进度安排，计算第 t 天的工作量 q_t（工程量或者成本）。

b. 计算计划累计完成工作量，可按下式进行计算：

$$Q_t = \sum_{i=1}^{t} q_i \tag{2-52}$$

c. 根据 Q_t 值，绘制计划累计完成工作量曲线（简称计划曲线），如图 2－55 所示。

2）绘制实际累计完成工作量曲线。在项目实施过程中，不断收集实际数据，计算截至检查日期的实际累计完成工作量据此绘制实际累计完成工作量曲线（简称实际曲线），如图 2－55 所示。

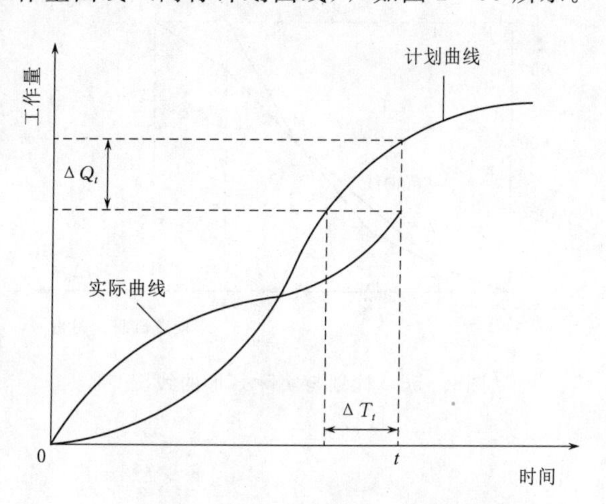

图 2－55　计划与实际曲线

3）分析进度偏差。

a. 判断进度提前或者拖后。在检查日期，若实际曲线在计划曲线的左侧，则实际进度比计划进度提前；若实际曲线在计划曲线的右侧，则实际进度比计划进度拖后。

b. 计算提前或拖后的工作量。在检查日期，计划曲线与实际曲线在纵轴上的差值就是提前或拖后的工作量。图 2－55 中，在检查日期，拖后的工作量为 ΔQ_t。

c. 计算提前或拖后的时间。在检查日期，计划曲线与实际曲线在横轴上的差值就是提前或拖后的时间。图 2－55 中，在检查日期，拖后的时间为 ΔT_t。

【例 2－10】　某工程混凝土浇筑总量为 $1500m^3$，按照施工方案，计划 6 个月完成，每月计划完成的混凝土浇筑量以及每月实际完成的混凝土浇筑量见表 2－9，试利用 S 形曲线法进行实际进度与计划进度的比较。

表 2－9　　每 月 完 成 工 程 量

时间	1月	2月	3月	4月	5月	6月
每月计划完成量/m^3	100	150	350	500	250	150
每月实际完成量/m^3	150	200	250	300	200	

1）计算计划累计完成量和实际累计完成量，列入表 2－10 中。

表 2－10　　累 计 完 成 工 程 量

时间	1月	2月	3月	4月	5月	6月
计划累计完成量/m^3	100	250	600	1100	1350	1500
实际累计完成量/m^3	150	350	600	900	1100	

2）根据计划累计完成量和实际累计完成量绘制 S 形曲线图（图 2－56）。

3）在检查日期，实际曲线在计划曲线的右侧，表明进度拖后。进度拖后的时间为 1 个月，拖后的工程量为 $250m^3$。

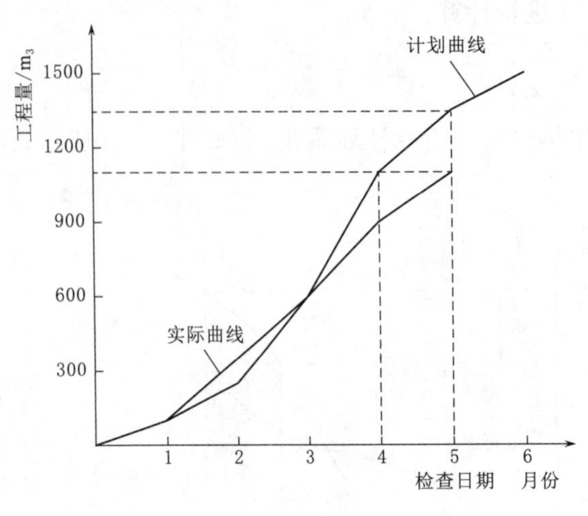

图 2-56　计划与实际S形曲线图

(3) 前锋线法。前锋线指在双代号时标网络图上，从检查日期出发，用线段将相关工作的前锋点依次连接而成的折线。前锋线法是通过前锋线与评价线的位置来判断实际进度和计划进度的偏差。前锋线法的应用步骤如下：

1) 绘制双代号时标网络图。

2) 绘制评价线。在检查日期，从上方的时间刻度线向下绘制一条线段，直至下方的时间刻度线。

3) 确定相关工作的前锋点。前锋点的确定方法有两种：

a. 按完成百分比进行确定。在工作箭线上，从左向右按完成百分比确定前锋点。

b. 按尚需时间进行确定。在工作箭线上，从右向左按尚需时间确定前锋点。

4) 绘制前锋线。从检查日期出发，用线段将相关工作的前锋点依次相连。

5) 分析进度偏差。

a. 若工作的前锋点落在评价线的左侧，则表明该工作进度拖后，拖后的时间为两者之差。

b. 若工作的前锋点与评价线重合，则表明该工作实际进度与计划进度一致。

c. 若工作的前锋点落在评价线的右侧，则表明该工作进度超前，提前的时间为两者之差。

6) 分析上述偏差对后续工作及总工期的影响。

【例 2-11】　某项目双代号时标网络如图 2-57 所示，在第 4 天下班时检查发现，工作 B 完成了 2/3 的工作量，工作 C 完成了 1/3 的工作量，工作 D 完成了 3/5 的工作量，工作 G 完成了 1/4 的工作量，试绘制前锋线并分析进度偏差。

(1) 绘制评价线。在检查日期第 4 天，从上方的时间刻度线向下绘制一条垂直线段，直至下方的时间刻度线，如图 2-58 所示。

(2) 绘制前锋线。根据工作 B、C、D、G 已完成工作量的比例，在其工作箭线上确定前锋点，然后用线段依次相连，如图 2-58 所示。

(3) 分析进度偏差。

1) 工作 B 实际进度与计划进度一致。

2) 工作 C 进度拖后 1d，由于其总时差和自由时差均为 2d，故这种拖延既不影响总工期，也不影响其后续工作。

3) 工作 D 进度提前 1d，由于其总时差和自由时差均为 0d，故这种提前会导致总工期提前 1d，影响其后续工作。

4) 工作 G 进度拖后 2d，由于其总时差和自由时差均为 3d，故这种拖延不会影响总工期。

综合分析，总工期会提前1d。

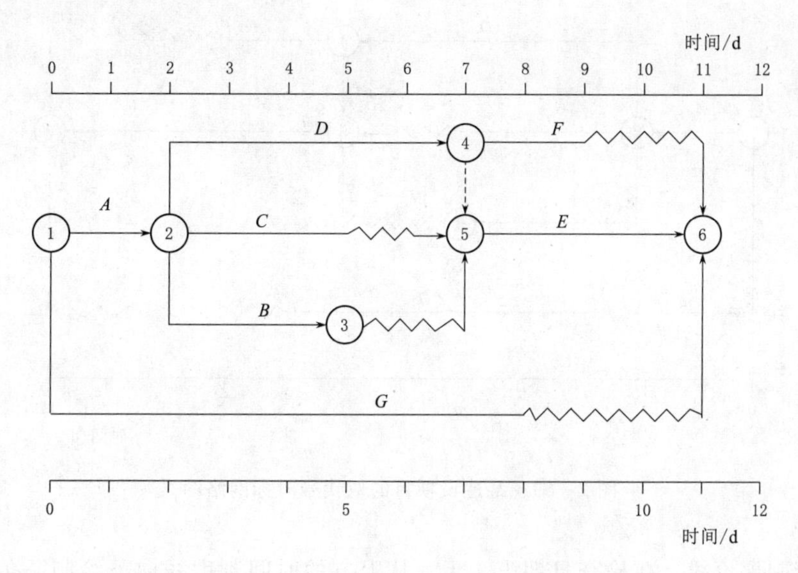

图2-57 某项目双代号时标网络图

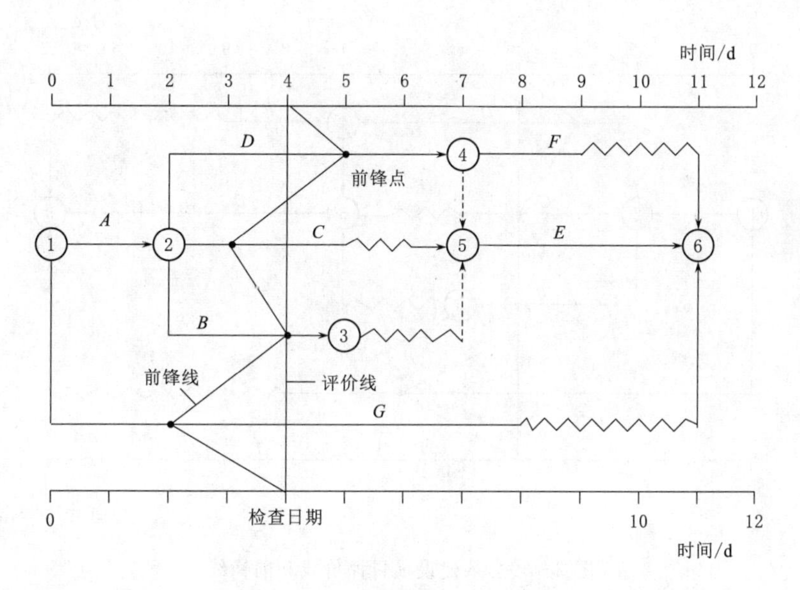

图2-58 项目评价线和前锋线

【例2-12】 某建设项目双代号时标网络如图2-59所示，在第4天下班时检查发现，工作 B 尚需2d才能完成，工作 C 尚需1d才能完成，工作 D 尚需4d才能完成，工作 G 尚需2d才能完成，试绘制前锋线并分析进度偏差。

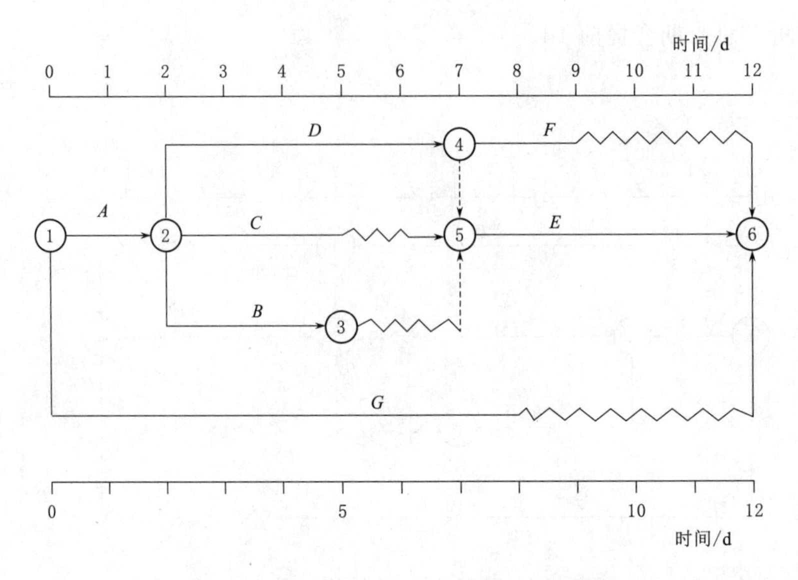

图 2-59　某建设项目的双代号时标网络图

(1) 绘制评价线。在检查日期第 4 天，从上方的时间刻度线向下绘制一条垂直线段，直至下方的时间刻度线，如图 2-60 所示。

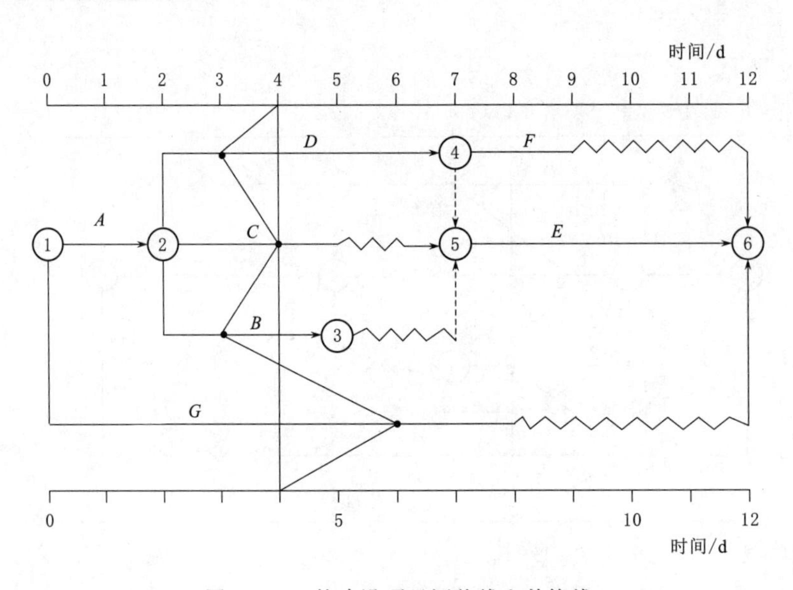

图 2-60　某建设项目评价线和前锋线

(2) 绘制前锋线。根据工作 B、C、D、G 尚需时间，在其工作箭线上确定前锋点，然后用线段依次相连，如图 2-60 所示。

(3) 分析进度偏差。

1) 工作 B 进度拖后 1d，由于其总时差和自由时差均为 2d，故这种拖延既不影响总工期，也不影响其后续工作。

2）工作 C 实际进度与计划进度一致。

3）工作 D 进度拖后 1d，由于其是关键工作，故这种拖延会导致总工期拖延 1d，影响后续工作。

4）工作 G 进度提前 2d，由于其是非关键工作，故这种提前不会影响总工期。

综合分析，总工期会拖后 1d。

二、项目进度动态调整

当进度拖延影响到后续工作及总工期而需要调整进度计划时，其调整方法主要有两种。

1. 改变工作之间的逻辑关系

当工作之间的逻辑关系允许改变时，可以通过改变有关工作之间的逻辑关系，达到缩短工期的目的。

2. 缩短工作的持续时间

当工作之间的逻辑关系不允许改变时，可通过增加资源投入、提高劳动效率等措施来缩短工作的持续时间，达到缩短工期的目的。

【例 2-13】　某水利工程施工项目双代号时标网络如图 2-61 所示，试根据评价线和前锋线分析进度偏差对后续工作和总工期的影响，并提出相应的进度调整措施。

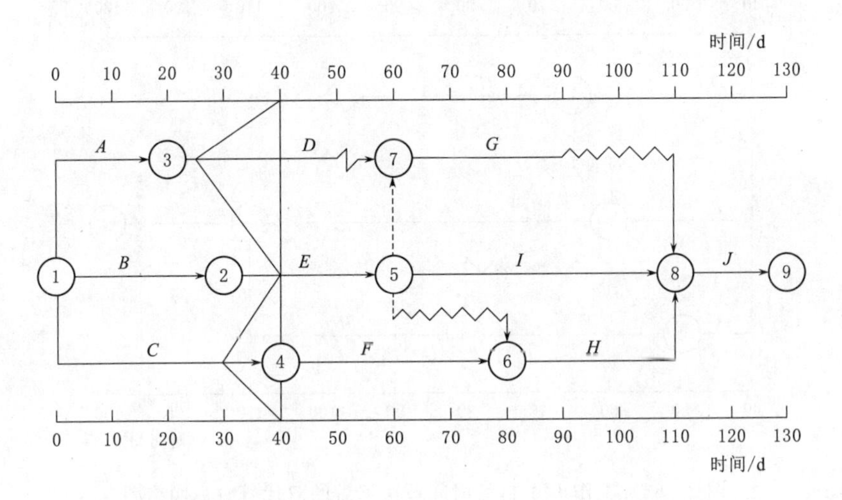

图 2-61　某水利工程施工项目双代号时标网络图

(1) 工作 E 的实际进度与计划进度一致。

(2) 工作 D 进度拖后 15d，由于其总时差为 30d，故这种拖延对总工期无影响。由于其自由时差为 10d，故这种拖延会影响其后续工作 G 的最早开工时间。

(3) 工作 C 进度拖后 10d，由于其总时差为 0d，故这种拖延会导致总工期拖延 10d。为保持总工期不变，可以将工作 F 和 H 安排成平行关系（图 2-62），或者压缩工作 F 的持续时间（图 2-63）。

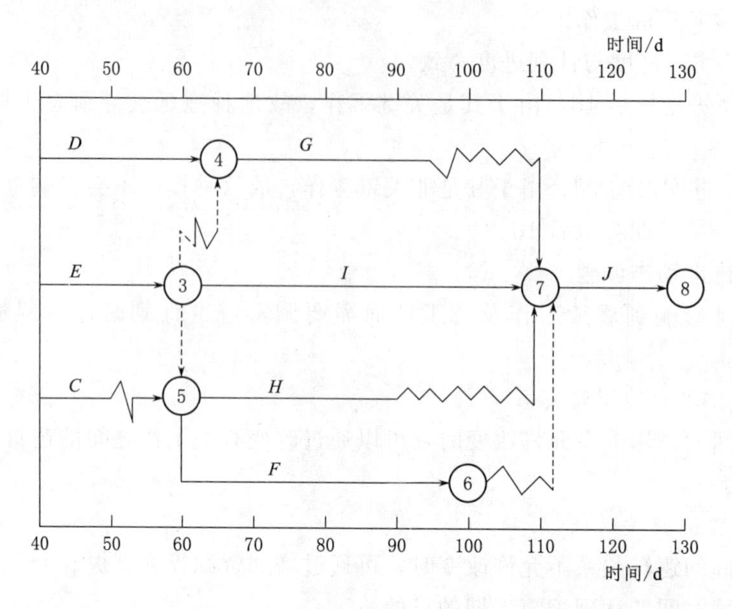

图 2-62　将工作 F 和 H 安排成平行关系后的双代号时标网络图

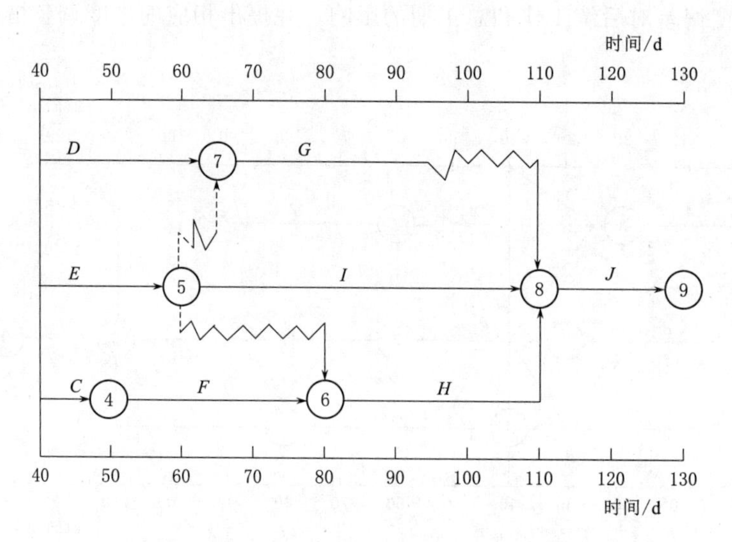

图 2-63　工作 F 的持续时间被压缩后的双代号时标网络图

复习思考题

1. 估算工作持续时间的方法有哪些?
2. 横道图与网络图的优缺点有哪些?
3. 阐述总时差、自由时差的概念。
4. 根据表 2-11 绘制双代号网络图，并计算时间参数。

表 2-11　　**复习思考题 4 表**

工作	持续时间/d	紧前工作	工作	持续时间/d	紧前工作
a	2	—	d	1	b
b	3	a	e	6	b、c
c	6	a	f	3	d、e

5. 根据图 2-64 绘制双代号时标网络图，并计算时间参数。

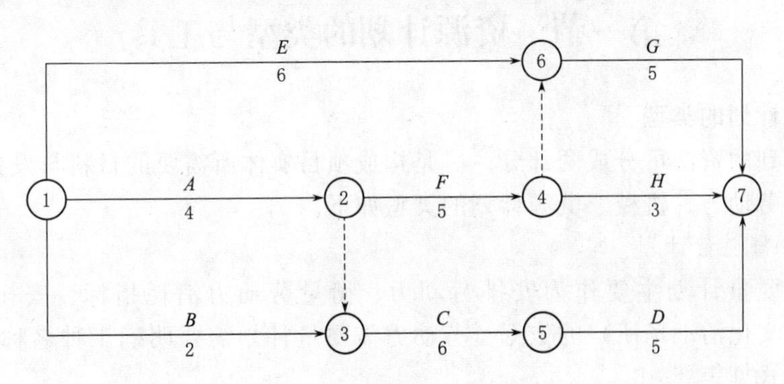

图 2-64　复习思考题 5 图

6. 简述利用 S 形曲线进行进度偏差分析的原理。

7. 某项目的网络图如图 2-65 所示，图中黑粗线表示关键线路。在不改变该网络图中各工作逻辑关系的条件下，压缩哪些关键工作可能改变关键线路？压缩哪些关键工作不会改变关键线路？为什么？

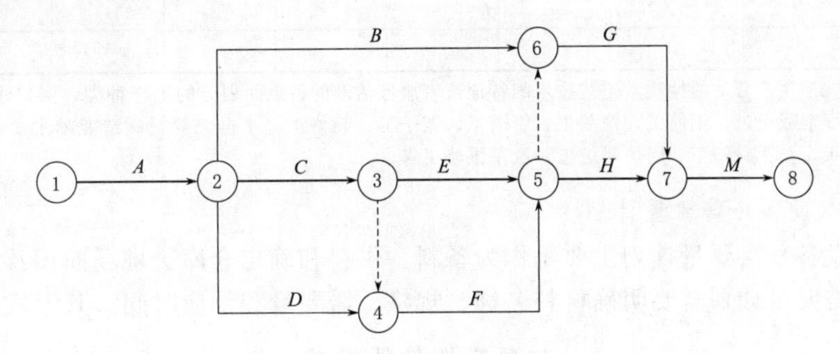

图 2-65　复习思考题 7 图

第二章课件

第三章　项目资源计划与优化

第一节　资源计划的类型与工具

一、资源计划的类型

项目中用到的资源可分成两部分：一是构成项目实体所需要的材料与设备；二是项目实施中所需的劳动力、机械。资源计划的类型如下。

1. 劳动力需要量计划

劳动力需要量计划主要作为安排劳动力、衡量劳动力消耗指标、安排生活福利设施（如宿舍、文化活动场所）的依据。劳动力需要量计划需要明确工种名称、何时需要、需要量，其形式见表3-1。

表3-1　　劳动力需要量计划表

序号	工种名称	需要量/人	月份						
			1	2	3	4	5	6	7
1	钢筋工	12	3	3		3	3		
2	瓦工	2			1			1	
3									
…									

注　工种是指按照生产劳动的性质、工艺技术的特征或者服务活动的特点而划分的工作种类。例如建筑业的主要工种有瓦工、混凝土工、钢筋工、抹灰工、管道工、架子工、装修工、水电工等，制造业的主要工种有电焊工、电工、钳工、车工、铸工、锅炉司炉工、汽车维修工等。

2. 材料（设备）需要量计划

材料（设备）需要量计划主要是作为备料、供料和确定仓库、堆场面积及组织运输的依据。材料需要量计划需要明确材料名称、规格、需要量和供应时间，其形式见表3-2。

表3-2　　材料需要量计划表

序号	材料名称	规格	需要量		供应时间	备注
			单位	数量		
1	水泥	325	t	20	2022年1月10日	
2	钢筋	HRB400、$\phi8$	t	100	2022年1月15日	
3						
…						

3. 机械需要量计划

机械需要量计划是落实施工机具来源、组织其进出场的依据。机械需要量计划需要明确机械名称、型号、需要量、进场时间和退场时间，其形式见表3-3。

表3-3　　机械需要量计划表

序号	机械名称	型　号	需　要　量		进场时间	退场时间	备注
			单位	数量			
1	反向铲	卡特320	台	2	2021年1月15日	2022年1月15日	
2	混凝土振动器	ZN50	个	3	2021年3月15日	2022年1月15日	
3							
…							

注　在安排机械进场时间时，应考虑某些机械需要铺设轨道、拼装和架设的时间，如塔式起重机、桅杆式起重机等需要现场拼装和架设。

二、资源计划的工具

1. 任务—资源—数量表

任务—资源—数量表表示项目中的各项工作需要用到的各种资源的名称及数量。在表3-4中，左边的列给出了项目中的各项工作，上面的行给出了项目中所用到的资源的名称，行列交叉处的元素代表各项工作所需要资源的数量。

表3-4　　任务—资源—数量表

工　作	资　源					
	工长	高级工	中级工	初级工	挖掘机	铲运机
人工挖三类土			1	10		
人工铺筑砂石垫层		1		12		
挖掘机挖三类土					1	
…						

2. 资源—时间—数量表

资源—时间—数量表表示各种资源在各时间段上需要的数量。在表3-5中，左边的列给出了资源的名称，上面的行给出了项目的实施时间，行列交叉处的元素代表各时间段上需要的资源数量。

表3-5　　资源—时间—数量表

资　源	时　　间/d														
	1	2	3	4	5	6	7	8	9	10	11	12	13	14	15
电焊工	2	2													
钢筋			3	3	3	3									
挖掘机					2	2	2	2	2			2	2		
…		1		1			1	1						1	1

3. 资源—任务—时间表

资源—任务—时间表用以反映各种资源在项目实施期间内何时分配给了哪些工作。在表3-6中，左边的列给出了资源的名称及分配给了哪一项任务，上面的行给出了项目的实施时间，横道线显示资源使用的起止时间。

表 3-6　　资源—时间—数量表

资源名称及任务	时间/d																	
	1	2	3	4	5	6	7	8	9	10	11	12	13	14	15	16	17	18
砌筑工																		
M5 混合砂浆砌隔墙						—	—	—	—	—								
M5 混合砂浆砌外墙									—	—	—	—	—	—	—	—		
M5 混合砂浆砌女儿墙															—	—	—	
混凝土工																		
混凝土构造柱		—	—	—	—													
混凝土圈梁														—	—	—	—	—
混凝土板								—	—	—								

4. 资源负荷图

资源负荷图展示了各时间段上所需要的资源数量，可以按不同种类的资源画出不同的资源负荷图，如图 3-1 所示。

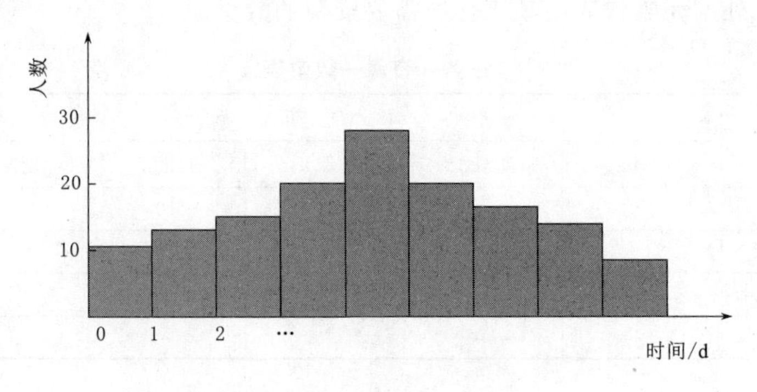

图 3-1　资源负荷图

5. 资源累计图

在资源负荷图的基础上，计算各时间段上累计所需的资源数量，据此绘制而成的曲线就是资源累计图，如图 3-2 所示。

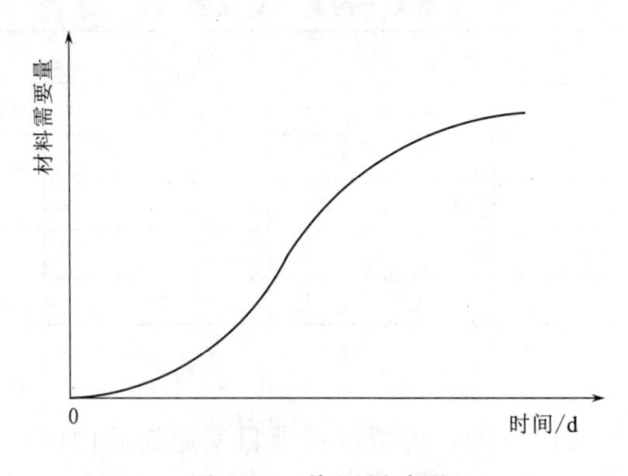

图 3-2　资源累计图

第二节 资源需要量的计算

一、最早时间下的资源需要量

下面以一个例子来说明当项目中所有工作都按最早时间安排时，其对应的资源需要量应该如何计算。

【例 3-1】 某项目包括 7 项工作，工作的持续时间、逻辑关系及每天拟投入的工人数见表 3-7。试绘制最早时间资源需要量负荷图及累计曲线。

表 3-7　工作的持续时间、逻辑关系及资源需求表

序号	工作名称	持续时间/d	紧前工作	每天拟投入的工人数
1	A	5	—	2
2	B	3	—	2
3	C	8	A	3
4	D	7	A、B	2
5	E	7	—	3
6	F	4	D	4
7	G	5	C、E、F	3

(1) 绘制双代号网络图。根据工作之间的逻辑关系，绘制双代号网络图。[例 3-1] 双代号网络如图 3-3 所示。

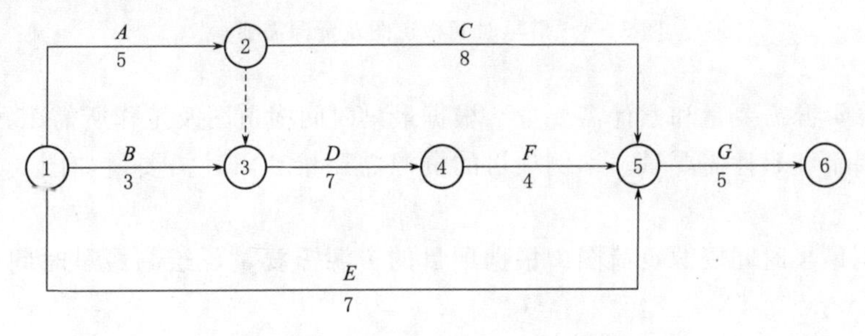

图 3-3　[例 3-1] 的双代号网络图

(2) 计算工作的最早时间和最迟时间。工作的最早开工时间、最早完工时间、最迟开工时间和最迟完工时间的计算方法详见第二章相关内容。本例计算结果见表 3-8。

表 3-8　工作时间参数计算表

工作名称	最早开工时间/d	最早完工时间/d	最迟开工时间/d	最迟完工时间/d
A	0	5	0	5
B	0	3	2	5
C	5	13	8	16
D	5	12	5	12
E	0	7	9	16

续表

工作名称	最早开工时间/d	最早完工时间/d	最迟开工时间/d	最迟完工时间/d
F	12	16	12	16
G	16	21	16	21

(3) 绘制最早时间横道图。根据表 3－8 中工作的最早开工时间、最早完工时间绘制最早时间横道图。本例最早时间横道图如图 3－4 所示。箭线上方的数字代表每天需要的工人数。

工作名称	持续时间/d	时间/d																				
		1	2	3	4	5	6	7	8	9	10	11	12	13	14	15	16	17	18	19	20	21
A	5			2																		
B	3		2																			
C	8									3												
D	7									2												
E	7				3																	
F	4															4						
G	5																			3		
工人数		7	7	7	5	5	8	8	5	5	5	5	5	7	4	4	4	3	3	3	3	3
累计工人数		7	14	21	26	31	39	47	52	57	62	67	72	79	83	87	91	94	97	100	103	106

图 3－4　最早时间横道图及资源需要量

(4) 计算资源需要量和累计需要量。根据最早时间横道图及工作所需工人数，计算项目的资源需要量和累计需要量。本例项目的资源需要量和累计需要量如图 3－4 所示中最后两行的数据。

(5) 绘制最早时间资源负荷图。根据项目的资源需要量，绘制最早时间资源负荷图，如图 3－5 所示。

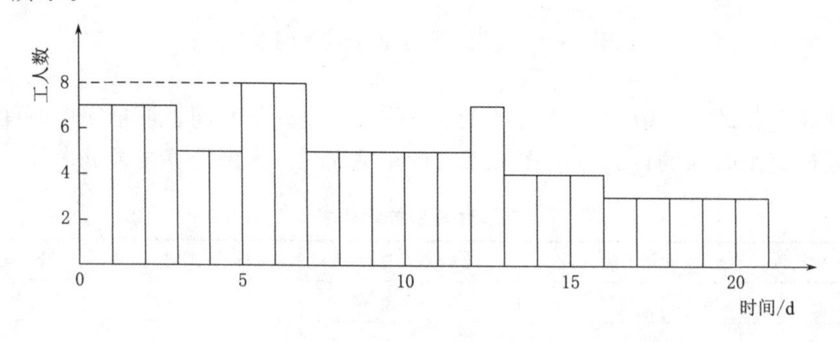

图 3－5　最早时间资源负荷图

(6) 绘制最早时间资源累计曲线。根据项目的资源累计需要量，绘制最早时间资源累计曲线，如图 3－6 所示。

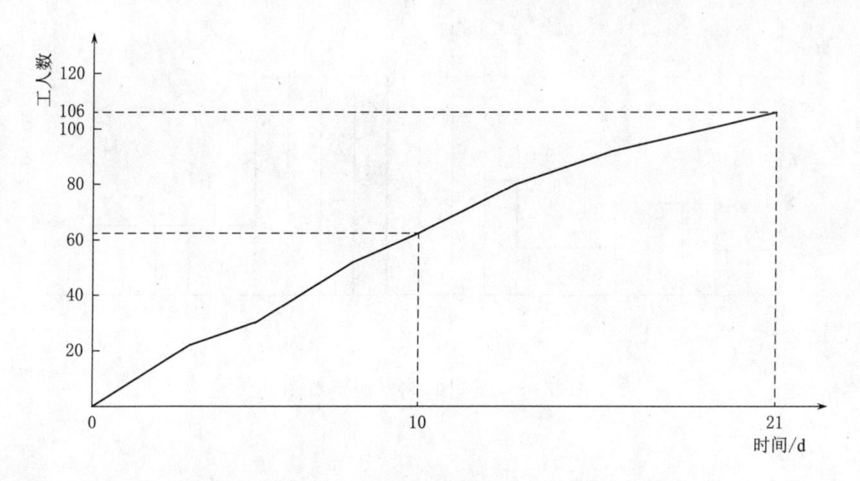

图 3-6 最早时间资源累计曲线

二、最迟时间下的资源需要量

（1）绘制最迟时间横道图。根据表 3-8 中的最迟开工时间和最迟完工时间绘制的最迟时间横道图如图 3-7 所示。箭线上方的数字代表每天需要的工人数。

工作名称	持续时间/d	时间/d																				
		1	2	3	4	5	6	7	8	9	10	11	12	13	14	15	16	17	18	19	20	21
A	5			2																		
B	3				2																	
C	8												3									
D	7									2												
E	7													3								
F	4															4						
G	5																			3		
工人数		2	2	4	4	4	2	2	2	5	8	8	8	10	10	10	10	3	3	3	3	3
累计工人数		2	4	8	12	16	18	20	22	27	35	43	51	61	71	81	91	94	97	100	103	106

图 3-7 最迟时间横道图及资源需要量

（2）计算项目的资源需要量和累计需要量。根据最迟时间横道图及工作所需工人数，计算项目的资源需要量和累计需要量。本例项目的资源需要量和累计需要量如图 3-7 中最后两行的数据。

（3）绘制最迟时间资源负荷图。根据项目的资源需要量，绘制最迟时间资源负荷图，如图 3-8 所示。

（4）绘制最迟资源累计曲线。根据项目的资源累计需要量，绘制最迟时间资源累计曲线，如图 3-9 所示。

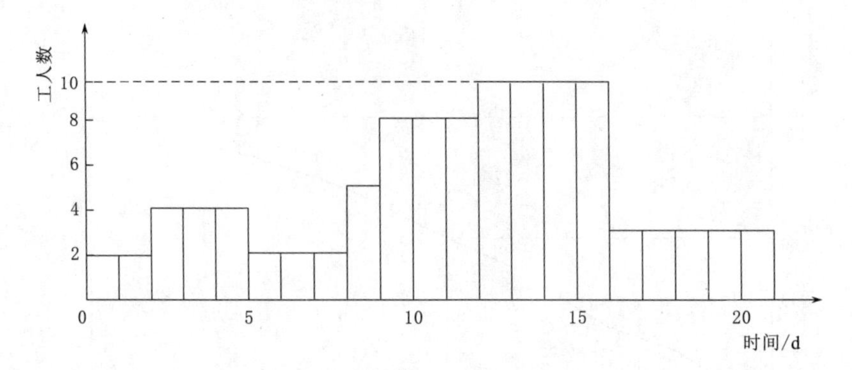

图 3-8　最迟时间资源负荷图

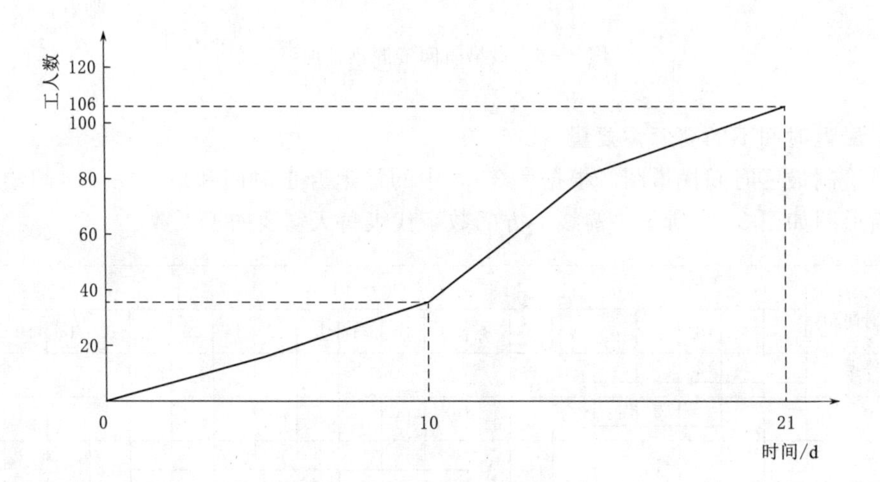

图 3-9　最迟时间资源累计曲线

有时将最早时间资源累计曲线和最迟时间资源累计曲线绘制在同一坐标系下，形成“香蕉”曲线，如图 3-10 所示。

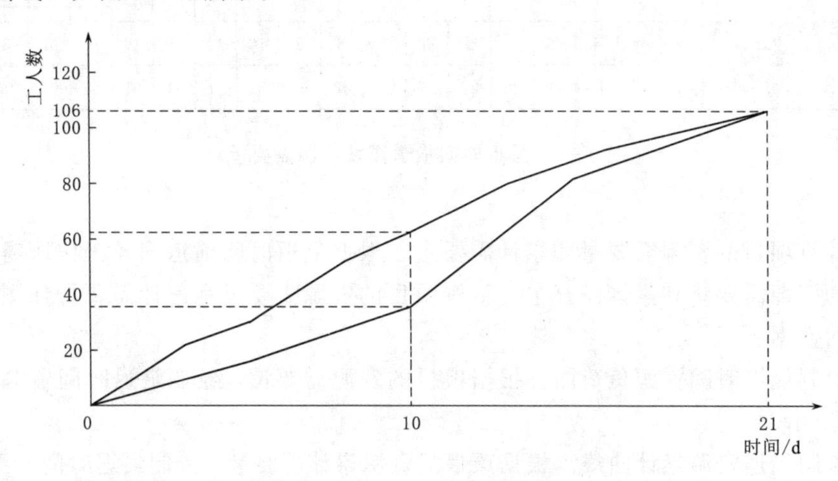

图 3-10　“香蕉”曲线

第三节 资 源 优 化

完成一个项目所需要的资源量基本上是不变的，不可能通过资源优化将其减少。资源优化的目的是通过改变工作的开始时间和完成时间，使资源按照时间的分布符合优化目标。

在通常情况下，资源优化分为两种，即“资源有限，工期最短”的优化和“工期固定，资源均衡”的优化。前者是通过调整进度计划，在保证资源不发生冲突的条件下，使工期的延长值达到最少；而后者是通过调整进度计划，在工期保持不变的条件下，使资源需要量尽可能均衡。

需要注意的是，在优化过程中，不能改变各项工作之间的逻辑关系，不能改变各项工作的持续时间，不允许中断工作。

一、“资源有限，工期最短”的优化

1. 优化原理

“资源有限，工期最短”的优化本质上是为了解决资源需求和供应的冲突问题，当资源的需要量超过了资源的供应量时，项目组织就要思考如何解决这一矛盾。解决途径之一是增加资源的供给量，可通过购买、租赁等手段提高资源的供应量；解决途径之二是通过调整项目中某些工作的开工时间和完工时间，来降低某时段项目对资源的需要量，在不增加任何额外资源的情况下，解决资源冲突问题。

解决途径之二的原理：假定在第 $t+1$ 天内，有两项平行的工作 i 和 j，如图 3-11 所示。图 3-11 中实线代表工作的最早时间，虚线代表工作的最迟时间。假定这两项工作需要同一类型的资源，其资源需要量分别为 q_i 和 q_j，则第 $t+1$ 天内，该资源的需要量为 q_i+q_j。

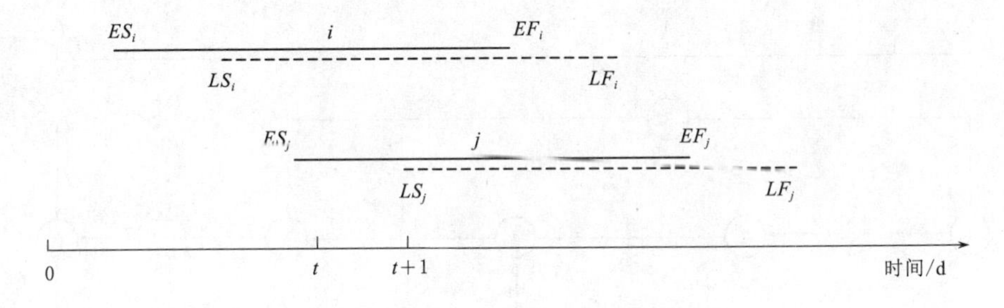

图 3-11 工作 i 和 j 的最早时间和最迟时间

若将工作 j 右移，安排在工作 i 完成之后开始（图 3-12）。则第 $t+1$ 天内该资源的需要量减少 q_j，同时对总工期的影响值 ΔT 为

$$\Delta T = EF_i + D_j - LF_j \tag{3-1}$$

式中：EF_i 为工作 i 的最早完工时间；D_j 为工作 j 的持续时间；LF_j 为工作 j 的最迟完成时间。

将式（3-1）进行变换：

$$\Delta T = EF_i - (LF_j - D_j) = EF_i - LS_j \tag{3-2}$$

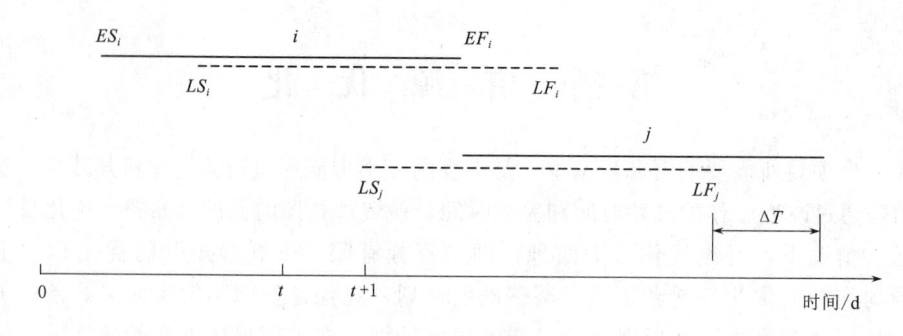

图 3-12　工作 j 右移后对总工期的影响

由此可知，将工作 j 右移安排在工作 i 之后，能使第 $t+1$ 天的资源需要量减少 q_j，但总工期增加 ΔT 天。

假定在第 $t+1$ 天内，有 N 项平行工作，从中任意挑选出一项工作右移安排在另外一项工作之后，则存在 $N\times(N-1)$ 种方案，不同的方案对总工期的影响是不一样的。

观察 ΔT 的计算公式可知，从 N 项平行工作中，挑选出最早完工时间最小的一项工作（记为 k1），再挑选出最迟开工时间最大的另外一项工作（记为 k2），然后将工作 k2 右移安排在工作 k1 之后，这种调整方案对总工期的影响是最小的。

2. 优化步骤

下面以两个例子来说明“资源有限，工期最短”优化的步骤。

【例 3-2】　某项目初始的双代号时标网络如图 3-13 所示，图中箭线上方数字为工作每天的资源需要量，箭线下方数字为工作的持续时间（以 d 为单位），最后一行数字为项目每天的资源需要量。假定资源限量 $RL=12$，试对其进行“资源有限，工期最短”的优化。

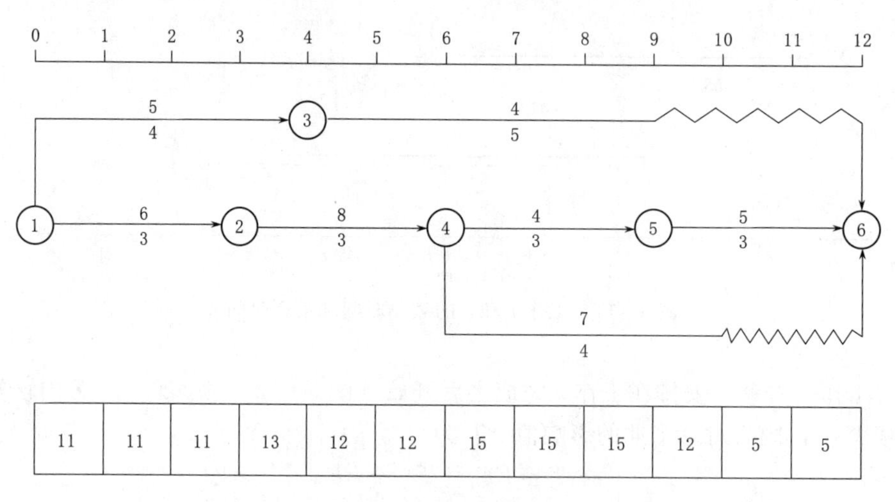

图 3-13　某项目初始的双代号时标网络图

(1) 从项目开始日期起，从左至右逐天检查发现时段 [3，4] 内存在资源冲突，即资源需要量超过资源限量，故应首先调整该时段内的平行工作。

(2) 在时段 [3，4] 内，存在①—③和②—④两项平行工作，它们的最早完工时间和最迟开工时间如下所示：

工作①—③：$EF_{1-3}=4$，$LS_{1-3}=3$

工作②—④：$EF_{2-4}=6$，$LS_{2-4}=3$

其中 EF 值最小的是工作①—③，剩下工作中，LS 值最大的是工作②—④，所以应将工作②—④安排在工作①—③之后，这种调整方案对总工期的影响最小。第一次调整后总工期为 13d，调整后的结果如图 3-14 所示。

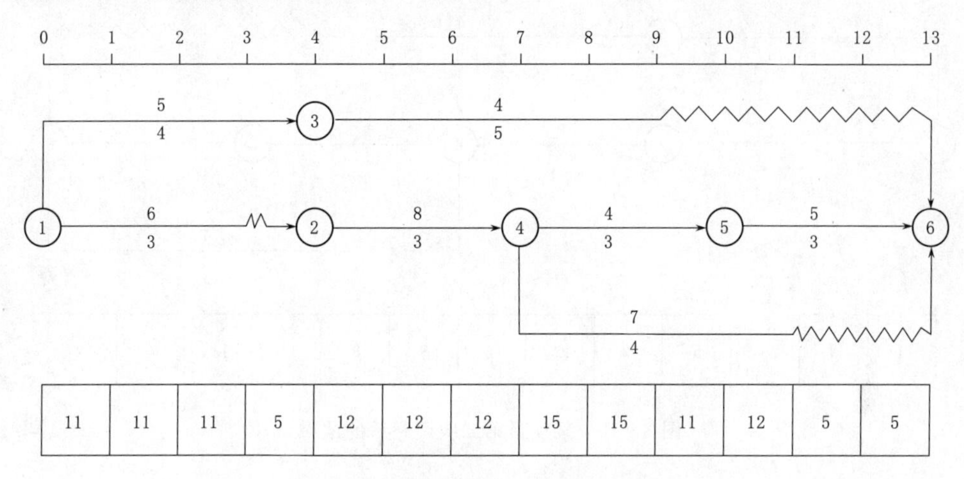

图 3-14　某项目第一次调整后的结果

(3) 从图 3-14 发现，在时段 [7，9] 内存在资源冲突，故应调整该时段内的平行工作。在时段 [7，9] 内，存在③—⑥、④—⑤和④—⑥三项平行工作，它们的最早完工时间和最迟开工时间如下所示：

工作③—⑥：$EF_{3-6}=9$，$LS_{3-6}=8$

工作④—⑤：$EF_{4-5}=10$，$LS_{4-5}=7$

工作④—⑥：$EF_{4-6}=11$，$LS_{4-6}=9$

其中 EF 值最小的是工作③—⑥，剩下工作中，LS 值最大的是工作④—⑥，所以应将工作④—⑥安排在工作③—⑥之后。第二次调整后总工期仍为 13d，调整后的结果如图 3-15 所示。图中工作④—⑥的点划线长度表示停工时间。

(4) 由图 3-15 可知，项目每天的资源需要量均未超过资源限量，故该方案即为最优方案，优化后的总工期为 13d。

【例 3-3】　某建设项目初始的双代号时标网络图如图 3-16 所示，图中箭线上方数字为工作每天的资源需要量，最后一行数字为项目每天的资源需要量，假定资源限量 $RL=3$，试对其进行“资源有限，工期最短”的优化。

(1) 从项目开始日期起，从左至右逐天检查资源需要量是否超过资源限量。观察图 3-16 发现，在时段 [1，2] 内存在资源冲突。在该时段内，存在 3 项并行工作①—②、①—③和①—⑥，它们的最早完工时间和最迟开工时间如下所示：

工作①—②：$EF_{1-2}=3$，$LS_{1-2}=6$

工作①—③：$EF_{1-3}=3$，$LS_{1-3}=0$

工作①—⑥：$EF_{1-6}=2$，$LS_{1-6}=10$

其中 EF 值最小的是工作①—⑥，剩下工作中，LS 值最大的是工作①—②，所以应将工作①—②安排在工作①—⑥之后，这种调整方案对总工期的影响最小。第一次调整后总工期为 12d，调整后的结果如图 3-17 所示。

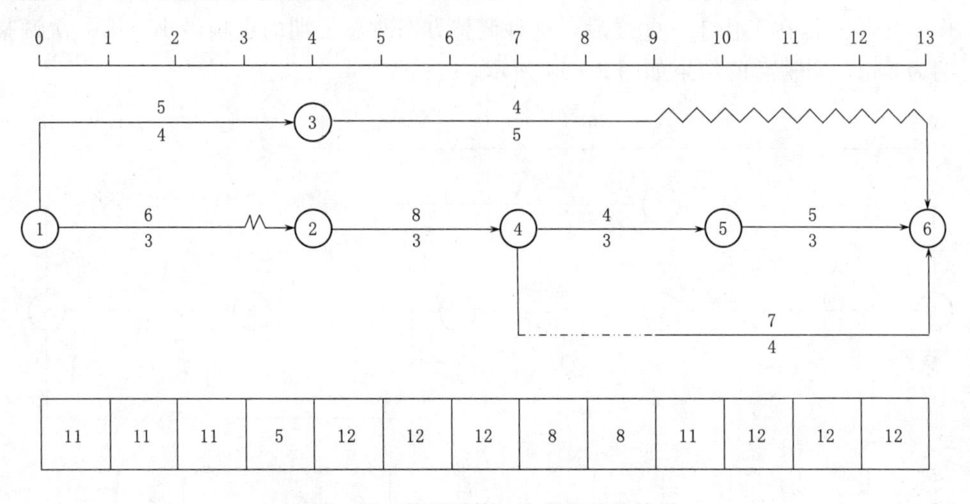

11	11	11	5	12	12	12	8	8	11	12	12	12

图 3-15　某项目第二次调整后的结果

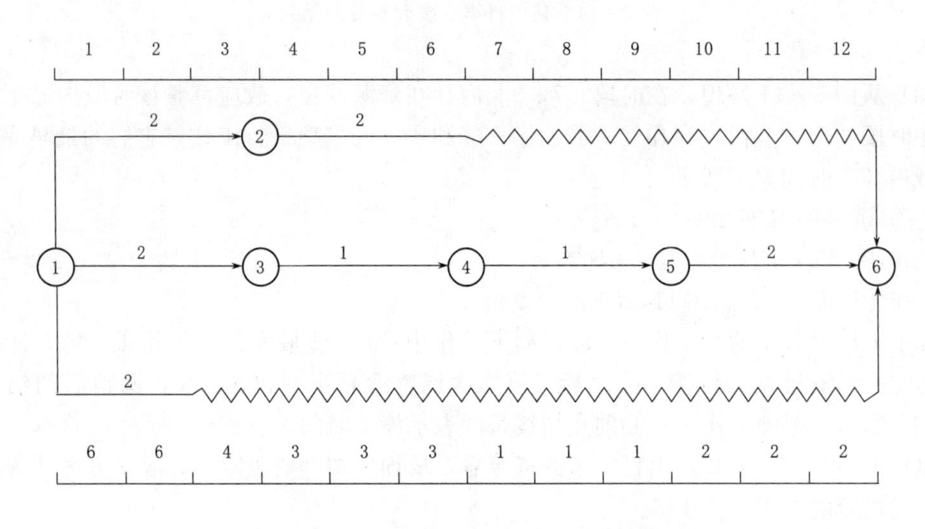

图 3-16　某建设项目初始的双代号时标网络图

（2）观察图 3-17 发现，在时段［1，2］内仍存在资源冲突。在该时段内，存在①—③、①—⑥两项并行工作，它们的最早完工时间和最迟开工时间如下所示：

工作①—③：$EF_{1-3}=3$，$LS_{1-3}=0$

工作①—⑥：$EF_{1-6}=2$，$LS_{1-6}=10$

其中 EF 值最小的是工作①—⑥，剩下工作中，LS 值最大的是工作①—③，所以应将工作①—③安排在工作①—⑥之后。第二次调整后总工期为 14d，调整后的结果如图 3－18 所示。

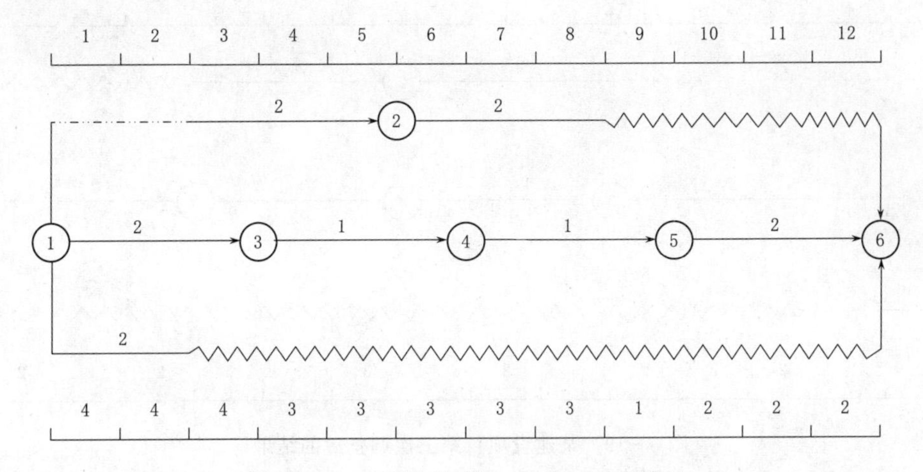

图 3－17　某建设项目第一次调整后的结果

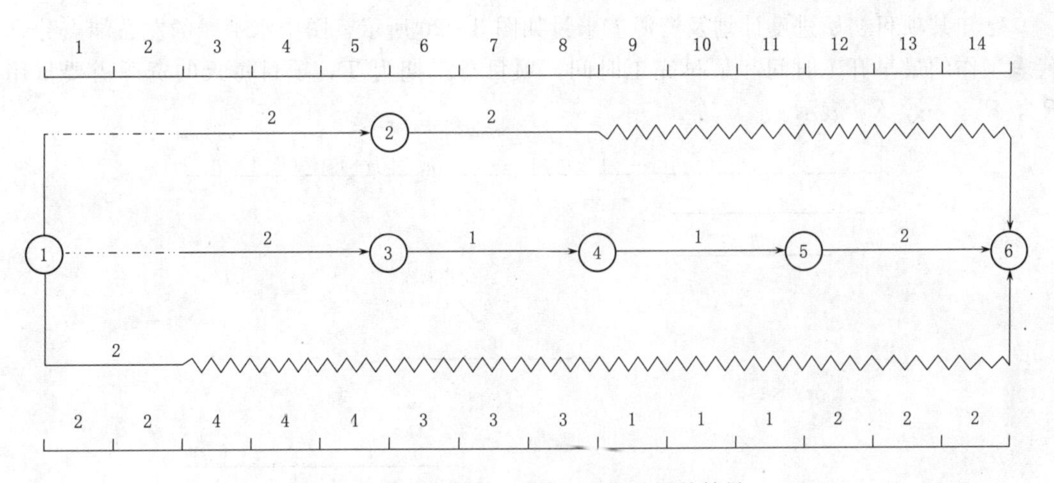

图 3－18　某建设项目第二次调整后的结果

（3）观察图 3－18 发现，在时段［3，5］内仍存在资源冲突，在该时段内，存在①—②、①—③两项并行工作，它们的最早完工时间和最迟开工时间如下所示：

工作①—②：$EF_{1-2}=5$，$LS_{1-2}=8$

工作①—③：$EF_{1-3}=5$，$LS_{1-3}=2$

两项工作的 EF 值相等，但 LS 值最大的是工作①—②，所以应将工作①—②安排在工作①—③之后。第三次调整后总工期为 14d，调整后的结果如图 3－19 所示。观察图 3－19 发现，项目每天的资源需要量均未超过资源限量，故该方案即为最优方案。

二、“工期固定，资源均衡”的优化

“工期固定，资源均衡”的优化，是指在工期不变的情况下，使项目每天的资源需要量基本相同。“工期固定，资源均衡”的优化方法有多种，如方差值最小法、极差值最小法、削高峰法等，这里仅介绍方差值最小法。

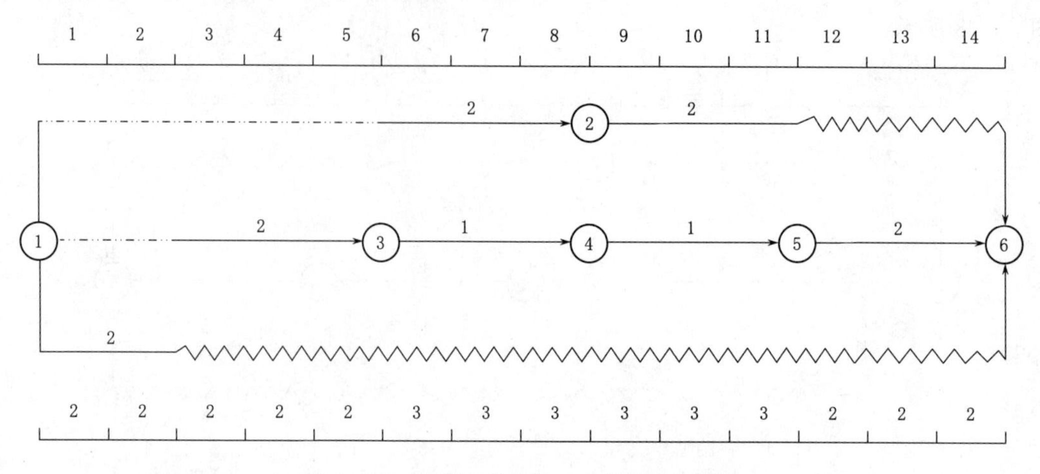

图 3－19　某建设项目第三次调整后的结果

1. 方差值最小法

已知某项目初始进度计划及资源需求量如图 3－20 所示，图中水平线的左右端点分别代表工作的最早开工时间和最早完工时间，项目总工期为 T，项目每天的资源需要量用 R_1，R_2，…，R_T 表示。

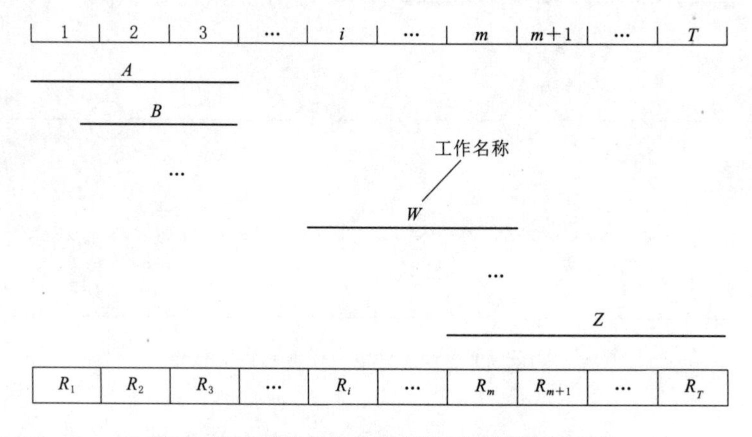

图 3－20　某项目初始进度计划及资源需要量

项目资源需要量的均衡性可用其方差 σ^2 来表示，方差越大，说明资源需要量越不均衡，方差的计算公式为

$$\sigma^2=\frac{1}{T}\sum_{t=1}^{T}(R_t-\overline{R})^2 \tag{3-3}$$

$$\overline{R}=\frac{1}{T}(R_1+R_2+R_3+\cdots+R_T)=\frac{1}{T}\sum_{t=1}^{T}R_t \tag{3-4}$$

式中：R_t 为第 t 天的资源需要量；$\overline{R}$ 为项目平均资源需要量。

因为“工期固定，资源均衡”的优化要求总工期固定，所以上述公式中的 T 和 $\overline{R}$ 为常数。

将方差的计算式展开，可简化为

$$\sigma^2=\frac{1}{T}\sum_{t=1}^{T}R_t^2-2\overline{R}\,\frac{1}{T}\sum_{t=1}^{T}R_t+\frac{1}{T}\sum_{t=1}^{T}\overline{R}^2=\frac{1}{T}\sum_{t=1}^{T}R_t^2-\overline{R}^2 \tag{3-5}$$

因为 T 和 $\overline{R}$ 为常数，所以方差 σ^2 的大小仅与 $\sum_{t=1}^{T}R_t^2$ 的值有关，当 $\sum_{t=1}^{T}R_t^2$ 的值变小时，也就意味着方差 σ^2 变小了，即资源需要量变得更加均衡了。

将项目初始进度计划的资源需要量的平方和记为 $R(0)$，则

$$R(0)=\sum_{t=1}^{T}R_t^2=R_1^2+R_2^2+\cdots+R_i^2+R_{i+1}^2+\cdots+R_m^2+R_{m+1}^2+\cdots+R_T^2$$

假设工作 W 每天的资源需要量为 r，若将工作 W 右移 1d，即将工作 W 的最早开工时间从 $i-1$ 时刻变成 i 时刻，最早完工时间从 m 时刻变成 $m+1$ 时刻，则第 i 天的资源需要量变为 R_i-r，第 $m+1$ 天的资源需要量变为 $R_{m+1}+r$，而其他时间的资源需要量未发生改变（图 3-21）。

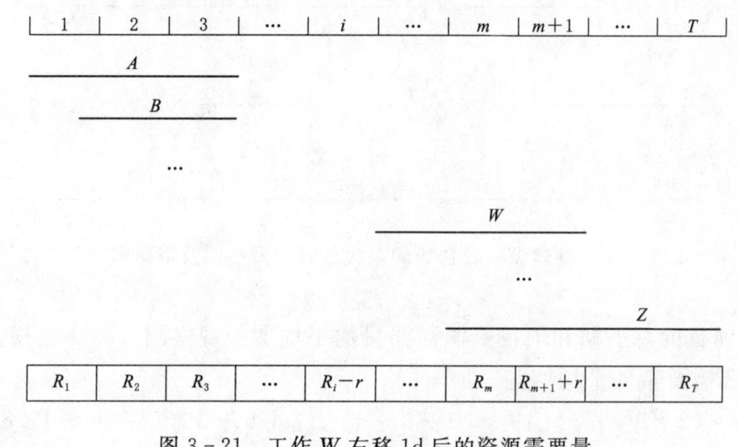

图 3-21 工作 W 右移 1d 后的资源需要量

将工作 W 右移 1d 后的资源需要量的平方和记为 $R(1)$，则

$$R(1)=R_1^2+R_2^2+\cdots+(R_i-r)^2+R_{i+1}^2+\cdots+R_m^2+(R_{m+1}+r)^2+\cdots+R_T^2$$

两者的差值为

$$\Delta=R(1)-R(0)=(R_i-r)^2-R_i^2+(R_{m+1}+r)^2-R_{m+1}^2$$

将上式展开合并后，变为

$$\Delta=2r(R_{m+1}+r-R_i) \tag{3-6}$$

由于 $r\geqslant0$，因此 Δ 值的正负只与 $R_{m+1}+r-R_i$ 有关。如果 Δ 为负值，则说明工作 W 右移 1d 能使资源需要量的平方和减少，从而使资源需要量更加均衡。

综上，工作 W 能够右移 1d 的判别式是

$$R_{m+1}+r\leqslant R_i \tag{3-7}$$

2. 优化步骤

(1) 绘制双代号时标网络图，并计算项目每天的资源需要量。

(2) 从终点节点开始，按节点编号值从大到小的顺序依次对工作进行判别右移。当某一节点是多项工作的箭头节点时，则先调整开工时间较晚的工作。

(3) 为使资源需要量更加均衡，可进行多轮判别，直至所有工作不能右移为止。

3. 优化示例

【例 3-4】　某建设项目初始的双代号时标网络图及资源需要量如图 3-22 所示，图中箭线上方数字为工作的资源需要量，箭线下方数字为工作的持续时间（以 d 为单位）。图 3-22 中最后一行的数据为项目每天的资源需要量。试对其进行“工期固定，资源均衡”的优化。

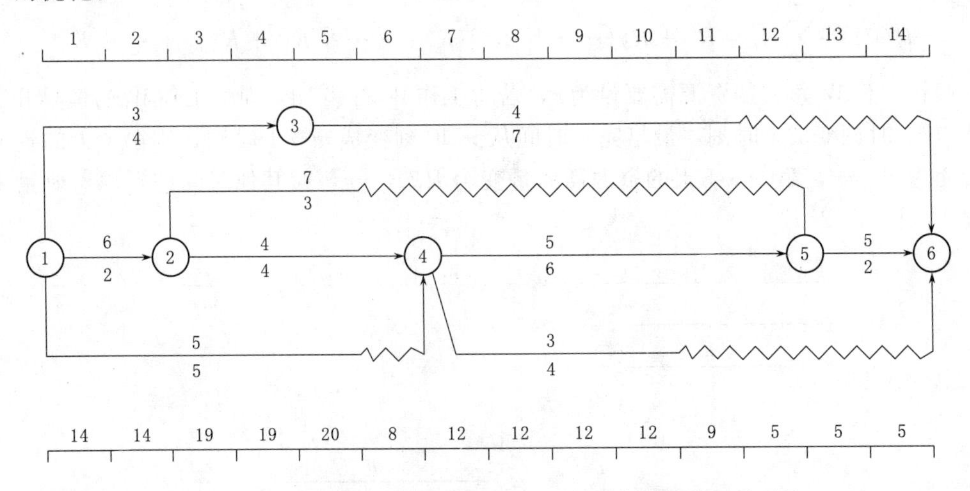

图 3-22　某建设项目初始的双代号时标网络图及资源需要量

(1) 计算项目的总工期和项目资源需要量的平均值。观察图 3-22 发现，项目的总工期为 14d，资源需要量的平均值为

$$\overline{R}=(2\times14+2\times19+20+8+4\times12+9+3\times5)/14\approx11.86$$

(2) 第一轮调整。

1) 箭头节点是⑥的工作有三项，即工作③—⑥、工作⑤—⑥和工作④—⑥。其中工作⑤—⑥为关键工作，由于工期固定而不能调整，故只能考虑工作③—⑥和工作④—⑥。工作④—⑥的开工时间晚于工作③—⑥的开工时间，应先调整工作④—⑥。

a. 由于 $R_{11}+r_{4-6}=9+3=12$，等于 $R_7=12$，故工作④—⑥可右移 1d，右移后，$R_{11}=12$，$R_7=9$，其他时间的资源需要量未发生变化。

b. 由于 $R_{12}+r_{4-6}=5+3=8$，小于 $R_8=12$，故工作④—⑥可再右移 1d，右移后，$R_{12}=8$，$R_8=9$，其他时间的资源需要量未发生变化。

c. 由于 $R_{13}+r_{4-6}=5+3=8$，小于 $R_9=12$，故工作④—⑥可再右移 1d，右移后，$R_{13}=8$，$R_9=9$，其他时间的资源需要量未发生变化。

d. 由于 $R_{14}+r_{4-6}=5+3=8$，小于 $R_{10}=12$，故工作④—⑥可再右移 1d，右移后，$R_{14}=8$，$R_{10}=9$，其他时间的资源需要量未发生变化。

至此，工作④—⑥已不能再右移。工作④—⑥调整后的结果如图 3-23 所示，图中点划线长度表示停工时间。

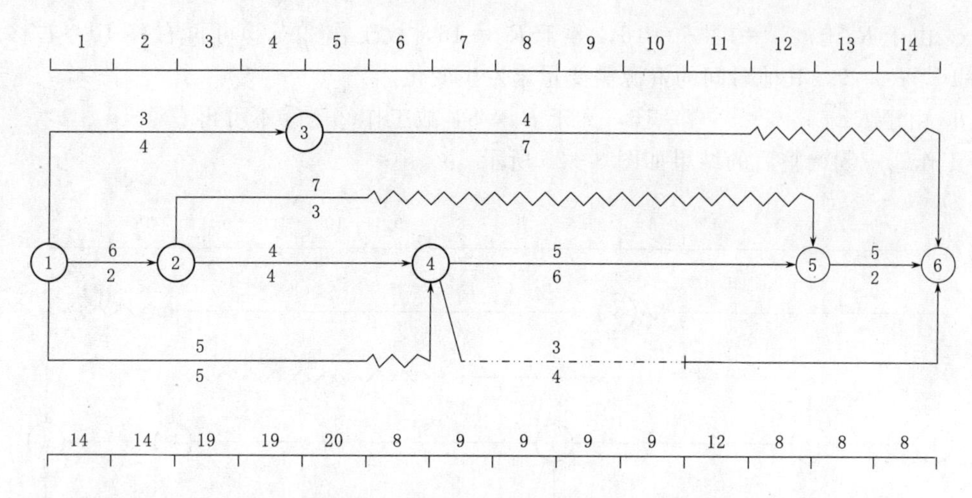

图 3-23 第一轮调整中工作④—⑥调整后的结果

工作④—⑥调整后，就应对工作③—⑥进行调整。

a. 由于 $R_{12}+r_{3-6}=8+4=12$，小于 $R_5=20$，故工作③—⑥可右移 1d，右移后，$R_{12}=12$，$R_5=16$，其他时间的资源需要量未发生变化。

b. 由于 $R_{13}+r_{3-6}=8+4=12$，大于 $R_6=8$，故工作③—⑥不能再右移 1d。

工作③—⑥调整后的结果如图 3-24 所示。

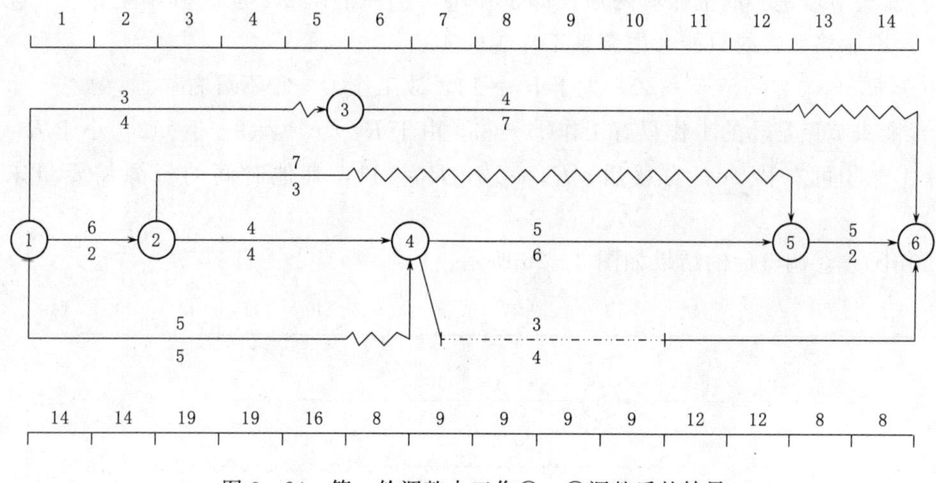

图 3-24 第一轮调整中工作③—⑥调整后的结果

2）箭头节点是⑤的工作有两项，即工作②—⑤和工作④—⑤。其中工作④—⑤为关键工作，不能移动，故只能调整工作②—⑤。

a. 由于 $R_6+r_{2-5}=8+7=15$，小于 $R_3=19$，故工作②—⑤可右移 1d，右移后，$R_6=15$，$R_3=12$，其他时间的资源需要量未发生变化。

b. 由于 $R_7+r_{2-5}=9+7=16$，小于 $R_4=19$，故工作②—⑤可再右移 1d，右移后，$R_7=16$，$R_4=12$，其他时间的资源需要量未发生变化。

c. 由于 $R_8+r_{2-5}=9+7=16$，等于 $R_5=16$，故工作②—⑤可再右移 1d，右移后，$R_8=16$，$R_5=9$，其他时间的资源需要量未发生变化。

d. 由于 $R_9+r_{2-5}=9+7=16$，大于 $R_6=8$，故工作②—⑤不可再右移 1d。

工作②—⑤调整后的结果如图 3-25 所示。

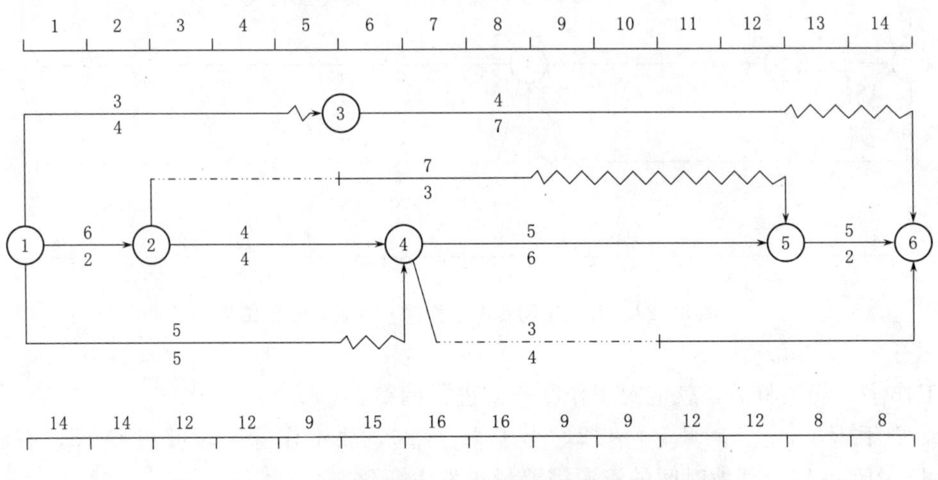

图 3-25　第一轮调整中工作②—⑤调整后的结果

3）箭头节点是④的工作有两项，即工作①—④和工作②—④。其中工作②—④为关键工作，不能移动，故只能考虑调整工作①—④。

由于 $R_6+r_{1-4}=15+5=20$，大于 $R_1=14$，故工作①—④不可右移。

4）箭头节点是③的工作只有工作①—③，由于 $R_5+r_{1-3}=9+3=12$，小于 $R_1=14$，故工作①—③可右移 1d，右移后，$R_5=12$，$R_1=11$，其他时间的资源需要量未发生变化。

工作①—③调整后的结果如图 3-26 所示。

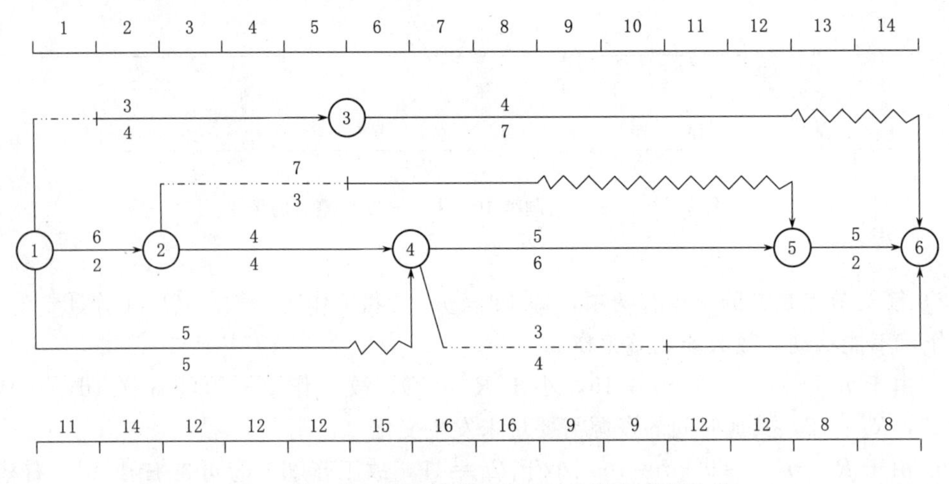

图 3-26　第一轮调整中工作①—③调整后的结果

5）箭头节点是②的工作只有工作①—②，由于该工作为关键工作，故不能移动。至此，第一轮调整结束。

（3）第二轮调整。

1）箭头节点是⑥的工作中，只有工作③—⑥还有可能右移。

a. 由于 $R_{13}+r_{3-6}=8+4=12$，小于 $R_6=15$，故工作③—⑥可右移 1d，右移后，$R_{13}=12$，$R_6=11$，其他时间的资源需要量未发生变化。

b. 由于 $R_{14}+r_{3-6}=8+4=12$，小于 $R_7=16$，故工作③—⑥不可再右移 1d，右移后，$R_{14}=12$，$R_7=12$，其他时间的资源需要量未发生变化。

至此，工作③—⑥已不能再右移。工作③—⑥调整后的结果如图 3－27 所示。

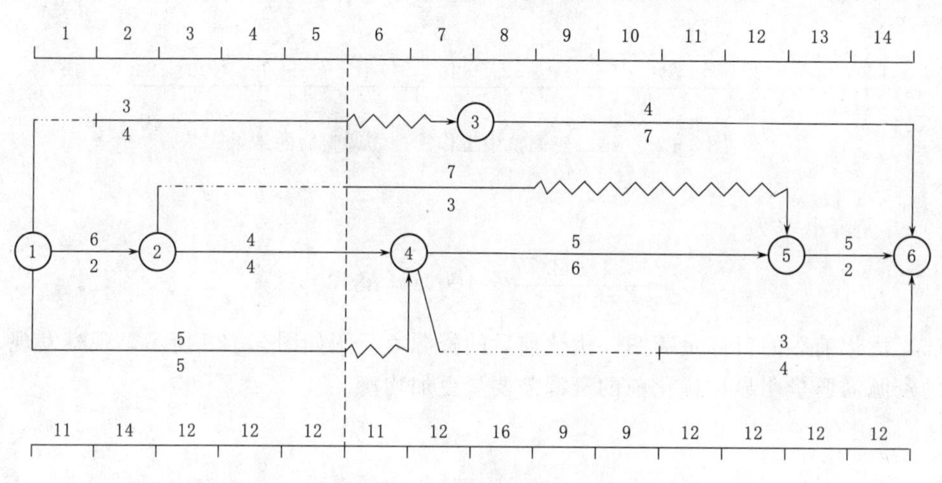

图 3－27　第二轮调整中工作③—⑥调整后的结果

2）箭头节点是⑤的工作中，都不能右移。

3）箭头节点是④的工作中，都不能右移。

4）箭头节点是③的工作只有工作①—③。

a. 由于 $R_6+r_{1-3}=11+3=14$，等于 $R_2=14$，故工作①—③可右移 1d，右移后，$R_6=14$，$R_2=11$，其他时间的资源需要量未发生变化。

b. 由于 $R_7+r_{1-3}=12+3=15$，大于 $R_3=12$，故工作①—③不能再右移 1d。

工作①—③调整后的结果如图 3－28 所示。

至此，所有工作均不能通过右移使资源需要量更加均衡。因此，图 3－28 所示的网络计划即为最优方案。

（4）比较优化前后的方差值。

1）最终优化方案的方差值为

$$\sigma^2=\frac{1}{14}\times(11^2\times2+14^2+12^2\times8+16^2+9^2\times2)-11.86^2=2.77$$

2）初始方案的方差值为

$$\sigma^2=\frac{1}{14}\times(14^2\times2+19^2\times2+20^2+8^2+12^2\times4+9^2+5^2\times3)-11.86^2=24.34$$

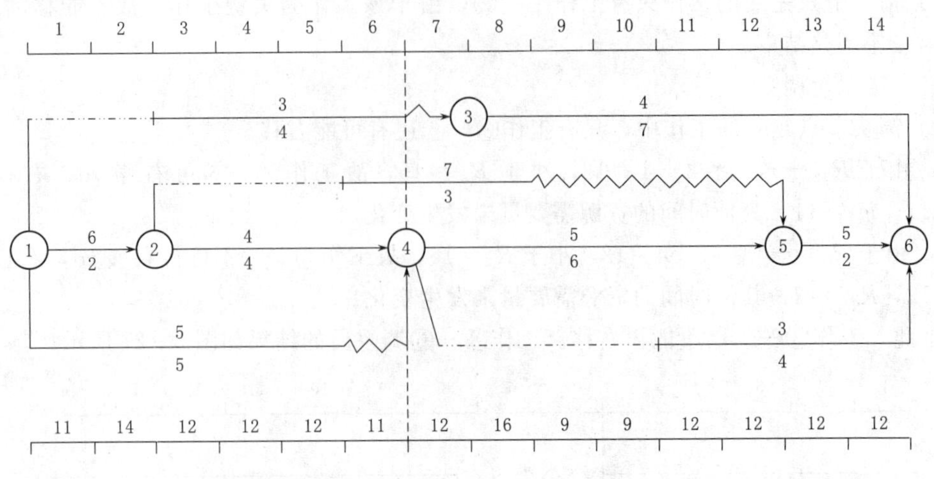

图 3-28　第二轮调整中工作①—③调整后的结果

3）方差降低率为

$$\frac{24.34-2.77}{24.34}\times 100\%=88.62\%$$

（5）优化前后的资源负荷图。优化前后的资源负荷图如图 3-29 所示，观察发现，优化后的资源需要量明显比优化前的资源需要量更加均衡。

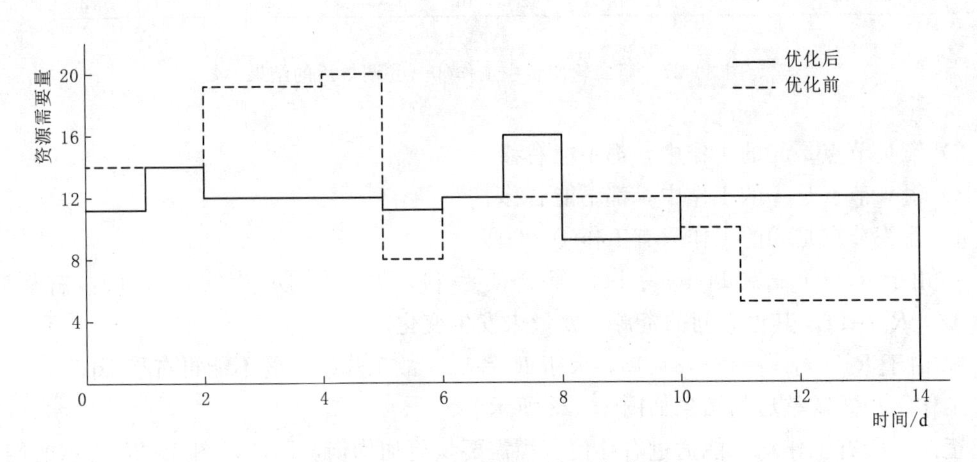

图 3-29　优化前后的资源负荷图

【例 3-5】　某水利施工项目初始的双代号时标网络图及资源需要量如图 3-30 所示，箭线上方数据代表工作的资源需要量，最后一行数据代表项目每天的资源需要量。要求在满足工期不变的条件下，寻求使资源均衡的方案。

（1）第一轮优化。

1）箭头节点是⑥的工作有三项，即工作③—⑥、⑤—⑥和④—⑥。其中工作④—⑥为关键工作，由于工期固定而不能调整，故只能考虑工作③—⑥和工作⑤—⑥。工作③—⑥的开工时间晚于工作⑤—⑥的开工时间，应先调整工作③—⑥。

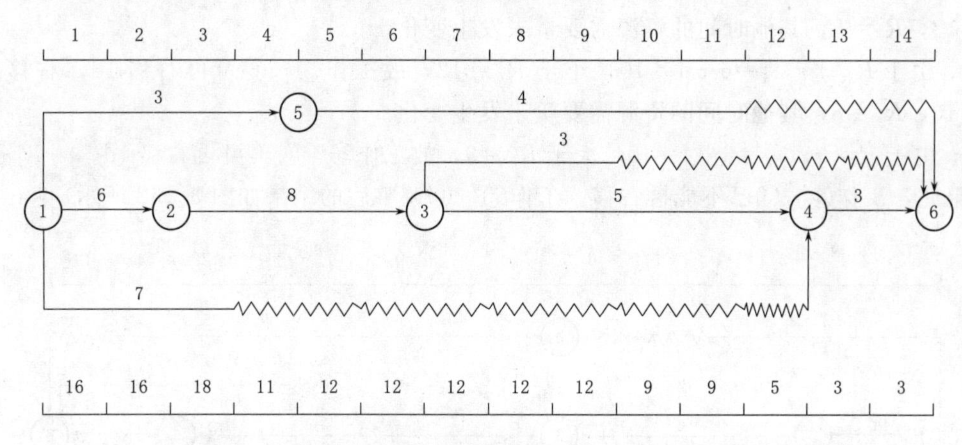

图 3-30　某水利施工项目初始的双代号时标网络图及资源需要量

a. 由于 $R_{10}+r_{3-6}=9+3=12$，等于 $R_7=12$，故工作③—⑥可右移 1d，右移后，$R_{10}=12$，$R_7=9$，其他时间的资源需要量未发生变化。

b. 由于 $R_{11}+r_{3-6}=9+3=12$，等于 $R_8=12$，故工作③—⑥可右移 1d，右移后，$R_{11}=12$，$R_8=9$，其他时间的资源需要量未发生变化。

c. 由于 $R_{12}+r_{3-6}=5+3=8$，小于 $R_9=12$，故工作③—⑥可再右移 1d，右移后，$R_{12}=8$，$R_9=9$，其他时间的资源需要量未发生变化。

d. 由于 $R_{13}+r_{3-6}=3+3=6$，小于 $R_{10}=12$，故工作③—⑥可再右移 1d，右移后，$R_{13}=6$，$R_{10}=9$，其他时间的资源需要量未发生变化。

e. 由于 $R_{14}+r_{3-6}=3+3=6$，小于 $R_{11}=12$，故工作③—⑥可再右移 1d，右移后，$R_{14}=6$，$R_{11}=9$，其他时间的资源需要量未发生变化。

至此，工作③—⑥已不能再右移。工作③—⑥调整后的结果如图 3-31 所示。

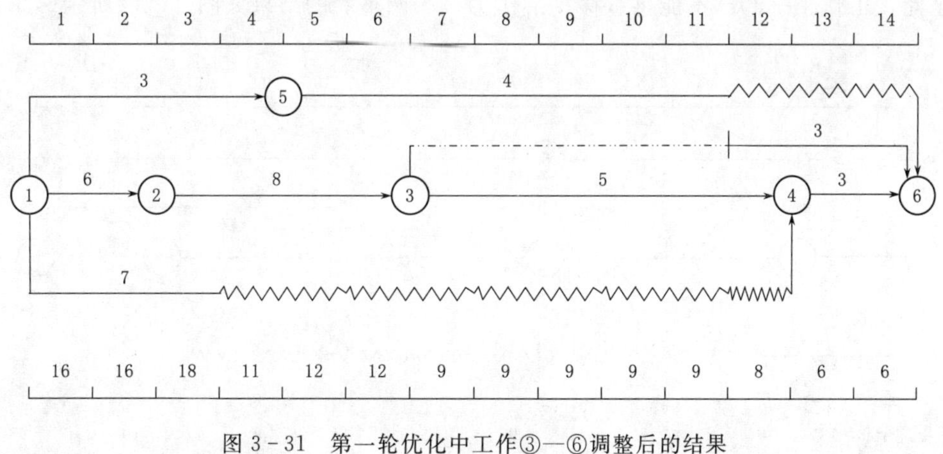

图 3-31　第一轮优化中工作③—⑥调整后的结果

工作③—⑥调整后，就应对工作⑤—⑥进行调整。

a. 由于 $R_{12}+r_{5-6}=8+4=12$，等于 $R_5=12$，故工作⑤—⑥可右移 1d，右移后，$R_{12}=12$，$R_5=8$，其他时间的资源需要量未发生变化。

b. 由于 $R_{13}+r_{5-6}=6+4=10$，小于 $R_6=12$，故工作⑤—⑥可再右移 1d，右移后，$R_{13}=10$，$R_6=8$，其他时间的资源需要量未发生变化。

c. 由于 $R_{14}+r_{5-6}=6+4=10$，大于 $R_7=9$，故工作⑤—⑥不可再右移 1d。

至此，工作⑤—⑥已不能再右移。工作⑤—⑥调整后的结果如图 3-32 所示。

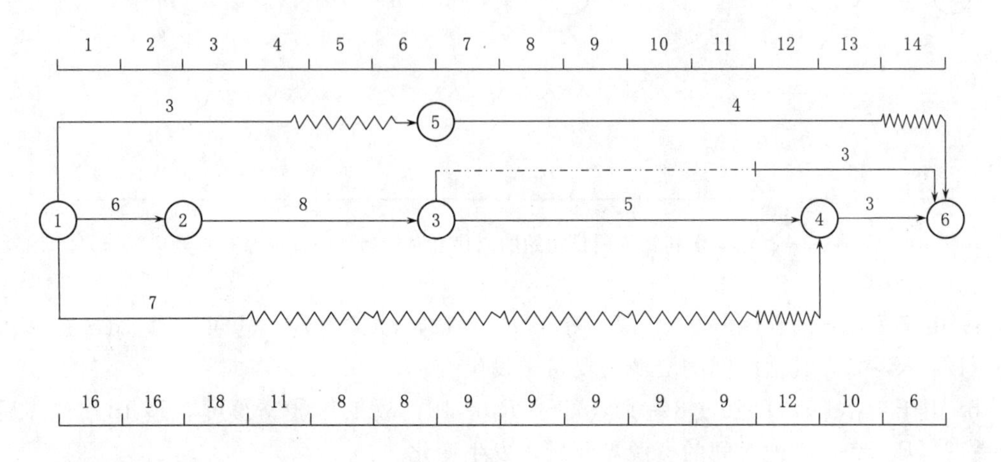

图 3-32 第一轮优化中工作⑤—⑥调整后的结果

2）箭头节点是⑤的工作只有工作①—⑤。

a. 由于 $R_5+r_{1-5}=8+3=11$，小于 $R_1=16$，故工作①—⑤可右移 1d，右移后，$R_5=11$，$R_1=13$，其他时间的资源需要量未发生变化。

b. 由于 $R_6+r_{1-5}=8+3=11$，小于 $R_2=16$，故工作①—⑤可再右移 1d，右移后，$R_6=11$，$R_2=13$，其他时间的资源需要量未发生变化。

至此，工作①—⑤已不能再右移。工作①—⑤调整后的结果如图 3-33 所示。

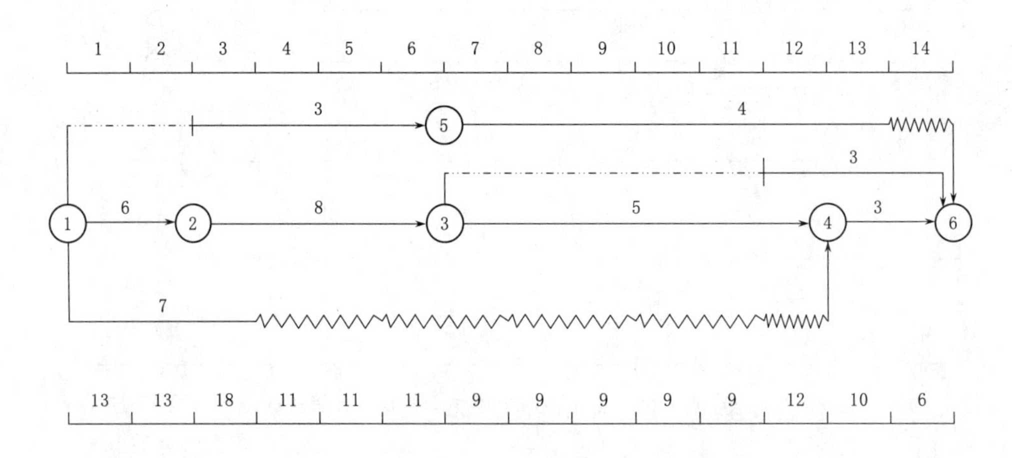

图 3-33 工作⑤—⑥调整后的网络计划及资源需要量

3）箭头节点是④的工作有两项，即工作③—④和①—④。其中工作③—④为关键工作，由于工期固定而不能调整，故只能考虑工作①—④。由于$R_4+r_{1-4}=11+7=18$，大于$R_1=13$，故工作①—④不可右移。

4）箭头节点是③的工作只有工作②—③。工作②—③为关键工作，由于工期固定而不能调整。

5）箭头节点是②的工作只有工作①—②。工作①—②为关键工作，由于工期固定而不能调整。

(2) 第二轮优化。经观察发现，项目中的所有工作已不能再右移，故上述方案即为最优方案。

复习思考题

1. 资源计划的类型有哪些？

2. 表达资源计划的工具有哪些？

3. 某项目包括7项工作，工作的持续时间、紧前工作及每天拟投入的工人数见表3-9。试绘制最早时间资源需要量负荷图及累计曲线。

表3-9　　复习思考题3表

序　号	工作名称	持续时间	紧前工作	每天拟投入的工人数
1	*A*	5	—	1
2	*B*	3	—	2
3	*C*	5	*A*	3
4	*D*	7	*A*、*B*	2
5	*E*	7	—	3
6	*F*	4	*D*	4
7	*G*	5	*C*、*F*	3

4. 某项目所包含的工作及相关信息见表3-10，试进行资源均衡。

表3-10　　复习思考题4表

工作	紧前工作	历时/d	资源	工作	紧前工作	历时/d	资源
A	—	4	9	*E*	*C*	3	8
B	—	2	3	*F*	*E*	2	7
C	—	2	6	*G*	*B*、*D*	3	2
D	*C*	2	4	*H*	*G*	4	1

5. 某项目所包含的工作及相关信息见表3-11。若资源供应量为12个单位，试求工期最短的可行方案。

表 3-11　　复习思考题 5 表

工作	紧前工作	历时/d	资源	工作	紧前工作	历时/d	资源
A	—	4	3	F	B	3	7
B	—	2	6	G	C、E	6	5
C	—	5	5	H	C、E	4	3
D	A	7	4	I	F、G	2	5
E	B	4	4				

第三章课件

第四章　项目成本计划与控制

第一节　项目成本及影响因素

一、项目成本的构成及分类

1. 项目成本的定义

成本是为达到一定目标（如生产产品）所耗费资源的货币体现。项目成本是指为完成项目而发生的资源耗费的货币体现。上述资源一般指劳动力、材料、设备及管理等。项目成本通常以人民币、美元、欧元等货币单位来计量。

为了更好地理解项目成本的概念，此处对几个相关的概念及与项目成本之间的联系和区别加以论述。

（1）项目成本与工程造价。工程造价就是工程的建造价格，是采购人（如业主）为采购某一工程（如完整的建筑物）所要支付的货币数量。根据马克思政治经济学原理，成本是 $C+V$，而造价则可以用 $C+V+M$ 表示（C 表示物化劳动的价值，V 表示活劳动的价值，M 表示劳动者创造的价值）。造价除了包括成本外，还包括创造出来的利润和税金，即造价是成本、利润与税金之和。

（2）项目成本与项目投资。投资是指通过投入一定的资金、土地、设备、技术等要素，以便在未来获得一定的收益。投资强调未来收益，而成本通常是强调付出。投资与成本均是为达到一定目标而发生的支出，两者之间的界限在某些情况下是较模糊的，在一定情况下可以相互转化。

（3）项目成本与项目费用。在会计上，成本与费用是有区别的。成本是针对一定的成本核算对象（如产品、项目）而言的，通常包括原材料、燃料和动力费、生产工人的工资等。费用则是针对一定会计期间而言的，通常包括管理费用、销售费用和财务费用等，在成本核算时，这些费用作为待摊费用需要按照一定的方法将其分摊到具体的产品或项目上。

2. 项目成本的构成

从成本要素看，项目成本的构成如下：

（1）人工费。人工费是项目组织为实施项目所需相关人员的薪酬，包括基本工资、附加工资和工资性津贴等。

（2）材料费。材料费是项目组织为实施项目所耗费的各种原料、材料的成本。例如建设项目施工中耗费的各种建筑材料的成本，新药开发项目中使用的各种原料、试剂的成本。

（3）设备费。设备费是项目组织为实施项目所需购置和使用的仪器、工具、机械或设备的成本。例如设备的购置费、设备的折旧费及修理费、设备的租赁费用、施工机械的使用费等。

（4）其他费用。其他费用指项目成本中除上述三类费用以外的费用，例如办公费、差旅费、融资成本、临时设施费、分包费、不可预见费等。

3. 项目成本的分类

（1）按成本性质分类。

1）直接成本。直接成本是可以直接归集于某一成本计算对象的有关成本，包括人工费、材料费、设备费及其他直接费用。

2）间接成本。间接成本是不能直接归集于某一成本计算对象的有关成本，包括管理成本、保险费、筹资费用、借款利息支出等。

（2）按与业务量的关系分类。

1）变动成本。变动成本是指其数额会随着业务量的变动而成正比例变动的成本。例如生产工人的工资、材料费等。

2）固定成本。固定成本是指其数额不会随着业务量的变动而变动的成本，例如房租、折旧费、贷款利息和管理费等。

（3）按发生频率分类。

1）一次性成本。一次性成本是指发生在项目开始或收尾阶段的一次性成本。例如市场调查、设备试运转等成本。

2）经常性成本。经常性成本是指在项目生命周期中重复发生的成本。例如人工、材料、物流和销售等成本。

（4）按项目阶段分类。

1）项目启动成本。在项目的启动阶段，需要进行市场调查、开展可行性研究，完成这些工作所需的成本就是项目的启动成本。例如建设项目的可行性研究费。

2）项目规划成本。在项目的规划阶段，需要制定项目实施计划，准备项目实施所需的资源，完成这些工作所需的成本就是项目的规划成本。例如建设项目的勘察设计费。

3）项目实施成本。在项目的实施阶段，需要按照既定计划去开展各项工作，完成这些工作所需的成本就是项目的实施成本。例如建设项目的建筑安装工程费。

4）项目验收成本。在项目的验收阶段，需要验收项目的交付成果，完成这些工作所需的成本就是项目的验收成本。例如建设项目的竣工验收费。

4. 建设项目投资构成

建设项目总投资由固定资产投资和流动资产投资两部分组成，如图 4－1 所示。非生产性建设项目总投资则只包括固定资产投资。

固定资产投资包括工程费、工程建设其他费用、预备费及建设期利息等内容。

流动资产投资指为进行正常生产运营，用于购买原材料、燃料、支付工资等所需的周转资金。

（1）设备及工具器具购置费。设备及工具器具购置费由设备购置费和工具器具及生产家具购置费组成。

1）设备购置费。设备购置费指为建设工程购置或自制的达到固定资产标准的设备、

工具、器具的费用。它由设备原价和设备运杂费构成，即

$$设备购置费=设备原价+设备运杂费 \quad (4-1)$$

式中：设备原价为国产设备或进口设备的原价；设备运杂费为除设备原价之外的关于设备采购、运输、包装及仓库保管等方面支出费用的总和。

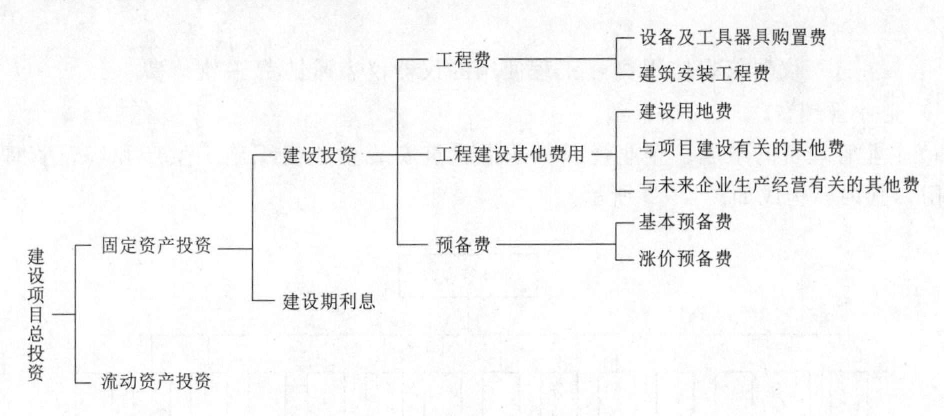

图 4-1　建设项目总投资构成

2）工具器具及生产家具购置费。工具器具及生产家具购置费是指新建项目或扩建项目初步设计所规定，保证初期正常生产必须购置的没有达到固定资产标准的设备、仪器、工卡模具、器具、生产家具和备品备件的费用。一般以设备购置费为计算基数，按照部门或行业规定的费率计算。计算公式为

$$工具器具及生产家具购置费=设备购置费\times定额费率 \quad (4-2)$$

（2）建筑安装工程费。建筑安装工程费是指为完成工程项目建造、生产性设备及配套工程安装所需的费用。建筑安装工程费按照费用构成要素划分为人工费、材料费、施工机具使用费、企业管理费、利润、规费和税金。按照造价形成划分为分部分项工程费、措施项目费、其他项目费、规费和税金。建筑安装工程费用构成如图 4-2 所示。

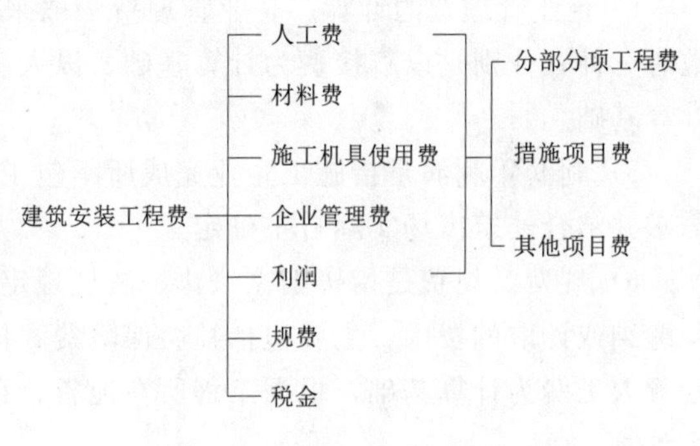

图 4-2　建筑安装工程费构成

1）人工费。建筑安装工程费中的人工费，是指按照工资总额构成规定，支付给直接从事建筑安装工程施工作业的生产工人和附属生产单位工人的各项费用。人工费的计算公式为

$$人工费=\sum(工日消耗量\times日工资单价) \quad (4-3)$$

2）材料费。建筑安装工程费中的材料费，是指工程施工过程中耗费的各种原材料、辅助材料、构配件、零件、半成品或成品的费用。材料费的计算公式为

$$材料费=\sum(材料消耗量\times材料单价) \quad (4-4)$$

3）施工机具使用费。建筑安装工程费中的施工机具使用费，是指施工作业所发生的

施工机械、仪器仪表使用费。

a. 施工机械使用费。指施工机械作业发生的使用费，计算公式为

$$施工机械使用费=\sum(施工机械台班消耗量\times机械台班单价) \tag{4-5}$$

b. 仪器仪表使用费。指工程施工所需使用的仪器仪表的摊销及维修费用，计算公式为

$$仪器仪表使用费=工程使用的仪器仪表摊销费+维修费 \tag{4-6}$$

4）企业管理费。

a. 企业管理费的组成。企业管理费是指建筑安装企业组织施工生产和经营管理所需的费用，其内容构成如图 4-3 所示。

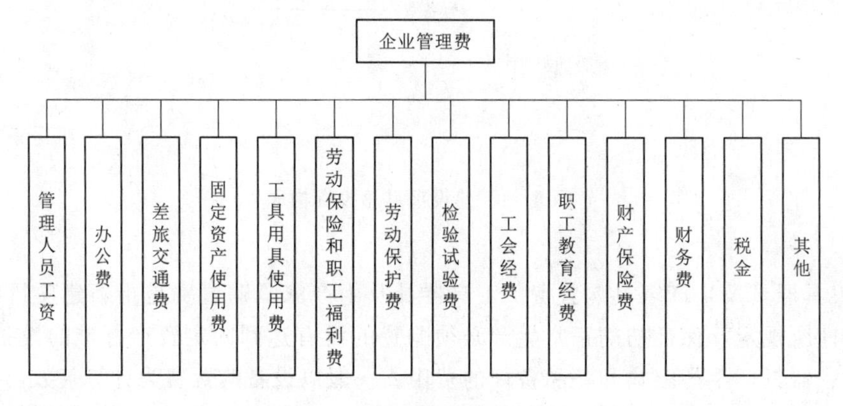

图 4-3　企业管理费的组成

b. 企业管理费的计算。企业管理费一般采用取费基数乘以费率的方法计算，取费基数有三种，分别是以直接费为计算基础、以人工费和机械费合计为计算基础及以人工费为计算基础。

5）利润。利润是指施工企业完成所承包工程获得的盈利，由施工企业根据企业自身需求并结合建筑市场实际自主确定。

6）规费。规费是指按国家法律、法规规定，由省级政府和省级有关权力部门规定必须缴纳或计取的费用。主要包括社会保险费和住房公积金。社会保险费和住房公积金应以定额人工费为计算基础，根据工程所在地省、自治区、直辖市或行业建设主管部门规定费率计算。

7）税金。建筑安装工程费中的税金是指按照国家税法规定的应计入建筑安装工程造价内的增值税额，按税前造价乘以增值税税率确定。

税前造价为人工费、材料费、施工机具使用费、企业管理费、利润和规费之和，各费用项目均以不包含增值税可抵扣进项税额的价格计算。

8）分部分项工程费。分部分项工程费是指各专业工程的分部分项工程应予列支的各项费用。其计算公式为

$$分部分项工程费=\sum(分部分项工程量\times综合单价) \tag{4-7}$$

综合单价包括人工费、材料费、施工机具使用费、企业管理费和利润，以及一定范围

的风险费用。

9）措施项目费。措施项目费是指为完成建设工程施工，发生于该工程施工准备和施工过程中的技术、生活、安全、环境保护等方面的费用。措施项目费通常包括以下几项：①安全文明施工费；②夜间施工增加费；③非夜间施工照明费；④二次搬运费；⑤冬雨季施工增加费；⑥地上、地下设施和建筑物的临时保护设施费；⑦已完工程及设备保护费；⑧脚手架费；⑨混凝土模板及支架（撑）费；⑩垂直运输费；⑪超高施工增加费；⑫大型机械设备进出场及安拆费；⑬施工排水、降水费；⑭其他。

按照有关专业工程量计算规范规定，措施项目分为应予计量的措施项目和不宜计量的措施项目两类。

a. 应予计量的措施项目。应予计量的措施项目与分部分项工程费的计算方法基本相同，公式为

$$措施项目费=\sum(措施项目工程量\times综合单价) \tag{4-8}$$

b. 不宜计量的措施项目。对于不宜计量的措施项目，通常用计算基数乘以费率的方法予以计算。计算基数应为定额人工费或定额人工费与定额施工机具使用费之和，费率由工程造价管理机构根据各专业工程特点和调查资料综合分析后确定。

10）其他项目费。

a. 暂列金额。暂列金额是指建设单位在工程量清单中暂定并包括在工程合同价款中的一笔款项。用于施工合同签订时尚未确定或者不可预见的所需材料、工程设备、服务的采购，施工中可能发生的工程变更、合同约定调整因素出现时的工程价款调整以及发生的索赔、现场签证确认等的费用。

b. 计日工。计日工是指在施工过程中，施工单位完成建设单位提出的工程合同范围以外的零星项目或工作，按照合同中约定的单价计价形成的费用。

c. 总承包服务费。总承包服务费是指总承包人为配合、协调建设单位进行的专业工程发包，对建设单位自行采购的材料、工程设备等进行保管以及施工现场管理、竣工资料汇总整理等服务所需的费用。

（3）建设用地费。建设用地费指为获得工程项目建设土地的使用权而在建设期内发生的各项费用，包括通过划拨方式取得土地使用权而支付的土地征用及迁移补偿费，或者通过出让方式取得土地使用权而支付的土地使用权出让金。

（4）与项目建设有关的其他费。与项目建设有关的其他费通常包括建设管理费用、可行性研究费、研究试验费、勘察设计费、环境影响评价费、劳动安全卫生评价费、场地准备及临时设施费、引进技术和引进设备其他费、工程保险费、特殊设备安全监督检验费、市政公用设施费。

（5）与未来企业生产经营有关的其他费。与未来企业生产经营有关的其他费包括联合试运转费、专利及专有技术使用费、生产准备及开办费等。

（6）基本预备费。基本预备费是指针对项目实施过程中可能发生难以预料的支出而事先预留的费用，又称工程建设不可预见费，主要指设计变更及施工过程中可能增加工程量的费用。基本预备费是按工程费和工程建设其他费用二者之和为计取基础，乘以基本预备费费率进行计算。

(7) 涨价预备费。涨价预备费是指为在建设期内利率、汇率或价格等因素的变化而预留的可能增加的费用，也称价格变动不可预见费。

(8) 建设期利息。建设期利息主要是指在建设期内发生的为工程项目筹措资金的融资费用及债务资金利息。

二、项目成本的影响因素

影响项目成本的因素很多，主要有以下几个：

(1) 项目范围。项目范围界定了完成项目所需要实施的工作，实施这些工作需要消耗一定的资源与成本，因此，项目范围界定了成本发生的范围和数额。

(2) 质量。质量要求越高，实施项目时需要采用更好的资源、耗费更长的时间，成本也就越大。

(3) 工期。项目工期越长，不可预见的因素越多，风险越大，成本也就越大。

(4) 价格。在项目范围确定的情况下，资源价格越高，成本也就越大。

(5) 实施方案。项目的实施方案对项目成本的影响比较复杂，先进的实施方案并不意味着低成本，因此，选择实施方案时，应遵守先进适用、安全可靠和经济合理的原则。

(6) 管理水平。在项目实施期间，较高的管理水平可以减少失误，降低成本。

第二节　估算项目成本

一、项目成本估算的依据

项目成本估算是指根据工作的资源需求数量和资源的价格，估算工作的成本以及项目总成本的管理活动。估算成本时，要考虑不确定因素的影响，并设置应急备用金。估算成本时，需要收集以下资料。

1. 项目范围说明书

项目范围说明书是一份确定项目可交付成果及工作内容的重要文件。如果项目的范围发生了变化，那么项目的成本也会发生变化。

2. 项目工作分解结构

项目工作分解结构是项目按照某种方式逐级进行分解后的结果。首先估算处在最底层的工作的成本，然后按此结构逐级向上汇总，最终可以估算出项目的总成本。

3. 工作持续时间

项目成本与工作持续时间直接相关，而且资源耗费量随着工作持续时间的变化而变化。在项目成本估算之前，应估计每一项工作的持续时间，并编制项目的进度计划。

4. 项目资源计划

项目成本与项目所需的资源息息相关，在项目成本估算之前，应编制项目的资源计划，明确项目所需的资源种类及数量。

5. 项目资源单价

只有明确了项目所需的资源种类、数量及单价后，才能计算出项目的总成本。在项目成本估算之前，应收集各种资源的价格信息。

二、项目成本估算的类型

项目在实施前，要经过启动阶段和规划阶段，每个阶段都需要进行成本估算。由于各阶段所具备的条件及掌握的资料不同，估算的精度也不同。一般来说，阶段越靠后，成本估算精度也就越高。

1. 项目成本估算的种类

（1）初步估算。一般在项目启动阶段编制，估算精度为25%～75%。

（2）详细估算。一般在项目规划阶段编制，估算精度为5%～25%。

2. 建设项目成本估算的类型

（1）投资估算。投资估算是指在投资决策阶段，对项目从前期准备工作开始到项目全部建成投产为止所发生费用的估计。

（2）设计概算。设计概算是指在初步设计阶段，对项目从筹建到竣工验收交付使用为止所发生费用的估计。

（3）施工图预算。施工图预算是指在施工图设计阶段，依据施工图设计文件确定的建筑安装工程费和设备费。

（4）招标控制价。招标控制价是指在招标阶段，依据招标设计文件确定的招标工程的最高投标限价。其由分部分项工程费、措施项目费、其他项目费、规费和税金组成。

三、项目成本估算的方式

项目成本可以根据掌握资料的详细程度不同分别采取自上而下、自下而上或者两者结合的方式进行估算。

1. 自上而下的方式

在项目的启动阶段，项目组织只能勾勒出项目的轮廓情况，只能根据以往类似项目的经验数据和个人经验，估算项目的总成本，然后根据较简单的工作分解结构将项目总成本向下依次分配，直至工作分解结构中最底层的工作单元。采用该方式进行成本估算，估算精度较差。

2. 自下而上的方式

在项目的规划阶段，项目组织已经设计出项目的详细方案，可以先估算最底层的工作单元的成本，然后根据较详细的工作分解结构，向上逐级汇总，直至估算出项目的总成本。采用该方式进行成本估算，估算精度较高。

3. 两者结合的方式

对项目中的主要子项目采用自下而上的估算方式，而对另外一些子项目采用自上而下的估算方式。采用该方式既能保证主要子项目的成本估算精度，又能适当节约成本估算费用。

四、项目成本估算的方法

成本估算实际上是一种预测工作，从理论上讲，所有的预测原理与预测理论均适用于成本估算。项目成本估算的方法主要有：专家估计法、类比估计法、参数模型估计法、详细估算法等。

1. 专家估计法

专家估计法是指依靠专家的知识和经验对成本进行估计的方法。这种方法的主要优点是简单易行，缺点是估算精度容易受到专家知识和经验水平的影响。

2. 类比估计法

类比估计法是指通过以往类似项目的成本数据，估算新项目成本的方法。类比估计法可以估算项目的总成本，也可以估算子项目的成本。

3. 参数模型估计法

参数模型估计法是指根据项目特征（参数）和成本之间的关系，通过建立数学模型来估算项目成本的方法。

4. 详细估算法

详细估算法是指根据项目的设计图纸，计算各个工作单元的工程量及资源的消耗量和资源的成本，然后计算出各个工作单元的直接费用和间接费用，最后汇总计算出项目的总成本。

【例 4-1】　假定康宁是一所工业大学的校长，该校每年大约有 3000 名学生毕业。学校每年会为当年毕业的学生举办毕业典礼。康宁校长必须预测毕业典礼项目所需的资金数额。

解：（1）确定成本对象。成本对象就是在毕业典礼中所要开支的所有费用，包括发言人的酬金、折叠椅的租金（典礼将在学校的草坪上举行）以及饮料、点心等。

（2）辨别成本构成。整个典礼的成本是固定成本和变动成本之和。椅子的租金和食品的成本都是变动成本，它们随着参加人数的不同而变化。发言人的酬金是固定成本。

（3）估计参加人数。康宁校长应该知道当年的毕业人数，但参加典礼的人数是不确定的，需要做出估计。可以根据去年实际参加人数占毕业人数的比例来估计当年的参加人数。另外，还要考虑天气情况，因为雨天可能会减少参加的人数。

（4）估算单价和成本。通过历史数据和询价，初步确定发言人的酬金是 3000 元；每个椅子的租金是 5 元；每个人的食品和饮料费是 20 元；预估有 50%学生会参加毕业典礼。则：

固定成本＝3000 元

可变成本＝(5＋20)×50%×3000＝37500(元)

总成本＝固定成本＋可变成本＝40500 元

（5）估计不可预见费用。综合考虑天气、学生参与意愿等因素，康宁校长认为，应增加一笔不可预见费用，初步估计为总成本的 10%，即 40500×10%＝4050(元)。

综上，举办毕业典礼项目的成本为：40500＋4050＝44550(元)。

五、估算建设项目的投资

（一）投资估算

1. 项目建议书阶段投资估算

在项目建议书阶段，可以采取简单的匡算法估算项目的投资，如生产能力指数法、系数估算法、比例估算法或混合法等，在条件允许时，也可以采用指标估算法。

生产能力指数法是根据已建成的类似项目生产能力和投资额来粗略估算同类但生产能力不同的拟建项目投资额的方法，其计算公式为

$$C_2=C_1\left(\frac{Q_2}{Q_1}\right)^x f \tag{4-9}$$

式中：C_1 为已建类似项目的投资；C_2 为拟建项目的投资；Q_1 为已建类似项目的生产能力；Q_2 为拟建项目的生产能力；x 为生产能力指数，正常情况下 $0\leqslant x\leqslant 1$；f 为不同时期、不同地点的定额、单价、费用和其他差异的综合调整系数。

【例 4-2】 某地 2015 年拟建一年产 20 万 t 化工产品的项目。根据调查，该地区 2013 年建成的年产 10 万 t 相同产品的项目的投资为 5000 万元。生产能力指数为 0.6，2013—2015 年工程造价平均每年递增 10%。估算拟建项目的投资。

$$拟建项目的投资=5000\times\left(\frac{20}{10}\right)^{0.6}\times(1+10\%)^2=9170.09(万元)$$

2. 可行性研究阶段投资估算

在可行性研究阶段，应采用指标估算法估算项目的投资。该方法的步骤如图 4-4 所示。

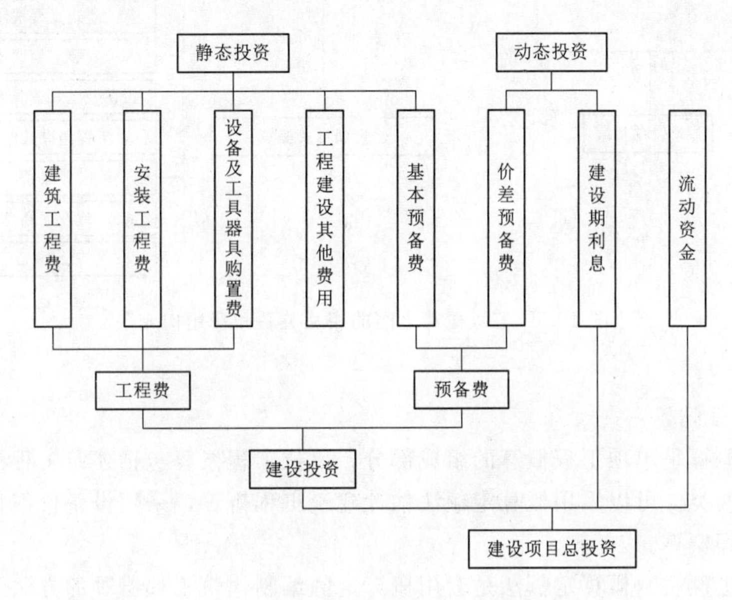

图 4-4 指标估算法的主要步骤

(1) 估算建筑工程费、安装工程费、设备及工具器具购置费，汇总得到工程费。

(2) 估算工程建设其他费用。

(3) 估算基本预备费、价差预备费，汇总得到预备费。

(4) 汇总工程费和预备费得到建设投资。

(5) 汇总建筑工程费、安装工程费、设备及工具器具购置费、工程建设其他费用和基本预备费得到静态投资。

(6) 估算建设期利息，与价差预备费汇总后得到动态投资。

(7) 估算流动资金。

(8) 汇总建设投资、建设期利息和流动资金，得到建设项目总投资。

（二）设计概算

在初步设计阶段，可以采用不同的方法分别估计单位工程概算、单项工程概算和建设项目总概算。三级概算之间的相互关系和费用构成如图 4-5 所示。

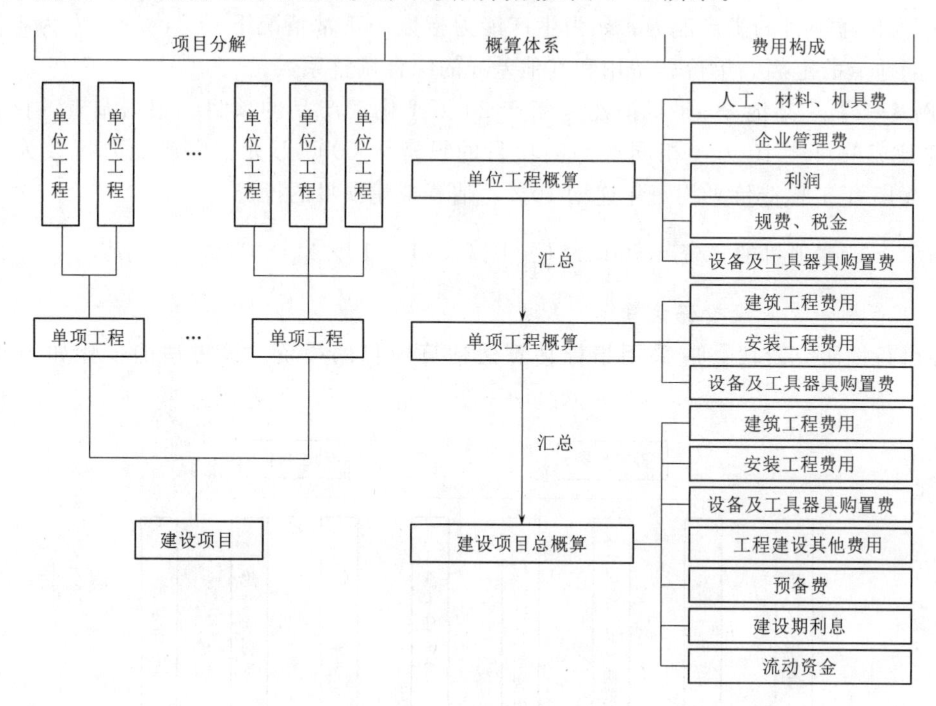

图 4-5　三级概算之间的相互关系和费用构成

1. 单位工程概算

单位工程概算是单项工程概算的组成部分，单位工程概算包括建筑工程概算和设备及安装工程概算两类。可以采用概算定额法估计建筑工程概算，采用设备价值百分比法估计设备及安装工程概算。

（1）概算定额法。概算定额法是套用概算定额编制建筑工程概算的方法。运用概算定额法时，要求初步设计必须达到一定深度，能准确计算分部分项工程的工程量。概算定额法估计单位建筑工程概算的步骤如下：

1）搜集基础资料、熟悉设计图纸、了解施工条件和施工方法。

2）按照设计图纸和概算定额子目，列出单位工程中分部分项工程名称，并计算其工程量。

3）确定分部分项工程费。套用对应的概算定额子目的综合单价，与工程量相乘后得到分部分项工程费。如遇设计图中的分部分项工程项目的名称、内容与采用的概算定额有某些不相符时，则按规定对定额进行换算后方可套用。

4）计算措施项目费。措施项目费的计算分两部分进行：①可以计量的措施项目费与分部分项工程费的计算方法相同，其费用按照 3）的规定计算；②综合计取的措施项目费应以该单位工程的分部分项工程费和可以计量的措施项目费之和为基数，再乘以相应费率计算。

5）计算单位建筑工程概算：

$$单位建筑工程概算=分部分项工程费+措施项目费 \tag{4-10}$$

上述计算结果应填入单位建筑工程概算表中（表 4-1）。

表 4-1　单位建筑工程概算表

序号	项目编码	工程项目或费用名称	项目特征	单位	数量	综合单价	合价
一		分部分项工程					
1		土石方工程					
二		可计量措施项目					
		…					
三		综合取定的措施项目费					
		…					
四		合计					

（2）设备价值百分比法。当初步设计深度不够，只有设备出厂价而无详细规格、重量时，安装费可按占设备费的百分比计算。设备费由设备原价与设备运杂费构成，百分比值（即安装费率）由相关管理部门制定或由设计单位根据已完类似工程确定。该法常用于价格波动不大的定型产品和通用设备产品，其计算公式为

$$设备安装费=设备原价\times安装费率 \tag{4-11}$$

计算结果应填入单位设备及安装工程概算表中（表 4-2）。

表 4-2　单位设备及安装工程概算表

序号	项目编码	工程项目或费用名称	项目特征	单位	数量	综合单价		合价	
						设备购置费	安装工程费	设备购置费	安装工程费
一		分部分项工程							
1		机械设备安装工程							
		…							
二		可计量措施项目							
		…							
三		综合取定的措施项目费							
		…							
四		合计							

2. 单项工程概算

单项工程概算是由所属各单位工程概算汇总而成的，是建设项目总概算的组成部分。单项工程概算的组成内容如图 4-6 所示。

单项工程概算包括主要工程量、建筑工程费、安装工程费、设备购置费等。单项工程概算表格式见表 4-3。

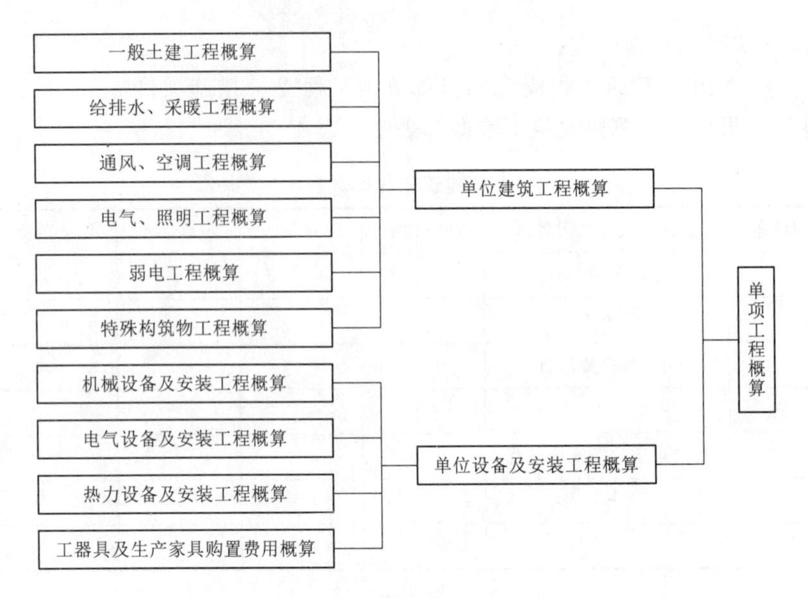

图 4-6　单项工程概算的组成内容

表 4-3　　单项工程概算表

序号	概算编号	工程项目或费用名称	主要工程量	建筑工程费	安装工程费	设备购置费	合计
一		主要工程					
1							
2							
二		辅助工程					
1							
2							
三		配套工程					
1							
2							
		合计					

3. 建设项目总概算

建设项目总概算是由各单项工程费用概算、工程建设其他费用概算、预备费概算、建设期利息概算和生产或经营性项目铺底流动资金概算所组成，如图 4-7 所示。

建设项目总概算包括建筑工程费、安装工程费、设备购置费、其他等内容。建设项目总概算见表 4-4。

表 4-4　　建设项目总概算表

序号	概算编号	工程项目和费用名称	建筑工程费	安装工程费	设备购置费	其他	合计
一		工程费					
1		主要工程					

续表

序号	概算编号	工程项目和费用名称	建筑工程费	安装工程费	设备购置费	其他	合计
2		辅助工程					
3		配套工程					
		…					
二		工程建设其他费					
三		预备费					
四		建设期利息					
五		铺底流动资金					
六		建设项目总概算					

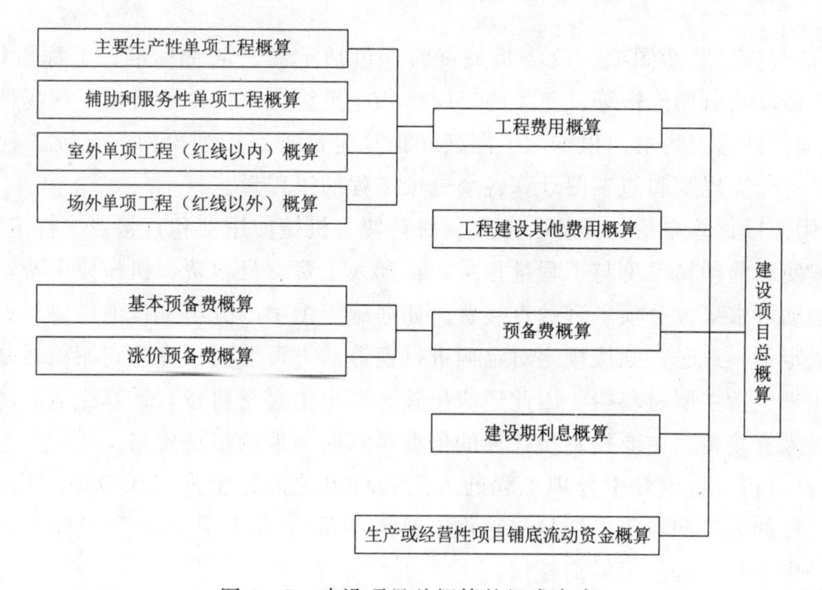

图 4－7　建设项目总概算的组成内容

（三）施工图预算

在施工图设计阶段，可以采用不同的方法分别估计单位工程预算、单项工程预算和建设项目总预算。建设项目总预算由各个单项工程预算以及工程建设其他费、预备费和建设期利息和铺底流动资金汇总而成。单项工程预算由单位工程预算汇总而成。单位工程预算包括建筑工程费、安装工程费和设备及工具器具购置费。

1. 建筑安装工程费

建筑安装工程费的计算方法主要有工料单价法和实物量法。

（1）工料单价法。工料单价法计算建筑安装工程费的公式为

$$建筑安装工程预算=\sum(分项工程量\times分项工程工料单价)+企业管理费+利润+规费+税金 \quad (4-12)$$

采用工料单价法计算建筑安装工程费的步骤如图 4－8 所示。

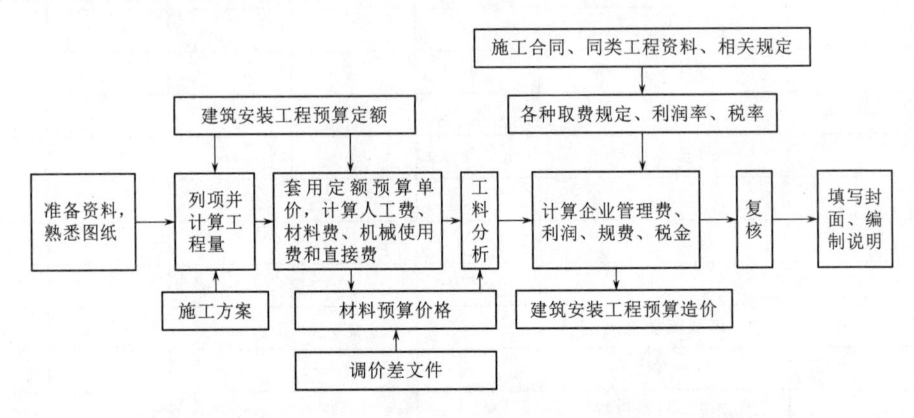

图 4－8　工料单价法计算建筑与安装工程费的步骤

1）准备资料，熟悉图纸。收集相关资料，包括定额、取费标准、工程量计算规则、材料预算价格以及市场价格等。熟悉施工图纸和施工组织设计，了解施工现场情况。

2）列项并计算工程量。根据施工图纸和预算定额子目，列出所有分项工程名称，然后根据工程量计算规则和施工图计算各个分项工程的工程量。

3）套用定额预算单价，计算人工费、材料费、机械使用费和直接费。将定额中人工、材料、机械使用的预算单价与工程量相乘，得到人工费、材料费、机械使用费，再将上述三项费用相加可求得该分项工程的直接费。如遇施工图中的分项工程的主要材料、工艺条件与预算规定不一致时，则按规定对定额进行换算后方可套用。许多定额项目基价为不完全价格，即未包括主要材料费。因此还应单独计算出主要材料费，计算完成后将主要材料费的价差加入直接费。主要材料费计算的依据是当时当地的市场价格。

4）工料分析。将定额中分项工程的人工和材料的消耗量乘以该分项工程的工程量，得到分项工程的人工和料消消耗量（简称工料消耗量），最后将各分项工程工料消耗量加以汇总，得出单位工程的工料消耗量。

5）计算企业管理费、利润、规费、税金。根据规定的税率、费率和相应的计取基础，分别计算企业管理费、利润、规费和税金。

6）按式（4－12）求出建筑安装工程费。

（2）实物量法。实物量法计算建筑安装工程费的公式为

$$建筑安装工程预算=\sum[分项工程量\times(工日消耗量\times工日单价+材料消耗量\times材料单价+施工机械台班消耗量\times施工机械台班单价)]+企业管理费+利润+规费+税金 \quad (4-13)$$

实物量法计算建筑与安装工程费的步骤如图 4-9 所示。

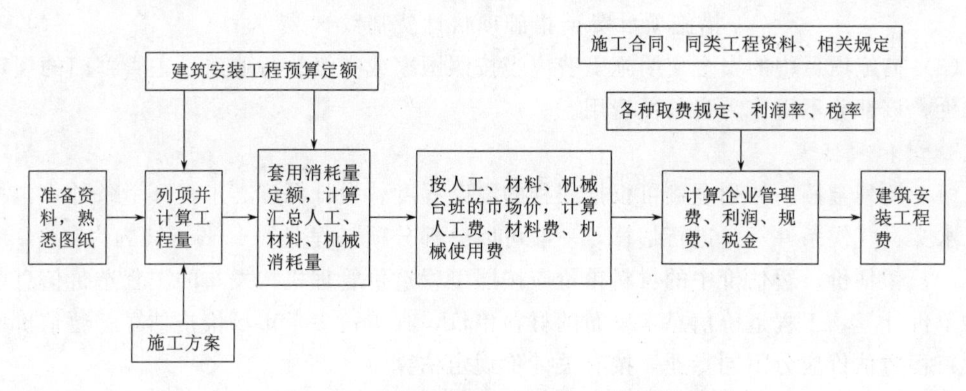

图 4-9 实物量法计算建筑与安装工程费的步骤

实物量法与工料单价法相比，最大的区别在于工料单价法是通过套用预算单价，求出直接费，而实物量法是通过套用人工、材料、施工机械台班的消耗量定额，然后分别与当时当地的人工单价、材料单价、施工机械台班单价相乘，最后汇总后求出直接费。

2. 设备及工器具购置费

设备购置费由设备原价和设备运杂费构成；未到达固定资产标准的工器具购置费一般以设备购置费为计算基数，按照规定的费率计算。

（四）招标控制价

招标控制价是指根据国家或省级建设行政主管部门颁发的有关计价依据和办法，依据拟订的招标文件和招标工程量清单，结合工程具体情况发布的招标工程的最高投标限价。建设工程的招标控制价反映的是单位工程费用，各单位工程费用是由分部分项工程费、措施项目费、其他项目费、规费和税金组成。

1. 分部分项工程费

分部分项工程费是分部分项工程的工程量与其综合单价的乘积。综合单价应根据分部分项工程清单项目名称、工程量、项目特征描述，依据计价定额和人工、材料、施工机械台班价格信息进行组价确定。

（1）计算定额项目合价。

$$\begin{aligned}\text{定额项目合价} = &\text{定额项目工程量} \times [\sum(\text{定额人工消耗量} \times \text{人工单价}) \\ &+ \sum(\text{定额材料消耗量} \times \text{材料单价}) \\ &+ \sum(\text{定额施工机械台班消耗量} \times \text{施工机械台班单价}) \\ &+ \text{价差} + \text{管理费} + \text{利润}]\end{aligned} \tag{4-14}$$

（2）计算综合单价。

$$\text{综合单价} = \frac{\sum \text{定额项目合价} + \text{未计价材料费}}{\text{清单项目工程量}} \tag{4-15}$$

2. 措施项目费

（1）可精确计量的措施项目。计算公式为

$$\text{措施项目费} = \text{清单项目工程量} \times \text{综合单价} \tag{4-16}$$

（2）不可精确计量的措施项目。计算公式为

$$措施项目费 = 措施项目计费基数 \times 费率 \tag{4-17}$$

（3）措施项目中的安全文明施工费应当按照国家或省级、行业建设主管部门的规定标准计价，该部分不得作为竞争性费用。

3. 其他项目费

（1）暂列金额。暂列金额可根据工程的复杂程度、设计深度、工程环境条件（包括地质、水文、气候条件等）进行估算，一般可以分部分项工程费的10%～15%为参考。

（2）暂估价。暂估价中的材料单价应按照工程造价管理机构发布的工程造价信息中的材料单价计算，工程造价信息未发布的材料单价，其单价参考市场价格估算；暂估价中的专业工程暂估价应分不同专业，按有关计价规定估算。

（3）计日工。在编制招标控制价时，对计日工中的人工单价和施工机械台班单价应按省级、行业建设主管部门或其授权的工程造价管理机构公布的单价计算；材料应按工程造价管理机构发布的工程造价信息中的材料单价计算，工程造价信息未发布的材料，其价格应按市场调查确定的单价计算。

（4）总承包服务费。总承包服务费应按照省级或行业建设主管部门的规定计算。

4. 规费和税金

规费和税金必须按国家或省级、行业建设主管部门的规定计算。税金的计算公式如下：

$$税金 = (人工费 + 材料费 + 机械使用费 + 企业管理费 + 利润 + 规费) \times 增值税税率 \tag{4-18}$$

【例4-3】 某基础工程资源消耗及该地区相应的市场价格见表4-5，表中的单价均为不包含增值税可抵扣进项税额的价格。相关费用的取费基数与费率如下：

表4-5　　资源消耗量及相应的市场价格

序号	资源名称	单位	消耗量	除税单价/元	除税合价/元
一	材料费				90075.23
1	水泥（32.5号）	kg	1740.84	0.46	800.79
2	黄砂	m^3	70.76	90.00	6368.40
3	碎石	m^3	40.23	108.00	4344.84
4	水	m^3	42.90	4.50	193.05
5	镀锌铁丝	kg	146.58	10.48	1536.16
6	电焊条	kg	12.98	6.67	86.58
7	黏土砖	千块	109.07	510.00	55625.70
8	钢筋（Φ10）	t	5.52	3700	20424.00
9	砂浆搅拌机	台班	16.24	42.84	695.72
二	机械使用费				5392.73
10	载重汽车（5t）	台班	14.00	310.59	4348.26
11	混凝土搅拌机	台班	4.35	152.15	661.85

续表

序号	资源名称	单位	消耗量	除税单价/元	除税合价/元
12	插入式振动器	台班	32.37	11.82	382.61
三	人工费				29000.00
13	普工	工日	350.00	60.00	21000.00
14	一般技工	工日	100.00	80.00	8000.00

（1）安全文明施工费按分部分项工程和单价措施项目中的人工费与机械使用费之和的12%计取。

（2）其他的总价措施项目费按分部分项工程和单价措施项目中的人工费与机械使用费之和的8%计取。

（3）总价措施项目费中的人工费、机械使用费占比为35%、10%。

（4）企业管理费和利润分别按（人工费＋机械使用费）的15%和10%计取，规费中的社会保险费和公积金合计为人工费的15%，按标准缴纳的工程排污费为0.3万元。增值税税率按11%计取。

应用实物量法编制该基础工程的施工图预算。

（1）计算人工费、材料费和机械使用费。

1）人工费为：29000.00元。

2）材料费为：90075.23元。

3）机械使用费为：5392.73元。

4）人工费＋机械使用费为：34392.73元。

5）人工费＋材料费＋机械使用费为：124467.96元。

（2）措施费。

1）安全文明施工费＝34392.73×12%＝4127.13(元)。

2）其他的总价措施项目费＝34392.73×8%＝2751.42(元)。

3）总价措施费中的人工费＋机械使用费＝（4127.13＋2751.42）×45%＝3095.35(元)。

（3）分部分项工程费和措施费中的人工费和机械使用费。

分部分项工程费和措施费中的人机费＝34392.73＋3095.35＝37488.08(元)

（4）企业管理费。

企业管理费＝37488.08×15%＝5623.21(元)

（5）利润。

利润＝37488.08×10%＝3748.81(元)

（6）规费。

1）社会保险费和公积金＝［29000.00＋（4127.13＋2751.42）×35%］×15%＝4711.12(元)

2）工程排污费为：3000元。

（7）税金。

税金＝（124467.96＋3095.35＋5623.211＋3748.81＋4711.12＋3000）×11％
　　＝15911.11(元)

（8）基础工程预算。

基础工程预算＝124467.96＋3095.35＋5623.211＋3748.81＋4711.12＋3000＋15911.11＝160557.56(元)

第三节　项目成本基准计划与优化

一、项目成本基准计划

项目总成本确定后，可以根据管理的需要，按照不同的方式进行项目成本的分解，从而形成项目成本基准计划。项目成本基准计划是项目成本控制的主要依据之一。通常可以按成本构成要素、项目组成、项目进度计划或上述方式的组合进行分解。

1. 按成本构成要素分解

可将项目总成本分解为直接费、间接费、人工费、材料费、机械使用费、管理费等内容，如图 4－10 所示。

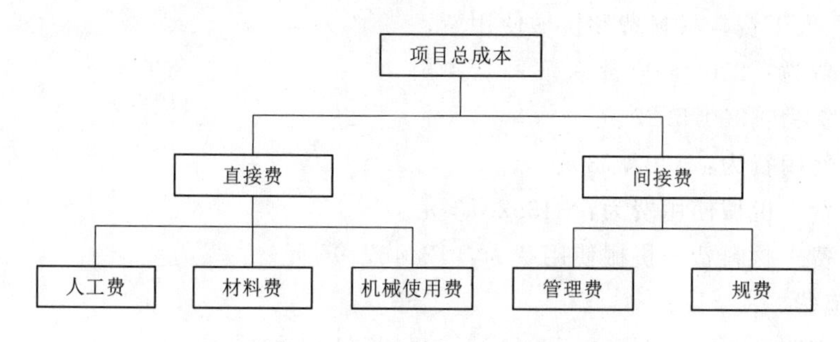

图 4－10　按成本构成要素分解示意图

2. 按项目组成分解

可将项目总成本分解为单项工程成本、单位工程成本，直至分部分项工程成本，如图 4－11 所示。

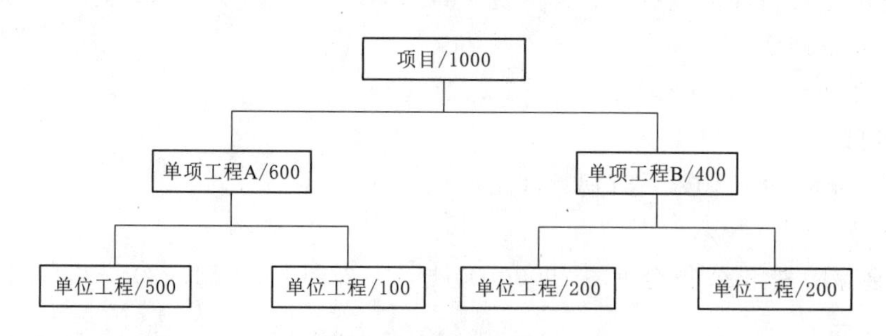

图 4－11　按项目组成分解示意图（单位：万元）

（注：数字代表成本）

3. 按项目进度计划分解

根据项目进度计划，可将项目总成本按时间分解到年、月或周，分解后的结果可以采用S形曲线的形式来表达，S形曲线的绘制步骤如下：

（1）采用横道图形式编制项目进度计划。

（2）根据单位时间内完成的工程量或投入的人力、物力和财力，计算单位时间的成本，见表4-6。

表4-6　　项目单位时间成本与累计成本　　单位：万元

月　份	1	2	3	4	5	6	7	8	9	10	11
成本	100	200	300	500	600	800	800	700	600	400	300
累计成本	100	300	600	1100	1700	2500	3300	4000	4600	5000	5300

（3）根据单位时间成本，计算累计成本，可按下式计算：

$$Q_t = \sum_{n=1}^{t} q_n \tag{4-19}$$

式中：Q_t 为项目从开工到第 t 天的累计成本；q_n 为项目第 n 天的成本。

（4）根据 Q_t 值，绘制成本的S形曲线，如图4-12所示。

假如项目中所有工作都按最早时间来安排，相应的S形曲线称为成本的最早曲线；假如项目中所有工作都按最迟时间来安排，相应的S形曲线称为成本的最迟曲线。这两条曲线组成所谓的“香蕉”曲线，如图4-13所示。

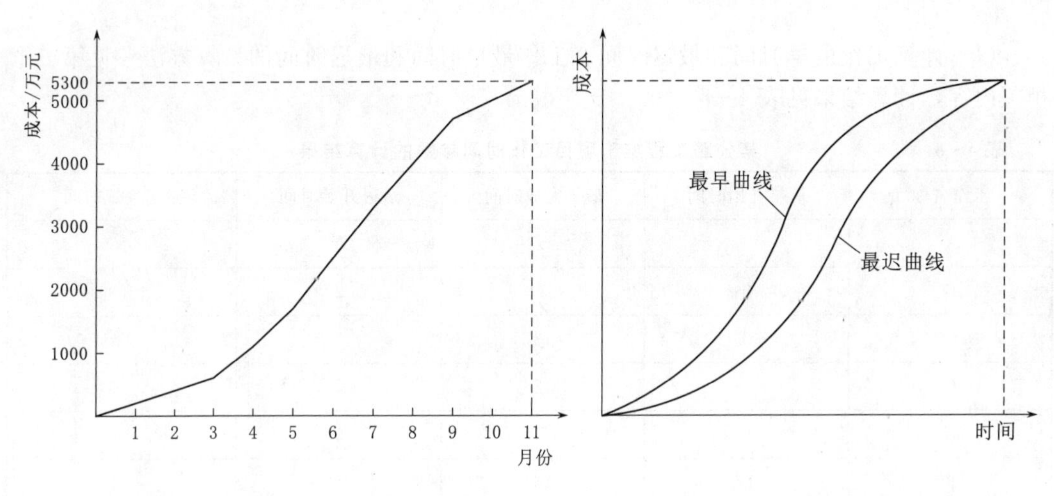

图4-12　时间的S形曲线　　图4-13　成本的“香蕉”曲线

一般而言，所有工作都按最迟时间开始，对节约建设贷款利息是有利的，但同时也降低了项目按期竣工的保证率，因此，必须合理地制定项目的进度计划，达到既节约成本支出，又控制项目工期的目的。

【例4-4】　某公路工程施工项目包括7项工作，双代号网络如图4-14所示，假定工作所需的施工机械数量及单价见表4-7。试绘制“香蕉”曲线。

表 4-7　　工作所需施工机械数量及单价

序号	工作名称	持续时间	每天施工机械数量/台	单价/［元/（台·d）］	合价/元
1	A	5	2	20000	200000
2	B	3	2	20000	120000
3	C	8	3	30000	720000
4	D	7	2	20000	280000
5	E	7	3	20000	420000
6	F	4	4	10000	160000
7	G	5	3	20000	300000

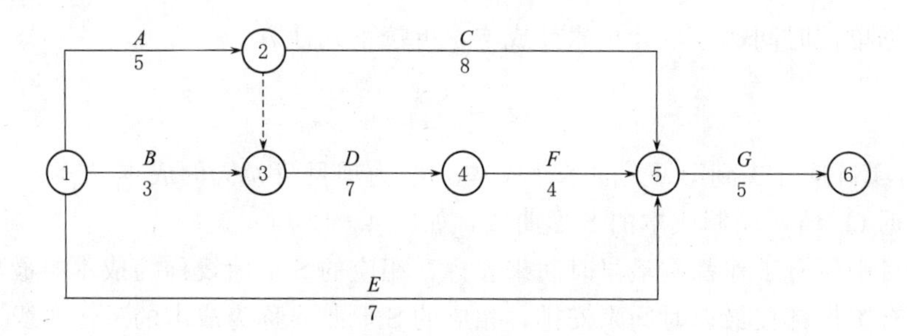

图 4-14　某公路工程施工项目双代号网络图（单位：d）

（1）计算工作最早时间和最迟时间。工作最早时间和最迟时间的计算方法参见第二章相关内容，计算结果见表 4-8。

表 4-8　　某公路工程施工项目工作时间参数的计算结果

工作名称	最早开始时间	最早完成时间	最迟开始时间	最迟完成时间
A	0	5	0	5
B	0	3	2	5
C	5	13	8	16
D	5	12	5	12
E	0	7	9	16
F	12	16	12	16
G	16	21	16	21

（2）绘制最早时间横道图，计算最早时间的项目成本，如图 4-15 所示。

（3）绘制最迟时间横道图，计算最迟时间的项目成本，如图 4-16 所示。

（4）计算最早时间和最迟时间的累计成本，并绘制相应的累计曲线。

项目成本的“香蕉”曲线如图 4-17 所示。最迟时间成本曲线应在最早时间成本曲线的右下方，两条曲线形成一条闭合的包络线。

工作名称	持续时间/d	时间/d																				
		1	2	3	4	5	6	7	8	9	10	11	12	13	14	15	16	17	18	19	20	21
A	5																					
B	3																					
C	8																					
D	7																					
E	7																					
F	4																					
G	5																					
成本/万元		14	14	14	10	10	19	19	13	13	13	13	13	13	4	4	4	6	6	6	6	6

图 4-15　最早时间横道图及项目成本

工作名称	持续时间/d	时间/d																				
		1	2	3	4	5	6	7	8	9	10	11	12	13	14	15	16	17	18	19	20	21
A	5																					
B	3																					
C	8																					
D	7																					
E	7																					
F	4																					
G	5																					
成本/万元		4	4	8	8	8	4	4	4	13	19	19	19	19	19	19	19	6	6	6	6	6

图 4-16　最迟时间横道图及项目成本

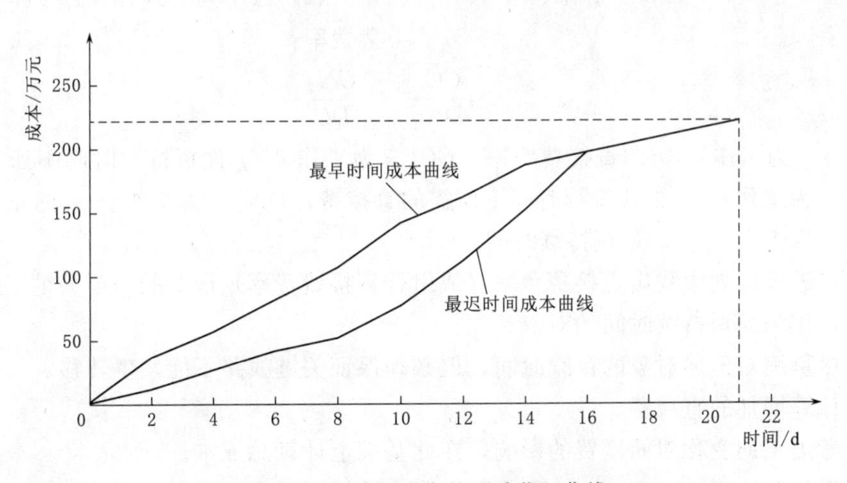

图 4-17　项目成本的“香蕉”曲线

4．组合分解

组合分解是指按照上述方式将项目成本进行分解，并组合在一起的方式。例如，项目同时按构成要素和组成分解，见表 4－9。

表 4－9　　项目成本组合分解

项目组成			成本构成要素			
			人工费	材料费	机械使用费	管理费
单位工程	分部工程 A	分项工程 1				
		分项工程 2				
	分部工程 B	分项工程 3				
		分项工程 4				
……						

二、项目成本优化

成本优化又称工期成本优化，是指寻求项目总成本最低时的工期安排。项目总成本是由直接费和间接费组成的，而直接费是由人工费、材料费、机械使用费等组成，间接费主要指管理费用。一般来说，直接费会随着工期的缩短而增加，间接费会随着工期的缩短而减少，故两者叠加，必有一个总成本最低所对应的工期，这就是成本优化所要寻求的目标。成本-工期曲线如图 4－18 所示。

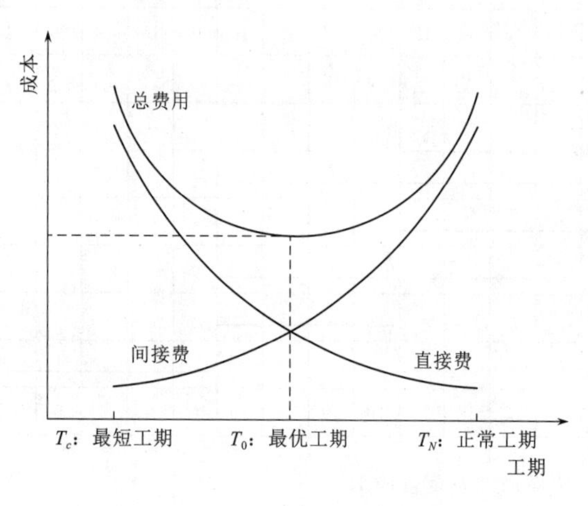

图 4－18　成本-工期曲线

1．成本优化步骤

（1）按工作正常持续时间找出关键工作及关键线路。

（2）按下列公式计算各项工作的直接费费率：

$$\Delta C_{i-j}=\frac{CC_{i-j}-CN_{i-j}}{DN_{i-j}-DC_{i-j}} \tag{4-20}$$

式中：ΔC_{i-j} 为工作 $i—j$ 的直接费费率；CC_{i-j} 为工作 $i—j$ 最短持续时间下所需的直接费；CN_{i-j} 为工作 $i—j$ 正常持续时间下所需的直接费；DN_{i-j} 为工作 $i—j$ 的正常持续时间；DC_{i-j} 为工作 $i—j$ 的最短持续时间。

（3）在进度计划中找出直接费费率（或组合直接费费率）最低的一项关键工作或一组关键工作，作为缩短持续时间的对象。

（4）尽量缩短上述对象的持续时间，但必须保证关键线路不能发生转移。

（5）计算增加的直接费。

（6）考虑工期变化对间接费的影响，在此基础上计算总成本。

（7）重复上述第（3）～（6）的步骤，一直计算到总成本最低为止。

2. 成本优化案例

【例 4-5】　已知某市政工程施工项目初始的双代号网络图如图 4-19 所示（成本单位为万元，时间单位为 d），图中箭线下方括号外数字为工作的正常持续时间，括号内数字为最短持续时间；箭线上方括号外数字为工作按正常持续时间完成时所需的直接费，括号内数字为工作按最短持续时间完成时所需的直接费。该工程的间接费费率为 0.8 万元/d，试对其进行成本优化。

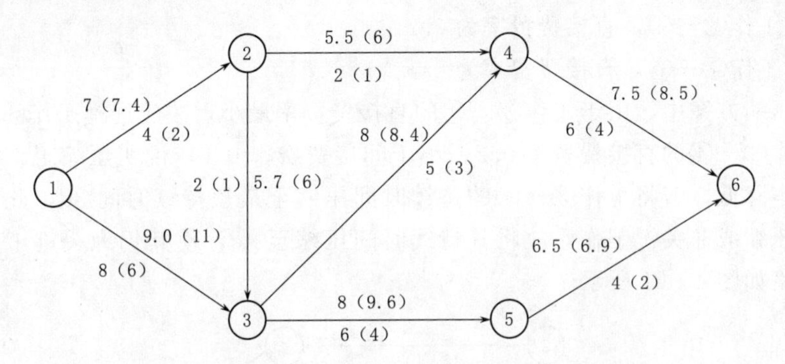

图 4-19　某市政工程施工项目初始的双代号网络图

(1) 根据各项工作的正常持续时间，确定网络图的计算工期和关键线路，如图 4-20 所示。计算工期为 19d，关键线路为①—③—④—⑥。

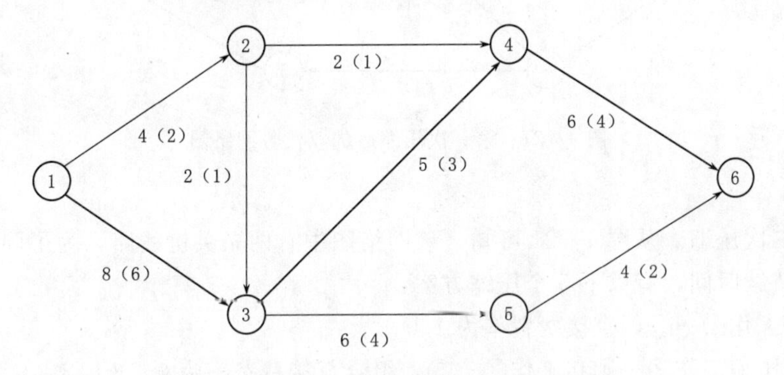

图 4-20　双代号网络图的关键线路和关键工作

(2) 计算各项工作的直接费费率：

$$\Delta C_{1-2}=\frac{CC_{1-2}-CN_{1-2}}{DN_{1-2}-DC_{1-2}}=\frac{7.4-7.0}{4-2}=0.2，\Delta C_{1-3}=\frac{CC_{1-3}-CN_{1-3}}{DN_{1-3}-DC_{1-3}}=\frac{11.0-9.0}{8-6}=1.0$$

$$\Delta C_{2-3}=\frac{CC_{2-3}-CN_{2-3}}{DN_{2-3}-DC_{2-3}}=\frac{6.0-5.7}{2-1}=0.3，\Delta C_{2-4}=\frac{CC_{2-4}-CN_{2-4}}{DN_{2-4}-DC_{2-4}}=\frac{6.0-5.5}{2-1}=0.5$$

$$\Delta C_{3-4}=\frac{CC_{3-4}-CN_{3-4}}{DN_{3-4}-DC_{3-4}}=\frac{8.4-8.0}{5-3}=0.2，\Delta C_{3-5}=\frac{CC_{3-5}-CN_{3-5}}{DN_{3-5}-DC_{3-5}}=\frac{9.6-8.0}{6-4}=0.8$$

$$\Delta C_{4-6}=\frac{CC_{4-6}-CN_{4-6}}{DN_{4-6}-DC_{4-6}}=\frac{8.5-7.5}{6-4}=0.5，\Delta C_{5-6}=\frac{CC_{5-6}-CN_{5-6}}{DN_{5-6}-DC_{5-6}}=\frac{6.9-6.5}{4-2}=0.2$$

(3) 计算项目的总成本。

1) 直接费总和 $C_D=7.0+9.0+5.7+5.5+8.0+8.0+7.5+6.5=57.2$(万元)。

2) 间接费总和 $C_I=0.8\times19=15.2$(万元)。

3) 项目的总成本 $C=C_D+C_I=57.2+15.2=72.4$(万元)。

(4) 第一次压缩。从图 4-20 可知，有以下 3 个压缩方案：

1) 压缩工作①—③，直接费费率为 1.0。

2) 压缩工作③—④，直接费费率为 0.2。

3) 压缩工作④—⑥，直接费费率为 0.5。

在上述压缩方案中，由于工作③—④的直接费费率最小，故应选择工作③—④作为压缩对象。工作③—④的直接费费率 0.2，小于间接费费率 0.8，说明压缩工作③—④可使项目的总成本降低。若将工作③—④的持续时间压缩至最短持续时间 3d，此时，关键工作③—④被压缩成非关键工作，故将其持续时间压缩至 4d，使其仍为关键工作。第一次压缩后的网络如图 4-21 所示。

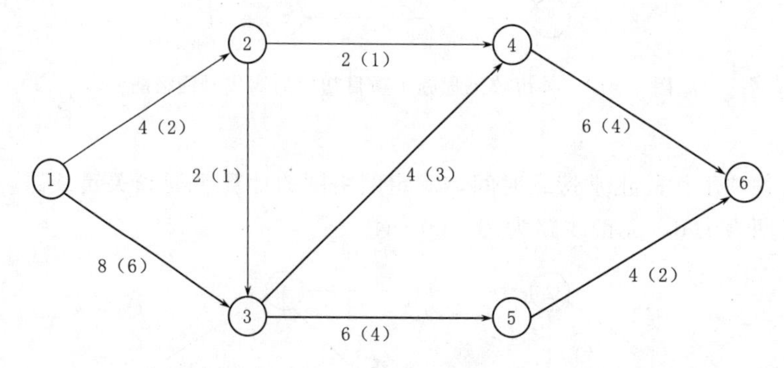

图 4-21　第一次压缩后的双代号网络图

(5) 第二次压缩。从图 4-21 可知，该网络图中有两条关键线路，为了同时缩短两条关键线路的持续时间，有以下 5 个压缩方案：

1) 压缩工作①—③，直接费费率为 1.0。

2) 同时压缩工作③—④和工作③—⑤，组合直接费费率为 $0.2+0.8=1.0$。

3) 同时压缩工作③—④和工作⑤—⑥，组合直接费费率为 $0.2+0.2=0.4$。

4) 同时压缩工作④—⑥和工作③—⑤，组合直接费费率为 $0.5+0.8=1.3$。

5) 同时压缩工作④—⑥和工作⑤—⑥，组合直接费费率为 $0.5+0.2=0.7$。

在上述压缩方案中，由于工作③—④和工作⑤—⑥的组合直接费费率最小，故应选择工作③—④和工作⑤—⑥作为压缩对象。工作③—④和工作⑤—⑥的组合直接费费率为 0.4，小于间接费费率 0.8，说明同时压缩工作③—④和工作⑤—⑥可使项目总成本降低。由于工作③—④的持续时间只能压缩 1d，所以工作⑤—⑥的持续时间也只能随之压缩 1d。第二次压缩后的网络图如图 4-22 所示。此时，关键工作③—④的持续时间已达最短，不能再压缩。

(6) 第三次压缩。从图 4-22 可知，由于工作③—④持续时间已压缩至最短，为了同时缩短两条关键线路的总持续时间，有以下3个压缩方案：

1）压缩工作①—③，直接费费率为1.0。

2）同时压缩工作④—⑥和工作③—⑤，组合直接费费率为0.5+0.8=1.3。

3）同时压缩工作④—⑥和工作⑤—⑥，组合直接费费率为0.5+0.2=0.7。

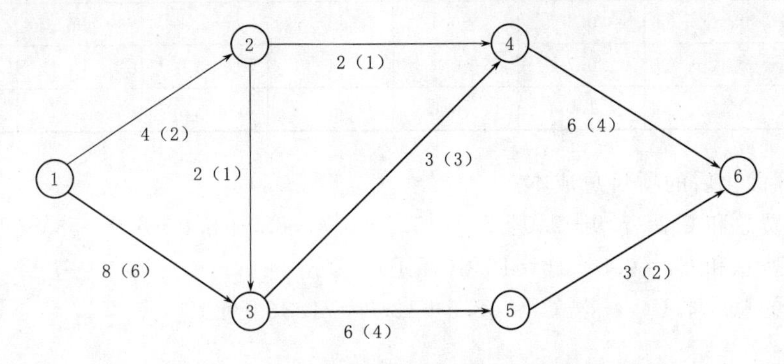

图4-22　第二次压缩后的双代号网络图

在上述压缩方案中，由于工作④—⑥和工作⑤—⑥的组合直接费费率最小，故应选择工作④—⑥和工作⑤—⑥作为压缩对象。工作④—⑥和工作⑤—⑥的组合直接费费率为0.7，小于间接费费率0.8，说明同时压缩工作④—⑥和工作⑤—⑥可使项目总成本降低。由于工作⑤—⑥的持续时间只能压缩1d，所以工作④—⑥的持续时间也只能随之压缩1d。第三次压缩后的双代号网络如图4-23所示。此时，关键工作⑤—⑥的持续时间已达最短，不能再压缩。

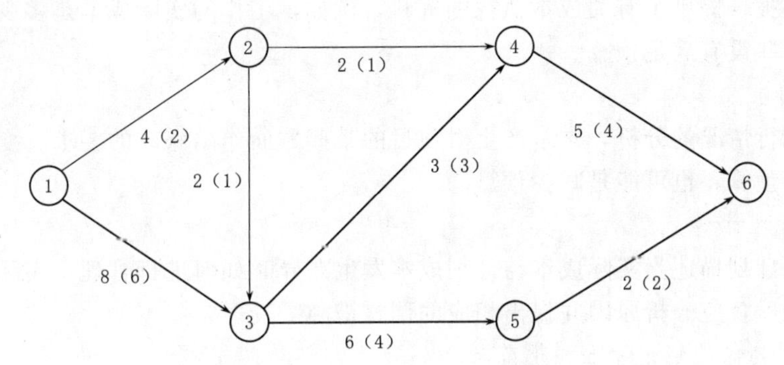

图4-23　第三次压缩后的双代号网络图

（7）第四次压缩。从图4-23可知，由于工作③—④和工作⑤—⑥持续时间已压缩至最短，为了同时缩短两条关键线路的总持续时间，有以下两个压缩方案：

1）压缩工作①—③，直接费用率为1.0。

2）同时压缩工作④—⑥和工作③—⑤，组合直接费费率为0.5+0.8=1.3。

在上述压缩方案中，由于工作①—③的直接费费率最小，故应选择工作①—③作为压缩对象。工作①—③的直接费费率为1.0，大于间接费费率0.8，说明压缩工作①—③会使项目总成本增加，因此不能压缩工作①—③。至此，优化结束，优化过程及结果见表4-10。

表 4-10　优化过程及结果表

压缩次数	压缩对象	直接费费率	费率差	缩短时间	费用增加	总工期/d	总费用/万元
0	—					19	72.4
1	③—④	0.2	−0.6	1	−0.6	18	71.8
2	③—④、⑤—⑥	0.4	−0.4	1	−0.4	17	71.4
3	④—⑥、⑤—⑥	0.7	−0.1	1	−0.1	16	71.3
4	①—③	1.0	+0.2	—			

（8）计算优化后的项目总成本。

1）直接费总和 $C_D=7.0+9.0+5.7+5.5+8.4+8.0+8.0+6.9=58.5$(万元)。

2）间接费总和 $C_I=0.8\times16=12.8$(万元)。

3）项目的总成本 $C=C_D+C_I=58.5+12.8=71.3$(万元)。

第四节　项目成本控制

一、项目成本控制的依据

1. 项目成本基准计划

项目成本可以按构成要素、项目组成、项目进度计划进行分解，形成三种成本基准计划。项目实际成本要与成本基准计划进行比较，发现偏差。

2. 项目执行情况报告

执行情况报告提供了有关成本执行的资料，例如，工作的实际成本是多少、哪些工作满足预算、哪些没有满足预算。

3. 变更请求

对项目执行情况的分析，常常产生对项目的某些方面作出修改的要求。变更请求既可能是要求增加预算，也可能是减少预算。

4. 成本管理计划

成本管理计划描述当实际成本与计划成本发生差异时如何进行管理。实际成本与计划成本产生偏差后，应分析原因并提出相应的调整措施。

5. 项目的其他计划、标准和规范

与项目有关的各种计划以及项目实施必须遵循的各种标准、规范也是项目成本控制的依据。

二、项目成本控制的方法

成本控制的方法技术很多，主要有成本分析表法、因素分析法、挣值分析法、价值工程等。

1. 成本分析表法

成本分析表法是通过比较各种成本项目的计划值与实际值，从而找出成本偏差的方法，见表 4-11。通过比较本月计划值和本月实际值的大小，可以发现当月的成本偏差。通过比较本月计划累计值和本月实际累计值的大小，可以发现累计的成本偏差。

表 4－11　　成 本 分 析 表　　单位：万元

序　号	成本项目名称	计　划　值		实　际　值	
		本月	累计	本月	累计
1	人工	200	2000	150	1900
2	材料				
…					
合计					

2. 因素分析法

因素分析法用来分析各种因素对成本的影响程度。首先计算初始的成本值，然后分析第一个因素发生变化后，成本是如何变化的；接着分析第二个因素也发生变化后，成本是如何变化的，依此类推，直至所有因素发生变化。下面结合例子介绍因素分析法的步骤。

【例 4－6】　某项目浇筑混凝土，预算成本为 1456000 元，实际成本为 1535040 元，比预算成本增加 79040 元。根据表 4－12 的资料，用因素分析法分析各种因素对成本的影响程度。

表 4－12　　项目成本的计划值与实际值

	计量单位	计划值	实际值	差　异
产量	m^3	1000	1040	40
单价	元/ m^3	1400	1440	40
损耗率	%	4	2.5	－1.5
成本	元	1456000	1535040	79040

（1）确定影响因素及与成本的关系。本例中影响成本的因素有产量、单价和损耗率三个因素。计划成本＝产量×单价×（1＋损耗率）＝1000×1400×（1＋4％）＝1456000（元）。

（2）按顺序逐步改变影响因素，并计算相应的成本。

1）第一次改变。产量因素以 1040 替代 1000，成本为：1040×1400×（1＋4％）＝1514240（元）。

2）第二次改变。单价因素以 1440 替代 1400，成本为：1040×1440×（1＋4％）＝1557504（元）。

3）第三次改变。损耗率因素以 2.5％替代 4％，成本为：1040×1440×（1＋2.5％）＝1535040（元）。

（3）计算差额。

1）第一次改变成本与计划成本的差额：1514240－1456000＝58240（元）。

2）第二次改变成本与第一次改变成本的差额：1557504－1514240＝43264（元）。

3）第三次改变成本与第二次改变成本的差额：1535040－1557504＝－22464（元）。

（4）结果分析。

1）由于产量增加使成本增加 58240 元。

2）由于单价提高使成本增加 43264 元。

3）由于损耗率降低使成本减少 22464 元。

4）各因素的影响程度之和为：58240＋43264－22464＝79040（元）。

必须说明在应用因素分析法时，各个因素的排列顺序应该固定不变，否则就会得出不同的计算结果，也会产生不同的结论。

3. 挣值分析法

（1）挣值分析的三个参数。

1）拟完工作预算成本（budgeted cost of work scheduled，BCWS）。BCWS 指项目实施到某一时间时应当完成的工作的预算成本。计算公式为

$$BCWS=计划工程量\times 预算单价$$

2）已完工作实际成本（actual cost of work performed，ACWP）。ACWP 指项目实施到某一时间时已完成的工作的实际成本。计算公式为

$$ACWP=实际工程量\times 实际单价$$

3）已完工作预算成本（budgeted cost of work performed，BCWP）。BCWP 指项目实施到某一时间时已完成的工作的预算成本。计算公式为

$$BCWP=实际工程量\times 预算单价$$

（2）挣值分析的两个偏差。

1）成本偏差（cost variance，CV）：

$$CV=BCWP-ACWP$$

CV 为正，表示成本节约；CV 为负，表示成本超支。

2）进度偏差（schedule variance，SV）：

$$SV=BCWP-BCWS$$

SV 为正，表示进度提前；SV 为负，表示进度拖后。

根据成本偏差和进度偏差的情况，可将项目的状态划分为四种情况，如图 4－24 所示。

挣值分析的三个参数及两个偏差之间的关系可通过曲线来表达，如图 4－25 所示。

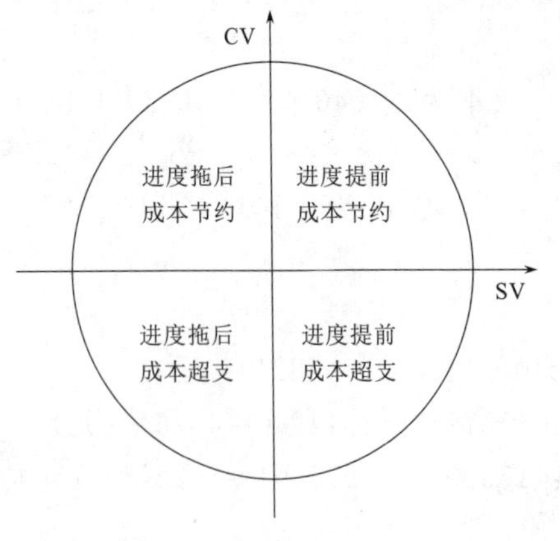

图 4－24　项目的四种状态

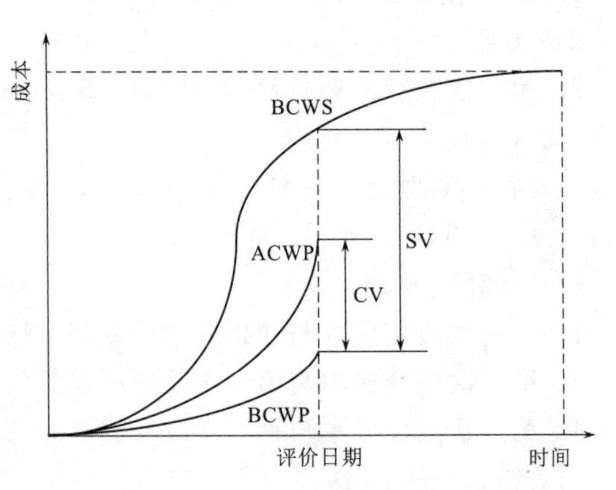

图 4－25　三个参数及两个偏差之间的关系

(3) 挣值分析的两个指数。

1) 成本绩效指数(cost performed index,CPI):

$$CPI = BCWP/ACWP \tag{4-21}$$

当CPI<1,表示成本超支;CPI>1,表示成本节约。

2) 进度绩效指数(schedule performed index,SPI):

$$SPI = BCWP/BCWS \tag{4-22}$$

当SPI<1,表示进度拖后;SPI>1,表示进度提前。

(4) 挣值分析的成本预测。完成项目时所需成本(estimate at completion,EAC)的计算公式分为以下两种情况:

1)EAC=ACWP+(BAC-BCWP),当项目组织认为现有偏差未来不可能发生时。 (4-23)

2)EAC=ACWP+(BAC-BCWP)/CPI,当项目组织认为现有偏差未来仍有可能发生时。 (4-24)

式中:BAC为项目的总预算。

【例4-7】 某项目包括8个工作,计划7个月完成,其计划时间及预算成本见表4-13。

表4-13 **项目计划时间及预算成本表**

工作	月份							成本/万元
	1	2	3	4	5	6	7	
A	300	300						600
B	90	180	180	180	90			720
C			60	60	30			150
D			240	120				360
E			60	120	120	60		360
F				180	360			540
G					30	60	30	120
H						90	90	180
合计	390	480	540	660	630	210	120	3030
累计	390	870	1410	2070	2700	2910	3030	

项目实施到第3月末,实际状况见表4-14。试计算进度偏差和成本偏差。

(1) 计算三个基本参数。项目实施到第3月末,任务的三个参数见表4-15。

(2) 计算两个偏差。

1) SV=BCWP-BCWS=1065-1410=-345。

2) CV=BCWP-ACWP=1065-1458=-393。

(3) 计算两个指数。

1) CPI=BCWP/ACWP=0.73。

2) SPI=BCWP/BCWS=0.76。

（4）判断项目状态。SV 为负，表示进度拖后；CV 为负，表示成本超支。

（5）成本预测。EAC＝ACWP＋（BAC－BCWP）/CPI＝1458＋（3030－1065）/0.73＝4150。

表 4－14　　第 3 月末项目实际状况

工　作	实际成本/万元	完成量/%
A	570	100
B	588	45
C	72	10
D	102	15
E	126	20
合计	1458	

表 4－15　第 3 月末 BCWS、BCWP 和 ACWP 值　　单位：万元

任　务	BCWS	ACWP	BCWP
A	600	570	600
B	450	588	324
C	60	72	15
D	240	102	54
E	60	126	72
合计	1410	1458	1065

【例 4－8】　某建设项目施工约定的工期为 8 个月，双代号时标网络如图 4－26 所示。各工作的计划工程量和预算单价见表 4－16。

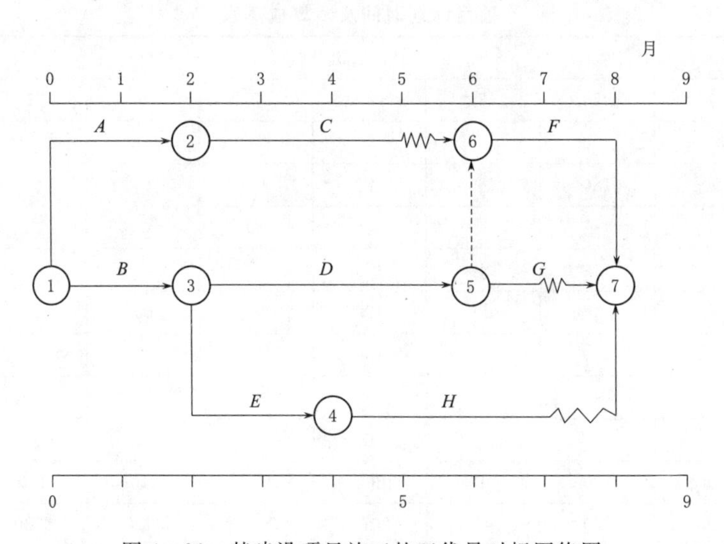

图 4－26　某建设项目施工的双代号时标网络图

表 4－16　　　　计划工程量和预算成本

工　　作	*A*	*B*	*C*	*D*	*E*	*F*	*G*	*H*
计划工程量/m^3	8600	9000	5400	10000	5200	6200	1000	3600
预算单价/（元/m^3）	10	20	15	10	11	16	20	30
预算成本/元	86000	180000	81000	100000	57200	99200	20000	108000

合同约定，工作的预算单价按价格指数进行调整，各月的价格指数见表 4－17。

表 4-17　　价格指数表

时　间	1月	2月	3月	4月	5月	6月	7月	8月	9月
价格指数/%	115	105	110	115	110	110	120	110	110

施工期间，由于建设单位原因使工作 H 的开始时间比计划的开始时间推迟 1 个月，并且由于工作 H 的工程量的增加使该工作的持续时间延长了 1 个月。各月的实际工程量见表 4-18。请列式计算 8 月末的成本偏差和进度偏差。

表 4-18　　各月实际工程量

工　作	A	B	C	D	E	F	G	H
实际工程量/m^3	8600	9000	5400	9200	5000	5800	1000	4800

（1）将工作每月计划工程量与预算单价相乘，得到每月计划预算成本；按月纵向汇总各工作的计划预算成本，得到工程每月计划预算成本；逐月累加得到工程累计计划预算成本（表 4-19）。表中 A 工作 1 月的计划预算成本为：4300×10＝43000（元），2 月的预算成本为：4300×10＝43000（元），其他工作的计划预算成本按同样的思路进行计算。

表 4-19　　项目各月计划预算成本及累计成本　　单位：元

工　作	1月	2月	3月	4月	5月	6月	7月	8月
A	43000	43000						
B	90000	90000						
C			27000	27000	27000			
D			25000	25000	25000	25000		
E			28600	28600				
F							49600	49600
G							20000	
H					36000	36000	36000	
合计/元	133000	133000	80600	80600	88000	61000	105600	49600
累计/元	133000	266000	346600	427200	515200	576200	681800	731400

（2）将工作每月实际工程量与实际单价相乘，得到每月实际成本；按月纵向汇总各工作的实际成本，得到工程每月实际成本；逐月累加得到工程累计实际成本（表 4-20）。表中 A 工作 1 月的实际成本为：4300×10×1.15＝49450（元），2 月的实际成本为：4300×10×1.05＝45150（元），其他工作的实际成本按同样的思路进行计算。

表 4-20　　项目各月实际成本及累计成本　　单位：元

工　作	1月	2月	3月	4月	5月	6月	7月	8月	9月
A	49450	45150							
B	103500	94500							
C			29700	31050	29700				

续表

工 作	1月	2月	3月	4月	5月	6月	7月	8月	9月
D			25300	26450	25300	25300			
E			30250	31625					
F							55680	51040	
G							24000		
H						39600	43200	39600	39600
合计/元	152950	139650	85250	89125	55000	64900	122880	90640	39600
累计/元	152950	292600	377850	466975	521975	586875	709755	800395	839995

（3）将工作每月实际工程量与预算单价相乘，得到每月实际预算成本；按月纵向汇总各工作的实际预算成本，得到工程每月实际预算成本；逐月累加得到工程累计实际预算成本（表 4－21）。表中工作 D 3—6 月的实际预算成本为：2300×10＝23000（元），其他工作的实际预算成本按同样的思路进行计算。

表 4－21　　项目各月实际预算成本及累计成本　　单位：元

工 作	1月	2月	3月	4月	5月	6月	7月	8月	9月
A	43000	43000							
B	90000	90000							
C			27000	27000	27000				
D			23000	23000	23000	23000			
E			27500	27500					
F							46400	46400	
G							20000		
H						36000	36000	36000	36000
合计	133000	133000	77500	77500	50000	59000	102400	82400	36000
累计	133000	266000	343500	421000	471000	530000	632400	714800	750800

（4）8 月末的成本偏差＝8 月末累计实际成本－8 月末实际预算成本＝800395－714800＝85595（元），成本超支。

8 月末的进度偏差＝8 月末累计计划预算成本－8 月末实际预算成本＝731400－714800＝16600（元），进度拖延。

4. 价值工程

价值工程（value engineering，VE）是以提高产品（或作业）价值为目的，通过有组织的创造性工作，寻求用最低的成本，可靠地实现所需功能的一种技术。所谓产品的价值是指产品（或作业）所具有的功能与获得该功能的成本的比值。即

$$V=\frac{F}{C} \tag{4-25}$$

式中：V 为产品(或作业）的价值；F 为产品(或作业）的功能；C 为产品(或作业）的成本。

（1）产品价值的计算与分析。

1）选择分析对象。对于产品来说，通常选择单价高或数量多且占比较大的若干零部件作为分析对象。

2）功能分析。功能分析是价值工程活动的核心和基本内容。按功能的重要程度，功能一般可分为基本功能和辅助功能两类。按用户的需求分类，功能可分为必要功能和不必要功能。通过功能分析，弄清零部件有哪些功能，哪些功能是必要的，哪些功能是不必要的。

3）计算零部件的功能成本。应将零部件的现实成本根据其拥有的功能进行分摊，从而确定出零部件的每一个功能成本，见表 4－22。

表 4－22　　**零部件的功能成本**　　单位：元

零部件			功能					
序号	名称	现实成本	F_1	F_2	F_3	F_4	F_5	F_6
1	A	300	100		100			100
2	B	500		50	150	200		100
3	C	60				40		20
4	D	100	50				50	
5	E	40					40	
成本合计		1000	150	50	250	240	90	220

4）计算各个功能的权重。首先将各个功能两两比较，相对重要的打 1 分，反之打 0 分；其次计算各个功能的得分，为防止某一个功能得分为 0，可在原得分基础上各加 1 分；最后用修正后的得分计算功能的权重。计算过程见表 4－23。

表 4－23　　**功能权重计算表**

功能	F_1	F_2	F_3	F_4	F_5	F_6	得分	修正分	功能权重
F_1	×	1	1	0	1	1	4	5	0.238
F_2	0	×	1	0	1	1	3	4	0.190
F_3	0	0	×	0	1	1	2	3	0.143
F_4	1	1	1	×	1	1	5	6	0.286
F_5	0	0	0	0	×	0	0	1	0.048
F_6	0	0	0	0	1	×	1	2	0.095
合　计							15	21	1.0

5）计算零部件的功能系数。一个零部件可能拥有多个功能，例如零部件 A 拥有 F_1、F_3 和 F_6 三个功能。一个零部件在某一个功能上的系数应等于功能成本与现实成本之比，再乘以该功能的权重，见表 4－24。零部件 A 在功能 F_1 上的系数为：（100÷300）×0.238＝0.079；零部件 A 在功能 F_2 上的系数为：（100÷300）×0.143＝0.048；零部件 A 在功能 F_3 上的系数为：（100÷300）×0.095＝0.032。将上述三个系数相加，就得到

零部件 A 的功能系数。其他零部件的功能系数采用同样的方法计算。

表 4-24　　零部件的功能系数

序号	名称	功能						功能系数	归一后的功能系数
		F_1	F_2	F_3	F_4	F_5	F_6		
1	A	0.079		0.048			0.032	0.159	0.207
2	B		0.019	0.043	0.114		0.019	0.195	0.255
3	C				0.191		0.032	0.222	0.290
4	D	0.119				0.024		0.143	0.186
5	E					0.048		0.048	0.063

6）计算零部件的成本系数。成本系数是指每个零部件的现实成本占所有零部件现实成本的比值。

7）计算零部件的价值。零部件的价值是指该零部件的功能系数与其成本系数之比。零部件价值的计算见表 4-25。

表 4-25　　零部件的价值

序　号	零部件	功能系数	成本系数	价值 V
1	A	0.207	0.300	0.690
2	B	0.255	0.500	0.510
3	C	0.290	0.060	4.833
4	D	0.186	0.100	1.860
5	E	0.063	0.040	1.575

8）根据零部件的价值提出改进措施。当 $V=1$ 时，表明零部件的功能与成本相当，这样的零部件不必再进行分析；当 $V>1$ 时，表明零部件的成本分配偏低，与其功能不平衡，这种情况下，应该首先分析是否存在过剩的功能，并予消除，否则应该适当增加成本；当 $V<1$ 时，表明零部件所分配的成本偏高或者功能太低，需要提出节约成本和（或）提高功能的措施。

（2）提高产品价值的途径。根据价值的计算公式可以得知，提高价值的途径有以下 5 种：

1）在提高产品功能的同时，降低产品成本。

2）在产品成本不变的条件下，提高产品的功能。

3）在产品功能不变的前提下，降低产品的成本。

4）产品功能有较大幅度提高，产品成本有较少提高。

5）产品功能略有下降，产品成本大幅度降低。

三、建设项目施工成本控制

建设项目施工成本控制主要侧重于工程计量、工程变更、索赔和工程价款结算等内容。

（一）工程计量

工程计量指按照合同约定的工程量计算规则、图纸及变更指示等对已完项目工程量的计算和确认。工程量计算规则应以相关的国家标准、行业标准等为依据，由合同当事人在专用合同条款中约定。

1. 工程计量的依据

计量依据一般有质量合格证书、工程量清单计价规范和技术规范中的“计量支付”条款和设计图纸。

（1）质量合格证书。对于承包商已完成的项目，并不是全部进行计量，而只是质量达到合同标准的已完成的项目才予以计量。即只有质量合格的项目才予以计量。

（2）工程量清单计价规范和技术规范中的“计量支付”条款规定了清单中每一项目的计量方法，同时还规定了每一项目所包括的工作内容和范围。

（3）设计图纸。承包商超出设计图纸范围增加的工程量和自身原因造成返工的工程量不予计量。

2. 工程计量的方法

（1）均摊法。所谓均摊法，就是对清单中某些项目的合同价款，按合同工期平均计量。例如，保养气象记录设备，每月发生的费用是相同的，如果合同工期为 20 个月，合同款为 20000 元，则每月计量支付的款额为 20000/20＝1000（元/月）。

（2）凭据法。所谓凭据法，就是按照承包商提供的凭据进行计量支付。例如，建筑工程险保险费、第三方责任险保险费、履约保证金等项目，一般按凭据法进行计量支付。

（3）估价法。所谓估价法，就是按合同文件的规定，根据工程师估算的价值支付。

（4）断面法。对于填筑土方工程，一般规定计量的体积为原地面线与设计断面所构成的体积。采用断面法计量，在开工前承包商需测绘出原地形的断面，并需经工程师检查，作为计量的依据。

（5）图纸法。在工程量清单中，许多项目采取按照设计图纸所示的尺寸进行计量。例如，混凝土构筑物的体积、钻孔桩的桩长等。

（二）工程变更

工程变更是指合同成立后，在尚未履行或尚未完全履行时，当事人双方依法经过协商，对合同内容进行修订或调整达成协议的行为。

1. 工程变更的范围

（1）增加或减少合同中任何工作，或追加额外的工作。

（2）取消合同中任何工作，但转由他人实施的工作除外。

（3）改变合同中任何工作的质量标准或其他特性。

（4）改变工程的基线、标高、位置和尺寸。

（5）改变工程的时间安排或实施顺序。

2. 工程变更的估价

因非承包人原因导致的工程变更，对应的综合单价按下列方法确定：

（1）已标价工程量清单或预算书有相同项目的，按照相同项目单价认定。

(2) 已标价工程量清单或预算书中无相同项目，但有类似项目的，参照类似项目的单价认定。

(3) 变更导致实际完成的变更工程量与已标价工程量清单或预算书中列明的该项目工程量的变化幅度超过15%的，或已标价工程量清单或预算书中无相同项目及类似项目单价的，按照合理的成本与利润构成的原则，由合同当事人协商确定变更工作的单价。

(三) 索赔

索赔是在合同履行中，当事人一方由于另一方未履行合同所规定的义务而遭受损失时，向另一方提出赔偿要求的行为。索赔是双向的，既包括承包人向发包人的索赔，也包括发包人向承包人的索赔。工程实践中，发包人向承包人的索赔处理更方便，可以通过冲账、扣拨工程款、扣保证金等实现对承包人的索赔，而承包人对发包人的索赔则比较困难一些。

1. 索赔的分类

(1) 按索赔的依据分类。

1) 合同中明示的索赔。合同中明示的索赔是指承包人所提出的索赔要求，在合同文件中有文字依据，承包人可以据此提出索赔要求，并取得经济补偿。这些在合同文件中有文字规定的合同条款，称为明示条款。

2) 合同中默示的索赔。合同中默示的索赔，即承包人的该项索赔要求，虽然在合同条款中没有专门的文字叙述，但可以根据该合同的某些条款的含义，推断出承包人有索赔权。这种索赔要求同样有法律效力，有权得到相应的经济补偿。这种有经济补偿含义的条款，被称为“默示条款”或称为“隐含条款”。

(2) 按索赔的目的分类。

1) 工期索赔。由于非承包人责任的原因而导致施工进度延误，承包人要求顺延合同工期的索赔，称之为工期索赔。一旦工期索赔获得批准，合同工期应相应顺延。

2) 费用索赔。费用索赔的目的是要求经济补偿。当施工的客观条件改变导致承包人增加开支，要求对超出计划成本的附加开支给予补偿，以挽回不应由他承担的经济损失。

2. 工期索赔的计算

(1) 工期索赔中应当注意的问题。

1) 划清施工进度拖延的责任。因承包人的原因造成施工进度滞后，属于不可原谅的延期；只有承包人不应承担任何责任的延误，才是可原谅的延期。可原谅延期又可细分为可原谅并给予补偿费用的延期和可原谅但不给予补偿费用的延期。有时工期延期的原因中可能包含有双方责任，此时工程师应进行详细分析，分清责任比例，只有可原谅延期部分才能批准顺延合同工期。

2) 被延误的工作应是处于施工进度计划关键线路上的工作。位于关键线路上的工作进度滞后，会影响到竣工日期。另外，位于非关键线路上的工作拖延的时间超过了其总时差，也会影响到总工期。

(2) 工期索赔的计算方法。

1) 网络分析法。如果延误的工作为关键工作，则总延误的时间为批准顺延的工期；如果延误的工作为非关键工作，当该工作延误时间超过总时差而成为关键工作时，则总延误时间为该工作延误时间与其总时差的差值；若该工作延误后仍为非关键工作，则不存在工期索赔问题。

【例4-9】 某工程项目施工的双代号网络如图4-27所示，总工期为32周，在实施过程中发生了延误，工作②—④由原来的6周延至7周，工作③—⑤由原来的4周延至5周，工作④—⑥由原来的5周延至9周，其中工作②—④的延误是因承包商自身原因造成的，其余均由非承包商原因造成。

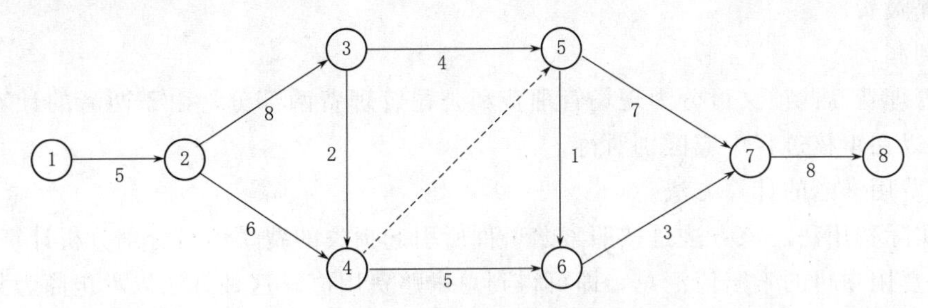

图4-27 某工程项目施工的双代号网络图

将延误后的持续时间代入原网络图，即得到工程实际网络图，如图4-28所示。比较图4-27和图4-28，可以发现实际总工期变为35周，延误了3周。承包商责任造成的延误不在关键线路上，因此，承包商可以向业主要求延长工期3周。

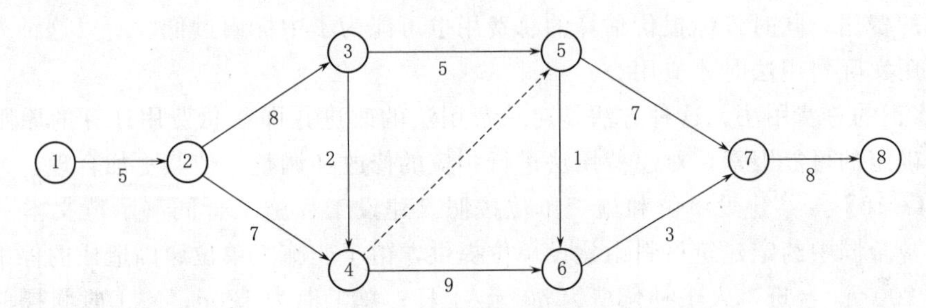

图4-28 某工程项目施工实际双代号网络图

2）比例计算法。如果某干扰事件仅仅影响某单项工程、单位工程或分部分项工程的工期，要分析其对总工期的影响，可以采用比例分析法。采用比例分析法时，可以按工程量的比例进行分析。例如：某工程基础施工中出现了意外情况，导致工程量由原来的$2800m^3$增加到$3500m^3$，原定工期是40d，则承包商可以提出的工期索赔值是

$$工期索赔值=原工期\times\frac{新增工程量}{原工程量}=40\times\frac{700}{2800}=10(\mathrm{d})$$

比例计算法简单方便，但有时不尽符合实际情况，比例计算法不适用于变更施工顺序、加速施工、删减工程量等事件的索赔。

3. 费用索赔的计算

（1）可索赔的费用。

1）人工费。包括增加工作内容的人工费、停工损失费和工作效率降低的损失费等累计，但不能简单地用计日工费计算。

2）设备费。可采用机械台班费、机械折旧费、设备租赁费等几种形式。

3）材料费。

4）保函手续费。工程延期时，保函手续费相应增加，反之，取消部分工程且发包人与承包人达成提前竣工协议时，承包人的保函金额相应折减，则计入合同价内的保函手续费也应扣减。

5）贷款利息。

6）保险费。

7）利润。

8）管理费。此项又可分为现场管理费和公司管理费两部分，由于两者的计算方法不一样，所以在审核过程中应区别对待。

（2）费用索赔的计算方法。

1）实际费用法。该方法是按照索赔事件所引起损失的费用项目分别分析计算索赔值，然后将各费用项目的索赔值汇总，即可得到总索赔费用值。这种方法以承包商为某项索赔工作所支付的实际开支为依据，但仅限于由于索赔事项引起的、超过原计划的费用，故也称额外成本法。在这种计算方法中，需要注意的是不要遗漏费用项目。

2）总费用法。总费用法就是当发生多次索赔事件以后，重新计算该工程的实际总费用，实际总费用减去投标报价时的估算总费用，即为索赔金额。不少人对采用该方法计算索赔费用持批评态度，因为实际发生的总费用中可能包括了承包商的原因，如施工组织不善而增加的费用；同时投标报价估算的总费用也可能为了中标而过低。所以这种方法只有在难以采用实际费用法时才应用。

3）修正的总费用法。这种方法是对总费用法的改进，即在总费用计算的原则上，去掉一些不确定的可能因素，对总费用法进行相应的修改和调整，使其更加合理。

【例 4-10】　某建设单位和施工单位按照《建设工程施工合同（示范文本）》签订了施工合同，合同中约定建筑材料由建设单位提供，由于非施工单位原因造成的停工，机械补偿费为 200 元/台班，人工补偿费为 50 元/工日；总工期为 120d；竣工时间提前奖励为 3000 元/d，误期损失赔偿费为 5000 元/d。经项目监理机构批准的施工进度计划如图 4-29 所示。

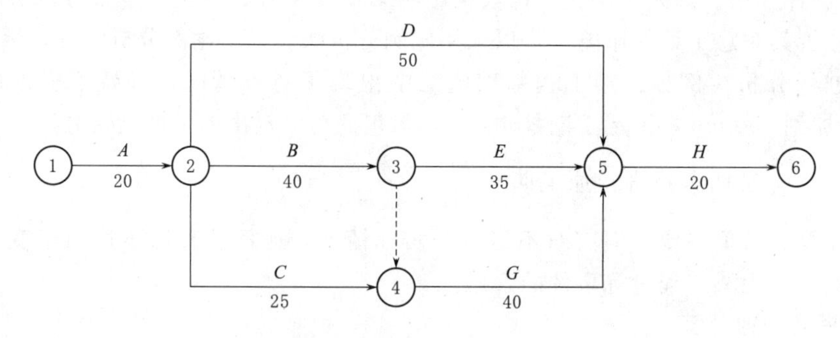

图 4-29　施工进度计划（单位：d）

施工过程中发生如下事件：①由于建设单位要求对工作 *B* 的施工图纸进行修改，致使工作 *B* 停工 3d（每停 1d 影响 30 工日，10 台班）；②由于机械租赁单位调度的原因，施工机械未能按时进场，使工作 C 的施工暂停 5d（每停 1d 影响 40 工日、10 台班）；③由于建设单位负责供应的材料未能按计划到场，工作 E 停工 6d（每停 1d 影响 20 工日、5 台班）。请逐项说明上述事件中施工单位能否得到工期延长和停工损失补偿。

（1）工作 B 停工 3d，应批准工期延长 3d，因属建设单位原因且工作 B 处在关键线路上；费用可以索赔，应补偿停工损失＝3×30×50＋3×10×200＝10500（元）。

（2）工作 C 停工 5d，工期索赔不予批准，停工损失不予补偿，因属施工单位原因。

（3）工作 E 停工 6d，应批准工期延长 1d，该停工虽属建设单位原因，但工作 E 有 5d 总时差，停工使总工期延长 1d；费用可以索赔，应补偿停工损失＝6×20×50＋6×5×200＝12000（元）。

（四）工程价款结算

1. 工程价款结算的方式

所谓工程价款结算是指施工企业在工程实施过程中，按照承包合同的规定完成一定的工作内容并经验收质量合格后，向建设单位（业主）收取工程价款的一项经济活动。价款结算包括预付款的支付、中间结算（进度款结算）、工程保留金的预留及竣工结算等。对承包商而言，及时地结算工程价款，有利于偿还债务，也有利于资金的回笼，降低企业运营成本。

工程价款结算在项目施工中通常需要发生多次，一直到整个项目全部竣工验收。我国现行工程价款结算根据不同情况，可采取多种方式。

（1）按月结算与支付。即实行按月支付进度款，竣工后清算的办法。若合同工期在两个年度以上的工程，在年终进行工程盘点，办理年度结算。目前，我国建筑安装工程项目中，大部分是采用这种按月结算办法。

（2）分段结算与支付。对当年开工、当年不能竣工的工程按照工程形象进度，划分不同阶段支付工程进度款。具体划分要在合同中明确。分段结算可以按月预支工程款。

（3）竣工后一次结算。当建设项目或单项工程全部建筑安装工程建设期在 12 个月以内，或者工程承包合同价值在 100 万元以下的，可以实行工程价款每月月中预支，竣工后一次结算。

2. 工程价款结算的依据

编制结算必须有翔实有效的编制依据，包括以下几个方面：

（1）发包方与承包方签订的具有法律效力的工程合同和补充协议。

（2）国家及上级有关主管部门颁发的有关工程造价的政策性文件及相关规定和标准。

（3）按国家规定定额及相关取费标准结算的工程项目，应依据施工图预算、设计变更技术核定单和现场用工用料、机械费用的签证，合同中有关违约索赔规定等。

（4）实行招投标的工程项目，以中标价为结算主要依据的，如发生中标范围以外的工作内容，则依据双方约定结算方式进行结算。

3. 工程预付款的支付与扣回

工程预付款是指建设工程施工合同订立后，由发包人按照合同约定，在正式开工前预先支付给承包人的工程款。它是施工准备和所需要材料、结构件等流动资金的主要来源，国内习惯上又称为预付备料款。

（1）预付款的支付。

1）预付款的额度。各地区、各部门对工程预付款额度的规定不完全相同，主要是保证施工所需材料和构件的正常储备。工程预付款额度一般是根据施工工期、建安工作量、主要材料和构件费用占建安工程费的比例以及材料储备周期等因素经测算来确定。根据《建设工程价款结算暂行办法》（财建〔2004〕369号）的规定，包工包料的工程预付款的比例原则上不低于合同金额的10%，不高于合同金额的30%。

2）预付款的支付时间。发包人应在双方签订合同后的一个月内或不迟于约定开工日期前7d内预付工程款。

（2）预付款的扣回。发包人支付给承包人的工程预付款属于预支性质，随着工程的逐步实施后，原已支付的预付款应以充抵工程价款的方式陆续扣回，抵扣方式应当由双方当事人在合同中明确约定。一般是在承包人完成金额累计达到合同总价的一定比例后，由承包人开始向发包人还款，发包方从每次应付给承包人的金额中按比例逐步扣回工程预付款，当然，发包人至少应在合同规定的完工期前将全部工程预付款扣回。

（3）预付款的担保。预付款担保是指承包人与发包人签订合同后领取预付款前，承包人正确、合理使用发包人支付的预付款而提供的担保。预付款担保的主要形式为银行保函。预付款担保的担保金额通常与发包人的预付款是等值的。预付款担保也可以采用发承包双方约定的其他形式，如由担保公司提供担保，或采取抵押等担保形式。

4. 期中支付

合同价款的期中支付，是指发包人在合同工程施工过程中，按照合同约定对付款周期内承包人完成的合同价款给予支付的款项，也就是工程进度款的结算支付。发承包双方应按照合同约定的时间、程序和方法，根据工程计量结果，办理期中价款结算，支付进度款。进度款支付周期，应与合同约定的工程计量周期一致。

（1）已完工程的结算价款。已标价工程量清单中的单价项目，承包人应按工程计量确认的工程量与综合单价计算。如综合单价发生调整的，以发承包双方确认调整的综合单价计算进度款。

已标价工程量清单中的总价项目，承包人应按合同中约定的进度款支付分解，分别列入进度款支付申请中的安全文明施工费和本周期应支付的总价项目的金额中。

（2）结算价款的调整。承包人现场签证和得到发包人确认的索赔金额列入本周期应增加的金额中。由发包人提供的材料、工程设备金额，应按照发包人签约提供的单价和数量从进度款支付中扣出，列入本周期应扣减的金额中。

5. 竣工结算

工程竣工结算是指工程项目完工并经竣工验收合格后，发承包双方按照施工合同的约定对所完成的工程项目进行的工程价款的计算、调整和确认。

（1）承包人提交竣工结算文件。合同工程完工后，承包人应在经发承包双方确认的合同工程期中价款结算的基础上汇总编制完成竣工结算文件，并在提交竣工验收申请的同时向发包人提交竣工结算文件。

（2）发包人核对竣工结算文件。发包人应在收到承包人提交的竣工结算文件后的28d内核对。工程竣工结算文件经发承包双方签字确认的，应当作为工程结算的依据。

(3) 承包人提交竣工结算款支付申请。承包人应根据办理的竣工结算文件，向发包人提交竣工结算款支付申请。该申请应包括下列内容：

1) 竣工结算合同价款总额。

2) 累计已实际支付的合同价款。

3) 应扣留的质量保证金。

4) 实际应支付的竣工结算款金额。

(4) 发包人签发竣工结算支付证书。发包人应在收到承包人提交竣工结算款支付申请后7d内予以核实，向承包人签发竣工结算支付证书。

(5) 支付竣工结算款。发包人签发竣工结算支付证书后的14d内，按照竣工结算支付证书列明的金额向承包人支付结算款。

6. 最终结清

所谓最终结清，是指合同约定的缺陷责任期终止后，承包人已按合同规定完成全部剩余工作且质量合格的，发包人与承包人结清全部剩余款项的活动。

(1) 最终结清申请单。缺陷责任期终止后，承包人已按合同规定完成全部剩余工作且质量合格的，发包人签发缺陷责任期终止证书，承包人可按合同约定的份数和期限向发包人提交最终结清申请单，并提供相关证明材料，详细说明承包人根据合同规定已经完成的全部工程价款金额以及承包人认为根据合同规定应进一步支付的其他款项。

(2) 最终支付证书。发包人收到承包人提交的最终结清申请单后的规定时间内予以核实，向承包人签发最终支付证书。

(3) 最终结清付款。发包人应在签发最终结清支付证书后的规定时间内，按照最终结清支付证书列明的金额向承包人支付最终结清款。

复习思考题

1. 简述项目成本的构成。

2. 影响项目成本的因素有哪些？

3. 估算项目成本的方法有哪些？

4. 简述可研阶段投资估算的编制步骤。

5. 如何编制项目成本的基准计划？

6. 某市高新技术开发区拟开发建设集科研和办公于一体的综合大楼，其主体结构型式设计方案如下：

(1) A方案：结构方案为大柱网框架剪力墙轻墙体系，采用预应力大跨度叠合楼板，墙体材料采用多孔砖及移动式可拆装式分室隔墙，窗户采用中空玻璃断桥铝合金窗，面积利用系数为93%，单方造价为1438元/m^2。

(2) B方案：结构方案同A方案，墙体采用内浇外砌，窗户采用双层玻璃塑钢门窗，面积利用系数为87%，单方造价为1108元/m^2。

(3) C方案：结构方案采用框架结构，采用全现浇楼板，墙体材料采用标准黏土砖，窗户采用双玻铝合金窗，面积利用系数为79%，单方造价方1082元/m^2。

各方案功能权重及功能得分见表 4－26，试应用价值工程方法选择最优设计方案。

表 4－26　　**复习思考题 6 表**

功能项目	功能权重	各方案功能得分		
		A	B	C
结构体系	0.25	10	10	8
楼板类型	0.05	10	10	9
墙体材料	0.25	8	9	7
面积系数	0.35	9	8	7
窗户类型	0.10	9	7	8

7. 某项目承包人与发包人签订了施工承包合同。合同工期为 22d；工期每提前或拖延 1d，奖励（或罚款）600 元。按发包人要求，承包人在开工前递交了一份施工方案和施工进度计划并获批准，如图 4－30 所示。

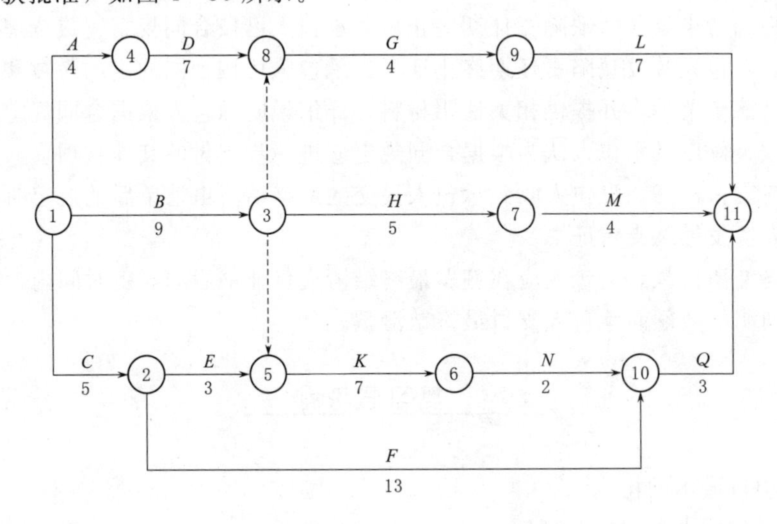

图 4－30　复习思考题 7 图

根据图 4－30 所示的计划安排，工作 A、K、Q 要使用同一种施工机械，而承包人可供使用的该种机械只有 1 台。在工程施工中，由于发包人负责提供的材料及设计图纸原因，致使工作 C 的持续时间延长了 3d；由于承包人的机械设备原因，致使工作 N 的持续时间延长了 2d。在该工程竣工前 1d，承包人向发包人提交了工期和费用索赔申请。

问题：承包人可得到的合理的工期索赔为多少天？假设该种机械闲置台班费用补偿标准为 280 元/d，则承包人可得到的合理的费用追加额为多少元？

8. 某工程计划进度与实际进度如图 4－31 所示。图 4－31 中粗实线表示计划进度（进度线上方的数据为每周计划投资），虚线表示实际进度（进度线上方的数据为每周实际投资），假定各分项工程每周计划进度与实际进度均为匀速进度，而且各分项工程实际完成总工程量与计划完成总工程量相等。试分析第 6 周末和第 10 周末的投资偏差和进度偏差。

工作	时间/周											
	1	2	3	4	5	6	7	8	9	10	11	12
A	5	5	5									
	5	5	5									
B		4	4	4	4	4						
			4	4	4	3	3					
C				9	8	7	7					
						5	5	5	5			
D						9	8	7	7			
							4	4	4	5	5	
E								3	3	3		
										3	3	3

图 4-31 复习思考题 8 图

第四章课件

第五章　项目质量计划与控制

第一节　项目质量及影响因素

一、质量与项目质量

1. 质量

质量是指一组固有特性满足要求的程度。上述定义可以从以下几个方面去理解：

（1）质量可以是过程的质量，也可以是产品的质量。过程是指一组将输入转化为输出的相互关联或相互作用的活动。产品是过程的结果，产品通常有四种类别：服务、软件、硬件、流程性材料（如润滑油、燃料）。

（2）特性是指可区分的特征，包括物理特性、功能特性、感官特性、时间特性等。特性可以区分为固有的特性和赋予的特性。固有的特性是指与生俱来的、本来就有的，如螺栓的直径、重量。赋予的特性是指不是本来就有的，而是后来增加的特性，如螺栓的价格、螺栓的供货时间。

（3）要求是指明示的（如合同、技术规范、图纸等的要求）、通常隐含的（如惯例、一般的做法等的要求）或必须履行的（如法律、法规等的要求）需要和期望。要求不相同，意味着质量水准不相同。

（4）顾客和其他相关方的要求是动态的、发展的。顾客和其他相关方的要求会随着时间、地点、环境的变化而变化，如随着技术的发展、生活水平的提高，人们对产品、过程会提出新的要求。

2. 项目质量

项目的交付物也是一种产品，例如软件开发项目的交付物是软件，建设工程的交付物是工程实体（建筑物）。因此，项目质量与上述质量的概念并无本质上的差别，也包括过程的质量和产品的质量。项目是应业主的要求来进行的，其质量要求一般反映在项目合同中。因此，项目质量除必须符合有关标准和法规外，还必须满足项目合同条款的要求，项目合同是进行项目质量控制的主要依据之一。

二、项目质量的形成过程

项目质量的形成过程一般包括四个阶段：启动阶段、规划阶段、实施阶段和验收阶段。质量形成阶段及各阶段的质量任务如图 5－1 所示。

（1）启动阶段。通过对各种可能的初步方案和项目投产后的经济效益、社会效益和环境效益等进行技术经济分析论证，确定项目的必要性和可行性，此阶段是确定质量要求和质量目标的阶段。

（2）规划阶段。根据已确定的初步方案，进一步进行构思、设计，最后形成设计说明书和图纸等相关文件，此阶段是使质量要求和目标具体化的阶段。

（3）实施阶段。实施阶段是实现设计意图、形成项目产品的阶段。

（4）验收阶段。验收阶段是考核项目质量是否达到设计要求、是否符合质量目标的阶段。

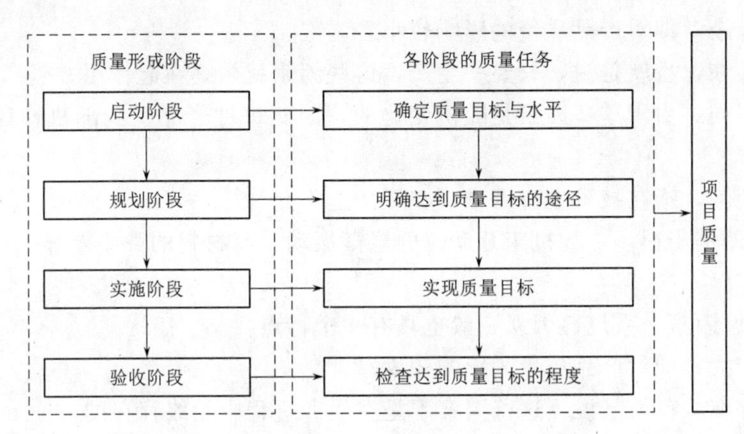

图 5-1　质量形成阶段及各阶段的质量任务

三、影响项目质量的因素

1. 按来源分类

按来源可以分为人（man）、材料（material）、机械（machine）、方法（method）和环境（enviroment）五个因素，简称 4M1E。

（1）人员。人员素质指人的文化程度、技术水平、劳动态度、质量意识和身体状况等。人是生产经营活动的主体，也是项目建设的决策者、管理者、操作者，其素质的高低都将直接或间接地影响决策、设计和实施的质量。

（2）材料。材料泛指各类原材料、构配件、半成品等。材料选型是否合理、材质是否合格、保管是否得当等，都将直接影响到建设工程的结构强度与刚度，影响工程外表及观感，影响工程的使用功能和使用安全。

（3）机械。机械设备可分为两类：一类是指组成工程实体的各类设备和机具，如电梯、泵机、通风设备等；另一类是指施工过程中使用的各类机械，如土方开挖机械，它们是施工生产的手段。施工机械的类型是否符合工程施工特点，性能是否先进稳定，操作是否方便安全等，都将会影响建设工程的质量。

（4）方法。方法指工艺方法、操作方法和施工方案等。在建设工程施工中，施工方案是否合理，施工工艺是否先进，都将对建设工程质量产生重大的影响。施工中大力推进采用新技术、新工艺、新方法，是保证建设工程质量稳步提高的重要手段。

（5）环境。环境指生产现场的温度、湿度、噪声干扰、振动、照明等。环境条件往往对建设工程质量产生特定的影响。例如降雨会增加土的含水率，从而影响土的压实质量。

2. 按特点分类

按特点可以分为随机性因素和系统性因素两大类。系统性因素与随机性因素相比，系统性因素对产品质量影响较大，同时也易于消除，因此，在生产过程中，要特别注意对系统性因素的防范，一旦产品质量出现异常波动，就要尽快找出其系统性因素，并采取措施加以排除。

（1）随机性因素。随机性因素一般具有4个特点：

1）影响较小，即对产品质量的影响较小。

2）始终存在，也就是说，只要一生产，这些因素就始终在起作用。

3）影响不同，由于这些因素是随机变化的，因此每件产品受到随机性因素的影响是不同的。

4）不易消除，指在技术上有困难或在经济上不允许。

随机因素的例子很多，如机床开动时的轻微振动、原材料的微小差异、操作的微小差别等。

（2）系统性因素。系统性因素一般也具有4个特点：

1）影响较大，即对产品质量的影响较大。

2）有时存在，也就是说，这些因素不是在生产过程中始终存在的。

3）影响相同，每件产品受到这些因素的影响是相同的。

4）易于消除，指这些因素在技术上不难识别和消除，而在经济上也往往是允许的。

系统性因素的例子也很多，如固定机床的螺母松动造成机床的较大振动、刀具的严重磨损、违反规程的错误操作等。

四、质量数据及分布

质量数据是指对产品的某种质量特性进行的检查、试验、化验所得到的量化结果。

1. 质量数据的分类

按质量数据的本身特征分类，可以将质量数据分为计量值数据和计数值数据两种。

（1）计量值数据。计量值数据是指可以连续取值的数据，或者说可以用测量工具具体测量出小数点以下数值的数据，如重量1.25kg、长度10.35cm、抗压强度12.78MPa等。

（2）计数值数据。计数值数据是指只能计数、不能连续取值的数据。如废品的个数、合格的分项工程数、出勤的人数等。计数值数据又可分为计件值数据和计点值数据。计件值数据用来表示具有某一质量标准的产品个数，如总体中合格品数，而计点值数据往往表示个体上的缺陷数、质量问题点数等，如布匹上的疵点数、铸件上的砂眼数等。

2. 质量数据的特征值

质量数据的特征值是由样本数据计算出来的描述样本质量波动规律的指标，常用的有描述数据分布集中趋势的算术平均数、中位数和描述数据分布离散趋势的极差、标准偏差、变异系数等。

（1）样本算术平均数。样本算术平均数又称样本均值，一般用$\overline{x}$表示，其计算公式为

$$\overline{x}=\frac{1}{n}(x_1+x_2+\cdots+x_i+\cdots+x_n) \tag{5-1}$$

式中：n为样本容量；x_i为样本中第i个样品的质量特性值。

（2）样本中位数。样本中位数是将样本数据按数值大小顺序排列后，位置居中的数

值，用 $\tilde{x}$ 表示。当样本数 n 为奇数时，位置居中的一位数即为中位数；当样本数 n 为偶数时，取居中两个数的平均值作为中位数。

（3）极差。极差是一组数据中最大值 $x_{\max}$ 与最小值 $x_{\min}$ 的差值，用 R 表示。其计算公式如下：

$$R = x_{\max} - x_{\text{mix}} \tag{5-2}$$

R 反映了这组数据分布的离散程度。

（4）样本标准偏差。样本标准偏差用来衡量数据偏离算术平均值的程度。标准偏差越小，说明这些数据偏离平均值就越少，反之亦然。样本标准差用 S 表示。其计算公式为

$$S = \sqrt{\frac{1}{n-1}\sum_{i=1}^{n}(x_i - \overline{x})^2} \tag{5-3}$$

在样本容量较大（$n \geqslant 50$）时，上式中的分母（$n-1$）可简化为 n。样本的标准偏差 S 是总体标准差的无偏估计。

（5）变异系数。变异系数又称离散系数，是用标准差除以算术平均数得到的相对数，用 C_V 表示。它表示数据的相对离散波动程度。变异系数小，说明数据分布集中程度高，离散程度小。其计算公式为

$$C_V = \frac{S}{\overline{x}} \times 100\% \tag{5-4}$$

【例 5-1】　从一批产品中随机抽取 5 个产品测其重量，其数据分别为 10.3、9.5、9.6、10.1、10.5，试计算特征参数。

（1）样本算术平均数：

$$\overline{x} = \frac{1}{5} \times (10.3 + 9.5 + 9.6 + 10.1 + 10.5) = 10.0$$

（2）样本中位数。将上述 5 个数据按从大到小排序，得到 10.5、10.3、10.1、9.6、9.5。位置居中的数据为 10.1，即样本中位数为 10.1。

（3）极差。上述 5 个数据的最大值为 10.5，最小值为 9.5，极差 $R=10.5-9.5=1$。

（4）样本标准偏差：

$$S = \sqrt{\frac{1}{n-1}\sum_{i=1}^{n}(x_i - \overline{x})^2} = \sqrt{\frac{1}{5-1}\sum_{i=1}^{4}(x_i - 10)^2} = 0.435$$

（5）变异系数：

$$C_V = \frac{S}{\overline{x}} \times 100\% = \frac{0.435}{10} = 0.0435$$

3. 质量数据的分布规律

任何质量数据都具有分散性，但在正常条件下，质量数据的分布却具有一定的规律性。数理统计证明，在正常情况下，计量值数据服从正态分布，计件值数据服从二项分布，计点值数据服从泊松分布。

（1）正态分布。当随机变量 X 服从正态分布时，记作 $X \sim N(\mu, \sigma^2)$。正态分布的数学期望 $E(X)$ 和方差 $D(X)$ 分别为

$$E(X)=\mu$$
$$D(X)=\sigma^2$$

式中：μ 为均值；σ^2 为方差；σ 为标准差。

正态分布概率密度函数曲线如图 5-2 所示。

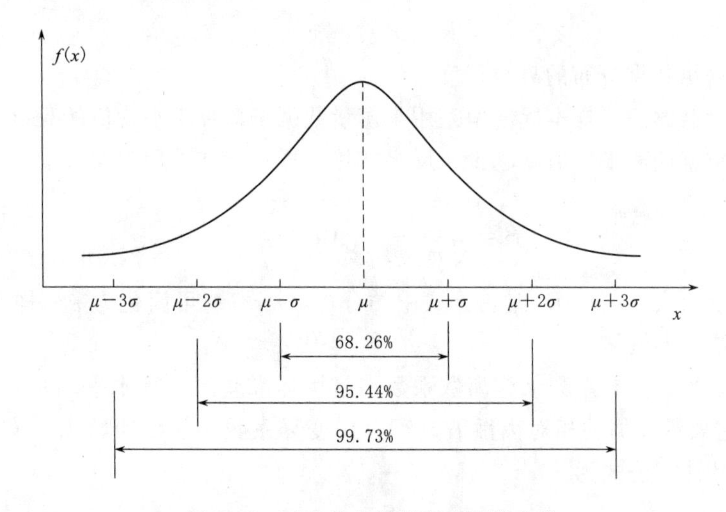

图 5-2　正态分布概率密度函数曲线

从图 5-2 的图形中可以看出：

1）产品质量数据偏离均值在 1 倍标准差以上的概率为 1−0.6826=0.3174=31.74%。

2）产品质量数据偏离均值在 2 倍标准差以上的概率为 1−0.9544=0.0456=4.56%。

3）产品质量数据偏离均值在 3 倍标准差以上的概率为 1−0.9973=0.0027=0.27%。

这就是说，在测试 1000 件产品质量特性值时，就可能有 997 件以上的产品质量特性值落在区间（$\mu-3\sigma$，$\mu+3\sigma$）之内，而出现在这个区间以外的不足 3 件。这在质量控制中称为“千分之三”原则或者“3σ 原则”。这个原则是在统计管理中做任何控制时的理论根据，也是国际上公认的统计原则。实践证明，用 $\mu\pm3\sigma$ 作为控制界限，既能保证产品的质量，又合乎经济原则。

（2）二项分布。当随机变量 X 服从参数为 n、p 的二项分布时，记作 $X\sim B(n, p)$。二项分布的数学期望 $E(X)$ 和方差 $D(X)$ 分别为

$$E(X)=np \tag{5-5}$$

$$D(X)=np(1-p) \tag{5-6}$$

式中：n 为独立试验的次数；p 为每次试验的成功概率。

（3）泊松分布。泊松分布适于描述单位时间内随机事件发生的次数。当随机变量 X 服从参数为 λ 的泊松分布时，记作 $X\sim P(\lambda)$。泊松分布的数学期望和方差相等，都是 λ，即

$$E(X)=\lambda \tag{5-7}$$

$$D(X)=\lambda \tag{5-8}$$

式中：λ 为单位时间内随机事件的平均发生次数。

第二节 制订项目质量计划

一、项目质量计划的依据

1. 质量方针与质量目标

质量方针是组织（如公司、集团、研究机构等）的最高管理者正式发布的该组织总的质量宗旨和方向。它体现了该组织成员的质量意识和质量追求，是组织内部的行为准则，也体现了客户的期望和对客户的承诺。质量目标是指关于质量的目标，质量目标通常依据组织的质量方针来制订。

2. 项目的要求

项目的要求是制订质量计划的关键依据。因为它说明了主要的项目可交付成果和项目目标，明确了项目有关各方在质量方面的要求。项目要求中还经常包含可能影响质量计划的技术要点和其他注意事项的详细内容。

3. 标准和规则

项目组织在制订质量计划时必须考虑到特定领域中可能影响到项目的标准和规则。例如，制订项目质量验收计划时，建筑工程的分部、分项工程宜按《建筑工程施工质量验收统一标准》进行划分。

4. 其他过程的输出

在制订项目质量计划时，除了要考虑上述三项内容之外，还要考虑项目管理其他过程的输出内容。例如，在制订项目质量计划时，还要考虑到项目采购计划的输出，从而对分包商或供应商提出相应的质量要求。

二、项目质量计划的内容

质量计划要明确项目组织如何具体工作来实现它的质量目标，包括规定由谁、在何时、利用哪些资源、依据什么样的程序、根据什么标准来实施项目，从而满足项目质量目标。项目质量计划通常包括如下内容。

1. 质量目标

质量目标是指项目组织在质量方面所追求的目的。质量目标应满足如下要求：

（1）与质量方针保持一致。

（2）可测量。

（3）考虑适用的要求。

（4）与产品、服务合格以及顾客满意相关。

（5）予以监视。

（6）予以沟通。

（7）适时更新。

上述7个要求中，第（1）～（4）条是针对质量目标的具体内容，第（5）～（7）条是针对质量目标的实现过程。

2. 相关部门和人员的职责和权限

项目组织应明确各部门和岗位在质量管理方面的职责与权限。权责分配要遵循以下原则：

（1）层次性。要根据组织结构层次的不同，分配不同的权利与责任。要保证不同管理层级的权利与责任不能存在冲突。

（2）对等性。如果权责不对等，当权利大于责任时，就会助长官僚主义和腐败；反之，责任大于权利的时候，责任主体就会缺少积极性和主动性。

（3）明确性。要针对不同的岗位和职能部门，明确界定不同的工作职责和权限，争取做到权有所属、利有所享、责有所归，避免出现不同部门相互推诿的情况。

3. 项目实施中的作业程序和指导书

作业程序和指导书是用来规定完成某项作业所应遵循的顺序、方式和方法。作业程序的内容如下：

（1）作业的目的和范围。

（2）谁负责此项作业。

（3）如何开展这项作业。

（4）采用的措施或方法。

（5）如何控制和记录。

作业指导书侧重描述如何进行操作，是对作业程序文件的补充或具体化。

4. 质量管理工作流程及说明

质量管理工作流程是指质量管理工作事项的流向顺序，通常用工作流程图来表示。制定工作流程应遵循如下原则：

（1）关键节点原则。冗余的环节会拉长流程运作周期，带来巨大的资源浪费。应对流程中的各个环节进行分析研究，尽最大可能取消不必要的环节，或者对相关流程环节进行合并，减少相关操作。

（2）持续改进原则。工作流程改善是一个持续的过程，需要定期对流程进行再造，使流程有能力灵活应对一切外部变化。

（3）价值增值原则。流程高效运作不代表可以创造出预想的价值。应从顾客的角度审视管理工作流程的价值，即是否是为顾客增值的业务流程。真正满足价值需要的流程才是项目组织最需要的。

5. 质量检验计划

质量检验计划是指以书面的形式对检验工作所涉及的检验活动、程序、资源等做出的规范化安排，以便于指导检验活动，使其有条不紊地进行。编制质量检验计划时应考虑以下原则：

（1）具体化原则。检验计划必须对检验项目、检验方式和手段等具体内容有清楚、准确、简明的叙述和要求。

（2）优先性原则。对于产品的关键组成部分（如关键的零部件）、关键的质量特性，制定质量检验计划时要优先考虑和保证。

（3）节约原则。制定检验计划时要综合考虑质量检验成本，在保证产品质量的前提下，尽可能降低检验费用。

6. 质量目标的测量

（1）产品的测量。项目组织应当确定并详细说明其产品的测量要求（包括验收准则）。项目组织在选择确保产品符合要求的测量方法时，应当考虑下述内容：

1）产品特性的类型，它们将决定测量的种类、适宜的测量手段、所要求的准确度和所需的技能。

2）所要求的设备、软件和工具。

3）按产品实现过程的顺序确定的各适宜测量点的位置。

4）在各测量点要测量的特性、所使用的文件和验收准则。

5）顾客对产品所选定特性设置的见证点或验证点。

6）要求由法律、法规授权机构见证或由其进行的检验或试验。

（2）顾客满意程度的测量。项目组织应当建立有效和高效地倾听“顾客的声音”的渠道，收集、分析和利用这些信息，以改进项目组织的业绩。有关顾客满意度方面的信息渠道如下：

1）顾客抱怨。

2）问卷和调查。

3）消费者组织的报告。

4）各种媒体的报告。

5）行业研究的结果。

项目组织应当建立并利用有关顾客满意程度方面的信息来源并与顾客合作，从而预测顾客未来的需求。

7. 质量改进计划

质量改进是质量管理的一部分，它致力于增强满足质量要求的能力。对质量目标的测量和数据分析，必然提供质量改进的机会，应优先考虑可能取得最佳效果的机会，确定质量改进项目。

（1）质量改进对象。质量改进活动涉及质量管理的全过程，改进的对象既包括产品（或服务）的质量，也包括各部门的工作质量。一般来说，应把影响质量目标实现的主要问题，作为质量改进的选择对象，同时还应对以下情况给予优先考虑：

1）市场上质量竞争最敏感的项目。项目组织应了解用户对产品的众多质量项目中最关切的是哪一项，因为它往往会决定产品在市场竞争中的成败。例如：用户对于台灯的选择，主要是色彩和造型等因素，而对其耗电量往往考虑甚少，所以台灯质量改进项目主要是提高它的造型和色彩的艺术性。

2）产品质量指标达不到规定“标准”的项目。所谓规定“标准”是指在产品销售过程中，合同或销售文件中所提出的标准。在国内市场，一般采用国标或部颁标准；在国际市场，一般采用国际标准，或者选用某一个先进工业国家的标准。产品质量指标达不到这种标准，产品就难以在市场上立足。

3）产品质量低于行业先进水平的项目。项目组织应选择低于行业先进水平的质量项目，将其列入改进计划，订出改进措施，否则难以与同行竞争，难以占领国内外市场。

（2）质量改进策略。

1）“递增型”策略。该策略的特点是：改进步伐小，改进频繁。它的优点是：将质量改进列入日常的工作计划中去，保证改进工作不间断地进行。它的缺点是：缺乏计划性，力量分散。

2）“跳跃型”策略。该策略的特点是：两次质量改进的时间间隔较长，改进的目标值较高，而且每次改进均须投入较大的力量。适于重大的质量改进项目。

8. 其他质量保证措施

为达到项目质量目标采取的其他措施包括更新检验技术、研究新的工艺方法和设备、用户的监督等。

三、项目质量计划的工具

（一）质量成本分析

1. 质量成本的构成

质量成本是指为了确保满意的质量而发生的费用以及没有达到质量要求所造成的损失。通常将质量成本分成两个部分：运行质量成本和外部质量保证成本。运行质量成本又包括预防成本、鉴定成本、内部故障成本、外部故障成本四个部分，前两项之和统称为可控成本，后两项之和统称为损失成本，如图 5－3 所示。

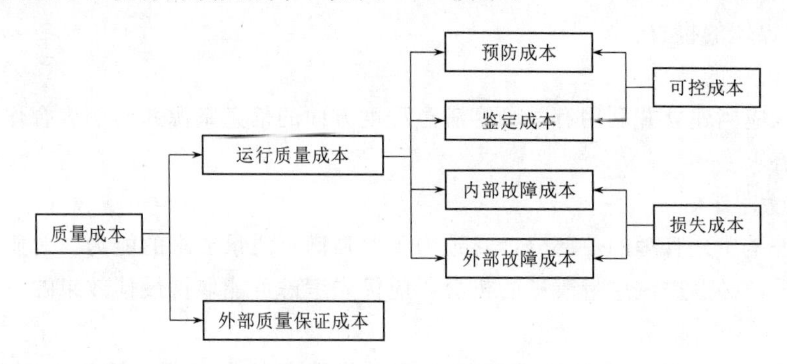

图 5－3　质量成本构成

（1）预防成本。预防产生故障或不合格品所需要的各项费用。主要包括质量工作费、质量培训费、质量奖励费、质量改进措施费、质量评审费和质量情报及信息费等。

（2）鉴定成本。评定产品是否满足规定质量要求所需的试验、检验和验证方面的成本。一般包括进货检验费、工序检验费、成品检验费、检测试验设备的维护费、检测试验设备的折旧费、检验人员的工资及附加费等。

（3）内部故障成本。在产品出厂前，由产品本身存在的缺陷所带来的经济损失，以及处理不合格品所花费的一切费用的总和，称为内部故障成本。一般包括废品损失、返工或返修损失、因质量问题发生的停工损失、质量事故处理费、质量降等降级损失等。

（4）外部故障成本。产品出厂后，在用户使用过程中由于产品的缺陷或故障所引起的一切费用总和，称为外部故障成本。一般包括索赔损失、退货或退换损失、保修费用、诉讼损失费、折价损失等。

（5）外部质量保证成本。在合同环境条件下，根据用户提出的要求，为提供客观证据所支付的费用，统称为外部质量保证成本，通常包括下列费用：

1）为提供附加的质量保证措施、程序、数据等所支付的费用。

2）产品的验证试验和评定的费用，如经认可的独立试验机构对特殊的安全性能进行检测试验所发生的费用。

3）为满足用户要求，进行质量体系认证和产品质量认证所发生的费用等。

从以上质量成本的构成可以看出，质量成本并非产品生产过程中与质量有关的全部费用，例如工人的工资、材料费等不能计入质量成本中。

2. 质量成本分析的内容

（1）质量成本总额分析。通过核算计划期的质量成本总额，与上期质量成本总额或计划目标值作比较，以分析其变化情况，从而找出变化原因和变化趋势。此项分析可以掌握产品质量整体的情况。

（2）质量成本构成分析。通过核算内部故障成本、外部故障成本、鉴定成本和预防成本分别占运行质量成本的比率，以及分别计算运行质量成本和外部保证质量成本各占质量成本总额的比率，来分析项目组织运行质量成本的构成是否合理。

（3）质量成本与项目组织经济指标的比较分析。通过计算各项质量成本与项目组织的整体经济指标，如相对于项目组织销售收入、产值或利润等指标的比率来分析和评价质量管理水平。例如，故障成本总额与销售收入总额的比率反映了因产品质量而造成的经济损失对项目组织销售收入的影响程度；又如，外部故障成本与销售收入总额的比率反映了项目组织为用户服务的费用支出水平，也反映因质量问题给用户造成的经济损失。

（4）质量成本趋势分析。趋势分析的目的是掌握企业质量成本在一定时期内的变化趋势，可有短期趋势分析和长期趋势分析。分析一年内各月的变化情况属于短期分析，五年以上的属于长期分析。趋势分析可采用表格法和作图法两种形式，前者以具体的数值表达，准确明了；后者以曲线表达，直观清晰。

3. 质量成本特性曲线

质量成本与质量水平（产品合格率）之间存在一定的变化关系，反映这种变化关系的曲线称为质量成本特性曲线，如图 5－4 所示。

从图 5－4 可以看出，内外部故障成本随产品合格率的提高而单调下降，预防鉴定及外部质量保证成本随产品合格率的提高而单调上升，质量成本是一条向上凹的曲线。质量成本曲线的最低点对应的合格率应成为项目组织确定质量目标时的一个重要参考。

根据质量成本中各项成本的占比，可将质量成本曲线划分为三个区，分别是质量改进区、质量成本控制区和质量至善论区，如图 5－5 所示。

（1）质量改进区。该区是故障成本最大的区域，它是影响达到最佳质量成本的主导因素。因此，质量管理工作的重点在于加强质量预防措施，加强质量检验，提高质量水平，故称为质量改进区。

（2）质量成本控制区。该区表示在一定组织技术条件下，如难于再找到降低质量成本的措施时，质量管理的重点在于维持或控制现有的质量水平，使质量成本处于最低点附近的区域，故称为控制区。

（3）质量至善论区。该区表示鉴定成本比重最大，它是影响质量成本达到最佳值的主要因素。质量管理的重点在于减少检验的程序和提高检验工作效率，甚至要放宽质量标准或检验标准，使质量成本趋近于最低点，故称这个区域为质量至善论区。

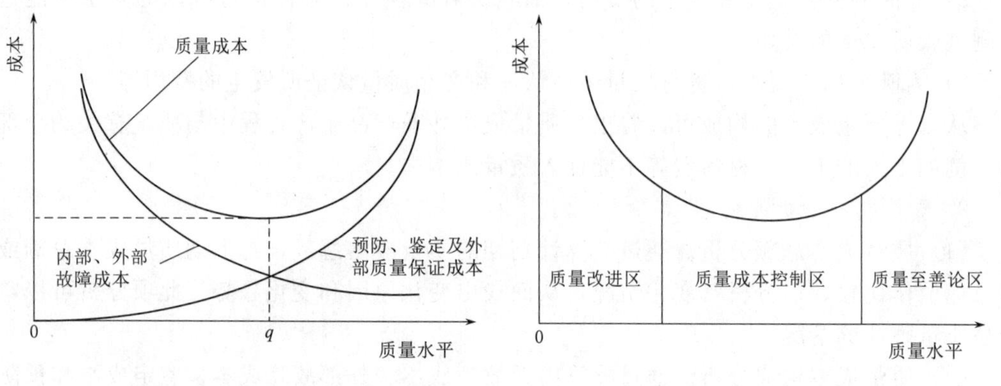

图 5-4　质量成本与质量水平之间的关系　　　图 5-5　质量成本曲线的分区图

（二）成本效益分析

高质量既可以为组织带来利益，同样也需要组织为此付出代价。高质量为组织带来的效益表现为：高价格、高竞争力，低废品率和返修率，以及市场声誉好和客户忠诚度高。需付出的代价表现为：成本较高。

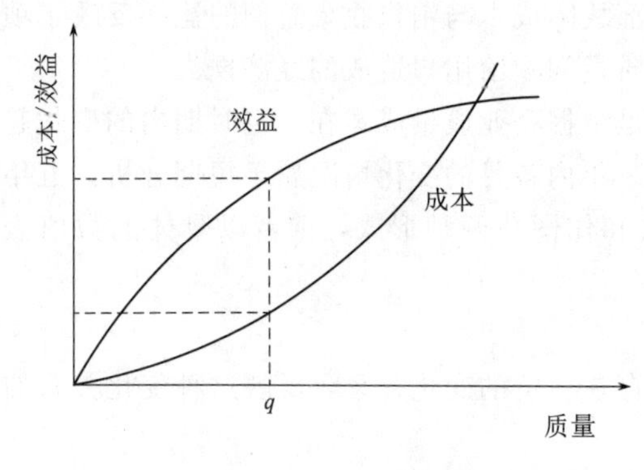

图 5-6　质量与成本、效益的关系曲线

项目组织在确定质量目标时，必须要权衡项目质量的效益和成本，也就是要进行成本效益分析。

根据经济学的边际效益递减和边际成本递增的原理，可以得到如图 5-6 所示的质量与成本、效益的关系曲线。

从图 5-6 可以看出，效益随质量的提高而单调上升，但是曲线的斜率越来越小；成本随质量的提高也单调上升，但是曲线的斜率越来越大。效益曲线与成本曲线之间间距最大的位置对应的质量水平应成为项目组织确定质量目标时的一个重要参考。

第三节　质量检验与抽样技术

一、质量检验

1. 质量检验及职能

质量检验就是对产品的一项或多项质量特性进行观察、测量、试验，并将结果与规定的质量要求进行比较，以判断每项质量特性合格与否的一种活动。通过质量检验，可以判断原材料质量是否符合要求、工序质量是否稳定、已生产出来的产品是否合格等。

质量检验的主要职能如下：

（1）鉴别职能。通过测量、比较，判断质量特性值是否符合规定的要求，这是质量检验的鉴别职能。鉴别职能是质量检验所固有的第一职能，是保证（把关）职能的前提。

（2）保证职能。通过鉴别职能区分合格品和不合格品，将不合格品实行"隔离"，保证不合格的原材料不投产，不合格的中间产品不转序，不合格的成品不出售。保证职能也可以称为"把关"职能。

（3）预防职能。质量检验既有事后把关的职能，同时也有预防的职能。例如，进货检验、中间检验等既对当前工序具有把关作用，又对下道工序具有预防作用。另外，通过工序能力测定和使用控制图，能及时发现工序能力不足或生产过程的异常状态，从而预防不合格品的发生。

（4）报告职能。将质量检验获取的数据和信息，经汇总、整理和分析后写成报告，为组织的质量策划、质量控制、质量改进、质量考核以及质量决策提供重要依据。

2. 质量检验的分类

（1）按产品形成的阶段分类。

1）进货检验。进货检验是指对企业购进的原材料、辅料、外购件、外协件和配套件等入库前的接收检验。它是一种外购物的质量验证活动。其目的是防止不合格品投入到生产中，从而影响制成品质量。

2）过程检验。过程检验也称工序检验，是指对生产过程中某个工序所完成的在制品、半成品等，通过观察、试验、测量等方法，确定其是否符合规定的质量要求，并提供相应证据的活动。过程检验的目的有两个：一是判断上述中间产品是否符合规定要求，防止不合格品流入下一工序；二是判断工序是否稳定。

3）最终检验。最终检验是指对制成品的一次全面检验，包括性能、精度、安全性、外观等的检验。

（2）按检验的性质分类。

1）破坏性检验。它是指将受检样品破坏了以后才能进行的检验，或在检验过程中，受检样品必然会损坏或消耗的检验，如寿命试验、强度试验等。破坏性检验只能采用抽样检验方式。

2）非破坏性检验。它是指对样品可重复进行检验的检验活动。

（3）按检验的手段分类。

1）理化检验。理化检验是指用机械、电子或化学的方法，对产品的物理和化学性能进行的检验。理化检验通常能测得检验项目的具体数值，精度高，人为误差小。

2）感官检验。感官检验是指凭借检验人员的感觉器官，对产品进行的检验。对产品的形状、颜色、气味等，往往采用感官检验。

（4）按检验的数量分类。

1）全数检验，也称全面检验，简称全检。它是指对全部产品逐个进行测定，从而判断每个产品是否合格的检验。

2）抽样检验。它是从一批产品抽取一部分产品组成样本，根据对样本的检验结果进而判断批是否合格的活动。

3）免于检验。

3. 质量检验的三检制度

三检制是指“自检”“互检”和“专检”三者结合起来进行过程质量检验的一种管理制度。

“自检”是指生产者对自己生产出来的产品，按图纸、工艺等技术标准自行检验并做出合格性判断的活动。“互检”是指生产者之间相互对所生产出来的产品进行检验并做出合格性判断的活动，如下道工序的生产者对上道工序的生产者制造的产品的检验、下个轮班的生产者对上个轮班的生产者制造的产品的检验以及本班组的生产者制造的产品进行的相互检验等。“专检”是指专业检验人员对“自检”“互检”的结果进行的复核以及按规定必须由专业检验人员进行的质量检验项目的活动。

实行三检制，可以发挥生产者和专业检验人员两方面的积极性，防止个人差错所造成的大量报废，保证产品质量。

二、抽样技术

（一）抽样分类

1. 按数据的性质分类

（1）计数抽样。它是以计数值数据作为判断依据的抽样。具体过程为：按规定的抽样方案从批中随机抽取一定数量的单位产品为样本；对样本中每个单位产品进行检验，计算样本中出现的不合格数；与抽样方案规定的接收数进行对比，判断该批产品能否接收。例如对批量为 1000 个轴承进行抽样，随机抽取 100 个轴承为样本，接收数假定为 2，若 100 个轴承中不合格品在 2 个及 2 个以下则判批合格，在 2 个以上判批不合格。

（2）计量抽样。它是以计量值数据作为判断依据的抽样。例如对批量为 1000 节电池进行抽样，随机抽取 10 节电池为样本，分别测量其电压值，假定规范规定电池电压在 1.58V 以上，若 10 节电池的电压均值在 1.58V 以上则判批合格，在 1.58V 以下判批不合格。

2. 按实施方式分类

（1）标准型。标准型抽样是最基本的抽样检验方式。为保护生产方与使用方双方的利益，将生产方风险 α 和使用方风险 β 固定为某一特定数值（通常固定 $\alpha=0.05$，$\beta=0.1$），由生产方与使用方协商确定 p_0 和 p_1，p_0 指可接收质量水平，p_1 指极限质量水平。当质量好于 p_0 时，以 $1-\alpha$ 的高概率接收批，以保护生产方的利益。当质量差于 p_1 时，以 $1-\beta$ 的高概率拒收批，以保护使用方的利益。

（2）调整型。调整型抽样的特点是根据供应单位提供货品的质量好坏来调整检验的宽严程度。一般分为放宽检验、正常检验和加严检验 3 种方案。若供应单位提供质量好的批，则采用放宽检验方案，以鼓励供应单位；若供应单位提供质量差的批，则采用加严检验方案，借此警告供应单位，促使其提供质量好的产品。供、购双方应事先明确检验的转换条件。

（3）挑选型。经抽样检验合格的产品批予以接收，不合格批退回生产方进行全数检验，检出的不合格品用合格品替换，或者修复成合格品后再交检。

（4）连续生产型。连续生产型抽样仅适用于不间断的连续生产出来的产品的检验，不要求检验对象形成批。先逐个检验产品，当产品连续合格累计达到一定数量后，即转入每隔一定数量抽检一个产品。在继续检验中，如果出现不合格品，就再恢复到连续逐个检验。

3. 按抽样次数分类

按抽样次数可分为一次、二次、多次和序贯抽样。

(1) 一次抽样。只需要抽检一个样本就可以作出批是否合格的判断。

(2) 二次抽样。先抽第一个样本进行检验，若能据此作出该批合格与否的判断，则终止检验。如不能作出判断，就再抽取第二个样本，然后再次检验后作出是否合格的判断。

(3) 多次抽样。其原理与二次抽样一样。

(4) 序贯抽样。每次仅随机抽取一个产品进行检验，检验后即按判定规则作出合格、不合格或再抽下个单位产品的判断，一旦能作出该批合格或不合格的判定时，就终止检验。

(二) 计数标准型一次抽样检验

1. 抽样检验程序

从检验批 N 中随机抽取 n 个产品组成一个样本，然后对样本中每一个产品进行逐一测量，记下其中的不合格品数 d，如果 $d \leqslant c$，则认为该批产品质量合格，予以接收；如果 $d > c$，则认为该批产品质量不合格，予以拒收。c 指允许的不合格品数。用来规定每批应该检验的样本数和接收准则的具体方案称为抽样方案，用（N，n，c）表示。例如抽样方案（1000，5，1）表示从 1000 个产品组成的检验批中随机抽取 5 个产品组成一个样本，允许的不合格品数为 1。计数标准型一次抽样检验程序如图 5-7 所示。

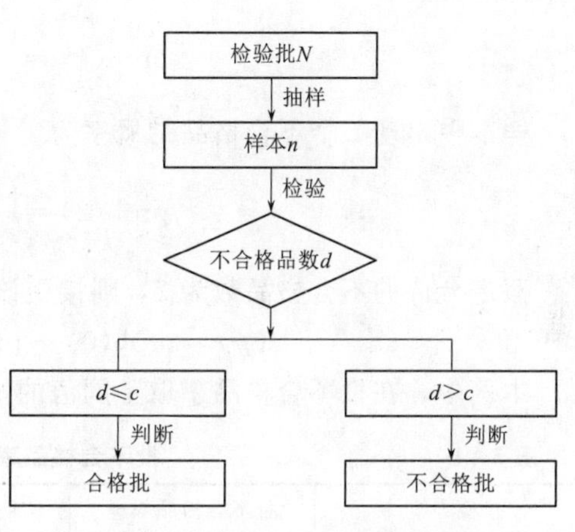

图 5-7　计数标准型一次抽样检验程序

2. 接受概率

设从不合格品率为 p 的总体 N 中，随机抽取 n 个产品组成样本，则样本中出现 d 个不合格品的概率为

$$\text{prob}(d)=\frac{C_{N\times p}^{d}\cdot C_{N-N\times p}^{n-d}}{C_{N}^{n}} \tag{5-9}$$

假定允许的不合格品数为 c，则接受该批产品的概率为

$$L(p)=\sum_{d=0}^{c}\frac{C_{N\times p}^{d}\cdot C_{N-N\times p}^{n-d}}{C_{N}^{n}} \tag{5-10}$$

【例 5-2】　有一批产品，批量 $N=1000$，批不合格品率为 $p=10\%$，随机抽取 10 个产品组成样本，则样本中出现 0 个不合格品的概率为

$$\text{prob}(0)=\frac{C_{100}^{0}\cdot C_{900}^{10}}{C_{1000}^{10}}=0.347$$

样本中出现 1 个不合格品的概率为

$$\text{prob}(1)=\frac{C_{100}^{1}\cdot C_{900}^{9}}{C_{1000}^{10}}=0.389$$

样本中出现2个不合格品的概率为

$$\text{prob}(2)=\frac{C_{100}^{2}\cdot C_{900}^{8}}{C_{1000}^{10}}=0.194$$

假定允许的不合格品数为2，则接受该批产品的概率为

$$L(\text{p})=\text{prob}(0)+\text{prob}(1)+\text{prob}(2)=0.931$$

接上例，假定批不合格品率改为$p=5\%$，其他参数不变，则样本中出现0个不合格品的概率为

$$\text{prob}(0)=\frac{C_{50}^{0}\cdot C_{950}^{10}}{C_{1000}^{10}}=0.597$$

样本中出现1个不合格品的概率为

$$\text{prob}(1)=\frac{C_{50}^{1}\cdot C_{950}^{9}}{C_{1000}^{10}}=0.317$$

样本中出现2个不合格品的概率为

$$\text{prob}(2)=\frac{C_{50}^{2}\cdot C_{950}^{8}}{C_{1000}^{10}}=0.074$$

假定允许的不合格品数为2，则接受该批产品的概率为

$$L(p)=\text{prob}(0)+\text{prob}(1)+\text{prob}(2)=0.989$$

本例中，在批不合格品率取不同值的情况下，对应的接受概率见表5-1。

表5-1　批不合格品率与对应的接受概率

抽检方案	批不合格品率 p	接受概率 $L(p)$	批不合格品率 p	接受概率 $L(p)$
（10，2）	3%	0.997	20%	0.678
	5%	0.989	30%	0.382
	10%	0.931	50%	0.053
	15%	0.821		

注　在Excel中，可用combin(m，n）函数求组合数C_m^n。

3. 抽样检验特性曲线

如果用横坐标表示批不合格品率p，纵坐标表示接收概率$L(p)$，则p和$L(p)$构成的一系列点子连成的曲线就是抽样检验特性曲线，简称OC曲线。将上例的抽检方案（10，1）和（10，2）的OC曲线绘制在同一坐标系下，如图5-8所示。

（1）理想的OC曲线。上述两种抽样方案究竟哪一种更好呢？一个好的抽样方案应当是：当批质量好（$p\leqslant p_0$）时，能以高概率判它合格，予以接收；当批质量差到某个规定界限（$p\geqslant p_1$）时，能以高概率判它不合格，予以拒收；当产品质量变坏，从p_0变到p_1时，接收概率迅速减小。理想的OC曲线如图5-9所示。

（2）抽样检验的两类错误判断。只要采用抽样检验，就可能发生两类错误的判断。从图5-9可知，当检验批质量比较好（$p\leqslant p_0$）时，如果采用抽样检验，就不可能100%接收，而只能以高概率$1-\alpha$接收或者低概率α拒收这批产品，这种由于抽检原因把合格批判为不合格批而予以拒收的错误称为第一类错误判断。这种错判会给产品的生产者带来损

失，这个拒收的概率α，叫作第一类错判概率，又称为生产者风险率，通常$\alpha=1\%\sim5\%$。

另外，当检验批质量比较差（$p\geqslant p_1$）时，如果采用抽样检验，也不可能100%拒收，还有低概率β接收这批产品的可能性，这种由于抽检原因把不合格批判为合格批而予以接收的错误称为第二类错误判断。这种错判会给产品的使用者带来损失，这个接收的概率β，叫作第二类错误判断概率，又称为使用者风险率，通常$\beta=5\%\sim10\%$。

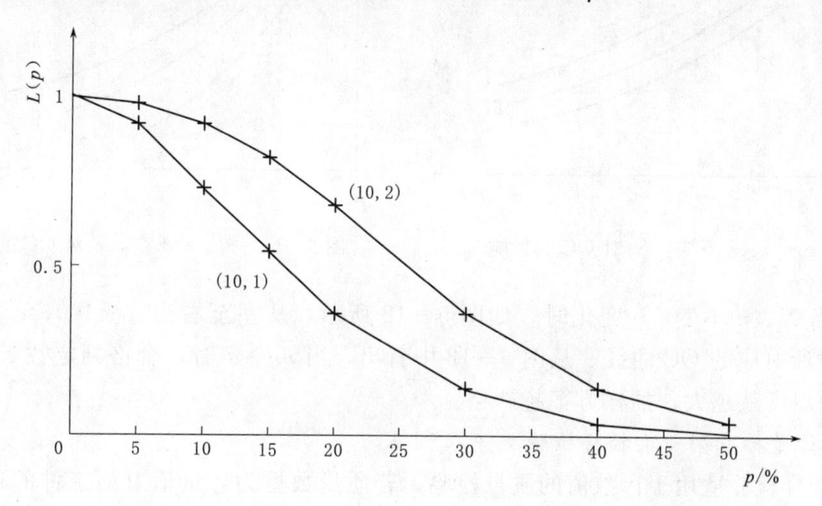

图5-8 方案（10，2）和（10，1）的抽样检验特性曲线

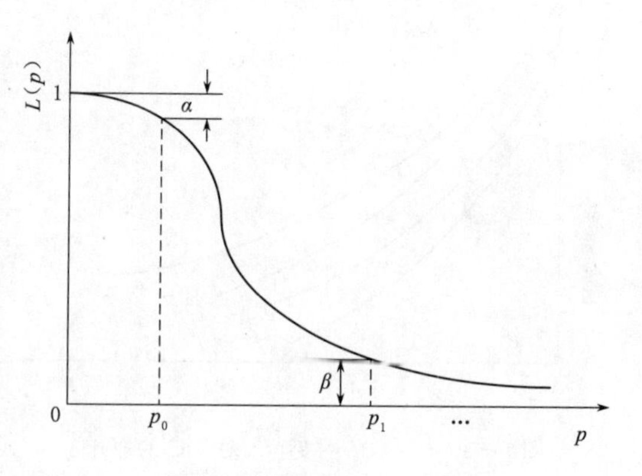

图5-9 理想的OC曲线

在设计抽检方案时，应该由生产方和使用方共同协商p_0和p_1的取值，使生产者和使用者的利益都受到保护。

4. OC曲线与N、n和c的关系

OC曲线与抽样方案（N，n，c）是一一对应的。当N、n、c变化时，OC曲线必然随着变化。以下讨论OC曲线怎样随着N、n、c这3个参数之一的变化而变化。

（1）当n、c不变，N变化时。图5-10从左至右分别是3个抽检方案Ⅰ（50，20，0）、Ⅱ（100，20，0）、Ⅲ（1000，20，0）所对应的3条OC曲线。从图5-10中看出，批量大小对OC曲线影响不大，所以当$N/n\geqslant10$时，就可以采用不考虑批量影响的抽检方案。因此，可以将抽检方案简单地表示为（n，c）。但这绝不意味着抽检批量越大越好。因为抽样检验总存在着犯错误的可能，如果批量过大，一旦拒收，则给生产方造成的损失就很大。

（2）当N、c不变，n变化时。如图5-11所示，从左至右合格判定数c都为2，而样本大小n分别为200、100、50时所对应的3条OC曲线。从图中看出，当c一定时，样本大小n越大，OC曲线越陡，抽样方案越严格。

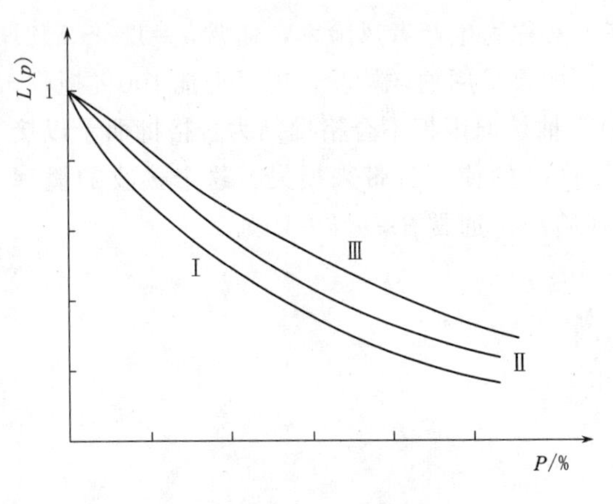

图 5－10　n、c 不变，N 对 OC 的影响

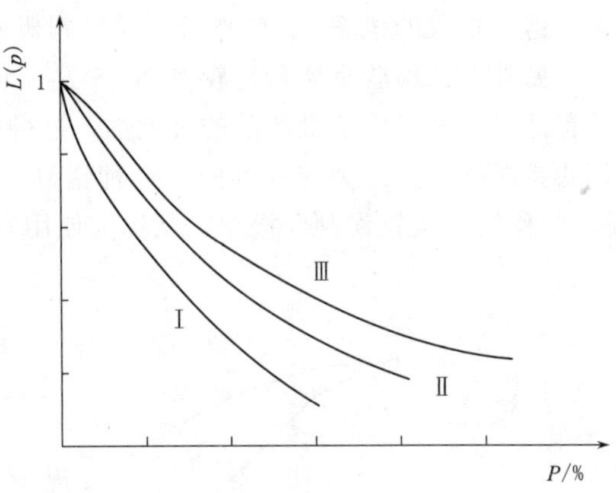

图 5－11　N、c 不变，n 对 OC 的影响

（3）当 N、n 不变，c 变化时。如图 5－12 所示，从左至右当 $n=100$，c 分别为 2、3、4、5 时所对应的 OC 曲线。从图 5－12 中看出，当 n 一定时，合格判定数 c 越小，则 OC 曲线倾斜度就越大，抽样方案越严格。

（三）计量标准型一次抽样检验

计数抽样检验适用于计数值的质量检验，若质量数据为计量值（如工件的尺寸），则需用计量抽样检验。计数抽样检验是根据样本中的不合格品数或缺陷数来判断一批产品是否合格，而计量抽样检验则是根据质量特性的样本均值或样本方差来判断一批产品是否合格。

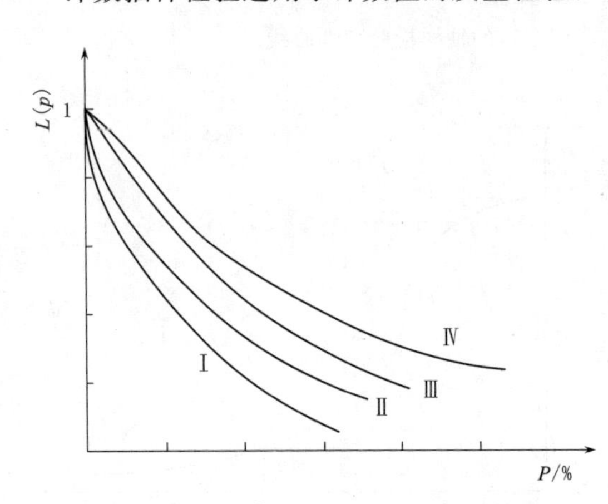

图 5－12　N、n 不变，c 对 OC 的影响

进行计量抽检的前提是必须知道质量数据的分布状态。在计量抽检中，通常假定质量特性服从正态分布。

计量抽检的具体方法是：从批量产品抽取 n 个样本，将其测定值的平均值 $\overline{x}$ 和合格判定值 $\overline{x_u}$、$\overline{x_l}$ 进行比较，从而判断批合格与否。由于对质量特性值控制的标准要求不同，合格判定有 3 种情况：①对于希望特性值低时，其合格判定值为 $\overline{x_u}$；若 $\overline{x_u} \geqslant \overline{x}$ 时，则判断批为合格；$\overline{x_u} < \overline{x}$ 时，则判断批为不合格。②对于希望特性值高时，其合格判定值为 $\overline{x_l}$。若 $\overline{x_l} \leqslant \overline{x}$ 时，则判断批为合格；$\overline{x_l} > \overline{x}$ 时，则判断批为不合格。③对希望特性值既有高的要求，又有低的要求时，其合格判定值为 $\overline{x_u}$、$\overline{x_l}$。若 $\overline{x_l} \leqslant \overline{x} \leqslant \overline{x_u}$ 时，则判断批为合格；$\overline{x_u} < \overline{x}$ 或 $\overline{x_l} > \overline{x}$ 时，则判断批为不合格。

1. 抽样检验的程序

（1）选择抽样检验类型。批标准差已知时，可选用“σ”法；批标准差未知时，应选用“s”法。“σ”法是利用样本均值与批标准差来判断批能否接收的方法。“s”法是利用样本均值与样本标准差来判断批能否接收的方法。

（2）选择确定抽样检验方式。根据产品质量要求，可选用上规格限、下规格限及双侧规格限中的一种抽样检验方式。

（3）规定可接收质量、极限质量的上规格限和下规格限。可接收质量指有较高接收概率的、被认为满意的批质量水平。极限质量指有较低接收概率的、被认为不容许更劣的批质量水平。上规格限指可接收质量或极限质量的最大值。下规格限指可接收质量或极限质量的最小值。可接收质量与极限质量的上规格限和下规格限应根据产品质量要求，由生产方和使用方协商确定。

（4）确定抽样方案。

1）"σ"法。按表5－2所列步骤确定抽样方案。

表5－2　"σ"法确定抽样方案的步骤

工作步骤	工作内容	检验方式		
		上规格限	下规格限	双侧规格限
（1）	规定质量要求	μ_{0u}，μ_{1u}	μ_{0l}，μ_{1l}	μ_{0u}，μ_{1u} μ_{0l}，μ_{1l}
（2）	确定σ值	$\sigma^2=\sum_{i=1}^{m}D_i/\left[\sum_{i=1}^{m}(n_i-m)\right]$，$D_i=\sum_{j=1}^{n_i}(x_{ij}-\overline{x_i})^2$		
（3）	计算	$A=\frac{\mu_{1u}-\mu_{0u}}{\sigma}$	$A'=\frac{\mu_{0l}-\mu_{1l}}{\sigma}$	$\frac{\mu_{1u}-\mu_{0u}}{\sigma}$或$\frac{\mu_{0l}-\mu_{1l}}{\sigma}$
（4）	确定抽样方案	由计算值在附表1中查出n、k值		由计算值在附表2中查出n、k值

注　μ_{0u}、μ_{1u}分别为可接收质量与极限质量的上规格限；μ_{0l}、μ_{1l}分别为可接收质量与极限质量的下规格限；n为样本容量；k为判断批接收与否的常数；m为样本的组数；n_i为i组样本量。

2）"s"法。按表5－3所列步骤确定抽样方案。

表5－3　"s"法确定抽样方案的步骤

工作步骤	工作内容	检验方式		
		上规格限	下规格限	双侧规格限
（1）	规定质量要求	μ_{0u}，μ_{1u}	μ_{0l}，μ_{1l}	μ_{0u}，μ_{1u} μ_{0l}，μ_{1l}
（2）	估计σ值	由生产方与使用方根据以往经验商定出双方可接受的$\hat{\sigma}$值，或直接商定出合适的试抽样本量，从检验批中抽取样本，将样本标准差s作为批标准差的估计值$\hat{\sigma}$		
（3）	计算	$B=\frac{\mu_{1u}-\mu_{0u}}{\hat{\sigma}}$	$B'=\frac{\mu_{0l}-\mu_{1l}}{\hat{\sigma}}$	$\frac{\mu_{1u}-\mu_{0u}}{\hat{\sigma}}$或$\frac{\mu_{0l}-\mu_{1l}}{\hat{\sigma}}$
（4）	确定抽样方案	由计算值在附表3中查出n、k值		由计算值在附表4中查出n、k值

注　μ_{0u}、μ_{1u}分别为可接收质量与极限质量的上规格限；μ_{0l}、μ_{1l}分别为可接收质量与极限质量的下规格限；n为样本容量；k为判断批接收与否的常数。

（5）抽取样本。按上述抽样方案抽取样本。"s"法中若采取试抽样本估计σ时，试抽样本量n_0应不小于11，在以$\frac{\mu_{1u}-\mu_{0u}}{\sigma}$或者$\frac{\mu_{0l}-\mu_{1l}}{\sigma}$的值确定样本量$n_1$后，应按下列情况予以处理：

1）当 $n_1 > n_0$ 时，再从批中随机抽取其差额数 $n_1 - n_0$ 予以补足后进行判断。

2）当 $n_1 \leqslant n_0$ 时，无须再抽样本，即以样本量 n_0 进行判断，但接收常数 k 应取试抽样本量 n_0 的对应值。

（6）检验样本与计算结果。按产品标准或订货合同等有关文件规定的试验、测量或其他方法，对抽取的样品中每一单位产品逐个进行检验。检验结果应完整准确地记录，并计算出样本的平均值与标准差。

（7）判断批能否接收。

1）给定上规格限时，计算：

$$Q_U = \frac{\mu_{0u} - \overline{x}}{\sigma} \tag{5-11}$$

若 $Q_U \geqslant k$，接收批；若 $Q_U < k$，拒绝批。σ 未知时，用 s 代替。

2）给定下规格限时，计算：

$$Q_L = \frac{\overline{x} - \mu_{0l}}{\sigma} \tag{5-12}$$

若 $Q_L \geqslant k$，接收批；若 $Q_L < k$，拒绝批。σ 未知时，用 s 代替。

3）给定双侧规格限时，计算：

$$Q_U = \frac{\mu_{0u} - \overline{x}}{\sigma},\quad Q_L = \frac{\overline{x} - \mu_{0l}}{\sigma}$$

若 $Q_U \geqslant k$ 且 $Q_L \geqslant k$，接收批；若 $Q_U < k$ 且 $Q_L < k$，拒绝批。σ 未知时，用 s 代替。

2. 抽样检验的实例

【例 5-3】　要求固体苛性钠中的氧化铁含量要低，批均值在 0.004%以下可以接收，在 0.005%以上不予接收。已知 $\sigma = 0.0006\%$，试确定抽样方案。

确定步骤：

（1）已知 $\mu_{0u} = 0.004\%$，$\mu_{1u} = 0.005\%$，$\sigma = 0.0006\%$。

（2）计算 $A = \dfrac{\mu_{1u} - \mu_{0u}}{\sigma} = \dfrac{0.005 - 0.004}{0.0006} = 1.667$。

（3）从附表 1 中找出 $A = 1.667$ 所在位置，它在表的第 3 行数字范围内（1.463～1.689），由此得到：$n = 4$，$k = -0.822$。

（4）求得抽样方案为（4，−0.822）。即从批中抽取 4 个单位产品，检验后得到样本均值 $\overline{x}$ 和 $Q_U = \dfrac{0.004 - \overline{x}}{0.0006}$。

（5）若 $Q_U \geqslant -0.822$，接收批；若 $Q_U < -0.822$，拒绝批。

【例 5-4】　某种钢材的抗拉强度以大为好，批均值在 46×10^7 Pa 以上可以接收，在 43×10^7 Pa 以下则不予接收。已知批标准差为 4×10^7 Pa，试确定抽样方案。

确定步骤：

（1）已知 $\mu_{0l} = 46 \times 10^7$ Pa，$\mu_{1l} = 43 \times 10^7$ Pa，$\sigma = 4 \times 10^7$ Pa。

（2）计算 $A' = \dfrac{\mu_{0l} - \mu_{1l}}{\sigma} = \dfrac{46 - 43}{4} = 0.75$。

(3) 从附表1中找出 $A'=0.75$ 所在位置，它在表的第15行数字范围内（0.731～0.755)，由此得到：$n=16$，$k=-0.411$。

(4) 求得抽样方案为（16，-0.411)。即从批中抽取16个单位产品，检验后得到样本均值 $\overline{x}$ 和 $Q_L=\frac{\overline{x}-46}{4}$。

(5) 若 $Q_L\geqslant-0.411$，接收批；若 $Q_L<-0.411$，拒绝批。

【例5-5】 设某种产品的标准尺寸为100mm。如果批平均尺寸在（100±0.2）mm之内，为可接收。在（100±0.5）mm之外，为不可接收。已知 $\sigma=0.3$mm，求抽样方案。

确定步骤：

(1) 已知 $\mu_{0l}=99.8$mm，$\mu_{1l}=99.5$mm，$\mu_{0u}=100.2$mm，$\mu_{1u}=100.5$mm，$\sigma=0.3$mm。

(2) 计算 $A=\frac{\mu_{1u}-\mu_{0u}}{\sigma}=\frac{100.5-100.2}{0.3}=1$，$A'=\frac{\mu_{0l}-\mu_{1l}}{\sigma}=\frac{99.8-99.5}{0.3}=1$。

(3) 计算 $c=\frac{\mu_{0u}-\mu_{0l}}{\sigma}=\frac{100.2-99.8}{0.3}=1.333$。

(4) 从附表2中先找出 $A=\frac{\mu_{1u}-\mu_{0u}}{\sigma}=1$ 所在位置，确定样本量 $n=9$，再在此列找出计算值 $c=1.333$ 所在数字范围为0.867以上，由此得到：$k=-0.548$。

(5) 求得抽样方案为（9，-0.548)。即从批中抽取9个单位产品，检验后得到样本均值 $\overline{x}$ 和 $Q_U=\frac{\mu_{0u}-\overline{x}}{\sigma}=\frac{100.2-\overline{x}}{0.3}$，$Q_L=\frac{\overline{x}-\mu_{0l}}{\sigma}=\frac{\overline{x}-99.8}{0.3}$。

(6) 若 $Q_U\geqslant-0.548$ 并 $Q_L\geqslant-0.548$，接收批；若 $Q_U<-0.548$ 并 $Q_L<-0.548$，拒绝批。

【例5-6】 规定某种原材料的化学成分 SO_2 低于1.50%者为可接收，超过2.50%者为不可接收。由于无近期质量控制或抽样检验的数据，生产方与使用方根据以往经验商定，$\dot{\sigma}=0.85\%$ 采用未知标准差的“s”法确定抽样方案。

确定步骤：

(1) 已知 $\mu_{0u}=1.5\%$，$\mu_{1u}=2.5\%$，$\dot{\sigma}=0.85\%$。

(2) 计算 $B=\frac{\mu_{1u}-\mu_{0u}}{\dot{\sigma}}=\frac{2.5-1.5}{0.85}=1.175$。

(3) 从附表3中找出 $B=1.176$ 所在位置，它在表的第5行数字范围内（1.160～1.259)，由此得到：$n=8$，$k=-0.670$。

(4) 求得抽样方案为（8，-0.670)。即从批中抽取8个单位产品，检验后得到样本均值 $\overline{x}$ 和标准差 s 及 $Q_U=\frac{1.50-\overline{x}}{s}$。

(5) 若 $Q_U\geqslant-0.670$，接收批；若 $Q_U<-0.670$，拒绝批。

【例5-7】 要求一批钢板的洛氏硬度均值超过75时为可接收，低于70时为不可接收，由于无法预先估计批标准差，使用方和生产方商定，采用“s”法中规定的试抽样本方法来估计标准差，试抽样本量定为20。求所需的抽样方案。

确定步骤：

（1）已知 $\mu_{0l}=75$，$\mu_{1l}=70$。

（2）从批中随机抽取 20 个样品，测定硬度后，假定计算得到样本标准差 $s=6$，以此作为批标准差的估计值 $\hat{\sigma}$。

（3）计算 $B'=\frac{\mu_{0l}-\mu_{1l}}{\hat{\sigma}}=\frac{75-70}{6}=0.833$。

（4）从附表 3 中找出 $B'=0.833$ 所在位置，它在表的第 12 行数字范围内（0.800～0.839），由此得到：$n_1=15$，$k=-0.455$。

（5）由于抽样本量 $n_0=20>n_1$，所以应以试抽样本作为判断批能否接收的依据，其接收常数为试抽样本量 $n_0=20$ 的对应值 $k=-0.387$，求得抽样方案（20，−0.387）。计算其样本均值 $\overline{x}$ 和标准差 s 及 $Q_L=\frac{\overline{x}-75}{s}$。

（6）若 $Q_L\geqslant-0.387$，接收批；若 $Q_L<-0.387$，拒绝批。

【例 5-8】　设某种产品的标准尺寸为 100mm。如果批平均尺寸在（100±0.2）mm 之内，为可接收。在（100±0.5）mm 之外，为不可接收。由于无法预先估计批标准差，使用方和生产方商定，采用“s”法中规定的试抽样本方法来估计标准差，试抽样本量定为 $n_0=11$。求所需的抽样方案。

确定步骤：

（1）已知 $\mu_{0l}=99.8\text{mm}$，$\mu_{1l}=99.5\text{mm}$，$\mu_{0u}=100.2\text{mm}$，$\mu_{1u}=100.5\text{mm}$。

（2）从批中试抽 $n_0=11$ 个单位产品，测量尺寸并算得样本标准差，假定 $s=0.37$，以此作为批标准差的估计值 $\hat{\sigma}$。

（3）计算 $B=\frac{\mu_{1u}-\mu_{0u}}{\hat{\sigma}}=\frac{100.5-100.2}{0.37}=0.811$，$B'=\frac{\mu_{0l}-\mu_{1l}}{\hat{\sigma}}=\frac{99.8-99.5}{0.37}=0.811$。

（4）计算 $D=\frac{\mu_{0u}-\mu_{0l}}{\hat{\sigma}}=\frac{100.2-99.8}{0.37}=1.081$。

（5）从附表 4 中先找出 $B=\frac{\mu_{1u}-\mu_{0u}}{\sigma}=0.811$ 所在位置，确定样本量 $n_1=15$，再在此列找出计算值 $D=1.081$ 所在数字范围为 0.981 以上，由此得到：$k=-0.455$。

（6）由于抽样本量 $n_0=11<n_1$，所以从批中补抽 4 个单位产品，补足 15 个后，重新计算其样本均值 $\overline{x}$ 和标准差 s 及 $Q_U=\frac{\mu_{0u}-\overline{x}}{s}=\frac{100.2-\overline{x}}{s}$，$Q_L=\frac{\overline{x}-\mu_{0l}}{s}=\frac{\overline{x}-99.8}{s}$。

（7）若 $Q_U\geqslant-0.455$ 并 $Q_L\geqslant-0.455$，接收批；若 $Q_U<-0.455$ 并 $Q_L<-0.455$，拒绝批。

第四节　工 序 质 量 控 制

一、工序质量控制的内容

工序是产品生产过程中的基本环节，也是产品质量形成的基本环节。工序质量是多种因素共同作用下的结果。进行工序质量控制时，应着重于以下四个方面的工作。

1. 设置工序质量控制点

控制点是指为了保证工序质量而需要进行控制的重点或关键部位或薄弱环节。对所设置的控制点，应事先分析可能造成质量隐患的原因，并提出对策措施，加以预控。质量控制点设置的对象可以是关键部位、薄弱环节、关键工序、关键工序的关键质量特性、关键因素等。

2. 主动控制工序活动条件

工序活动条件包括的内容较多，主要是指影响质量的五大因素，即操作者、材料、机械设备、方法和环境。只要将这些因素切实有效地控制起来，使它们处于被控制状态，就能保证每道工序质量正常、稳定。

3. 严格遵守操作规程

生产操作规程是生产者进行操作的依据，是确保工序质量的前提，任何人都必须严格执行，不得违反。

4. 及时检验工序质量

检验工序质量就是通过对样本检测所得数据进行分析，判断工序处于何种状态。如分析结果表明处于异常状态，应查明原因，采取纠正措施。

二、工序质量控制的工具

（一）直方图

直方图又称质量分布图，是将收集到的质量数据进行分组并统计其频数，然后绘制成直方图，用图形来描述质量分布状态的一种分析方法。

1. 直方图的绘制步骤

直方图由一个纵坐标、一个横坐标和若干个长方形组成。横坐标为质量特性，纵坐标是频数时，直方图为频数直方图；纵坐标是频率时，直方图为频率直方图。

（1）收集整理数据。用随机抽样的方法抽取数据，一般要求数据在50个以上。下面结合实例介绍直方图的绘制步骤。

【例5-9】　某建筑工程浇筑C30混凝土，为对其抗压强度进行质量分析，先后收集了60份抗压强度试验报告单，经整理见表5-4。

表5-4　　**混凝土抗压强度**

序号	抗压强度数据 x						最大值	最小值
1	26.9	22.5	33.4	35.1	28.5	33.8	35.1	22.5
2	33.2	27.4	20.2	38.0	25.3	28.9	38.0	20.2
3	31.9	28.6	33.7	33.5	29.5	36.8	36.8	28.6
4	37.1	25.5	28.3	37.1	26.8	28.3	37.1	25.5
5	30.4	21.4	28.7	26.7	38.1	20.0	38.1	20.0
6	39.2	39.5	32.9	26.9	19.2	26.0	39.5	19.2
7	28.1	21.6	18.6	32.1	22.8	27.2	32.1	18.6
8	32.0	37.1	25.4	30.2	29.6	25.5	37.1	25.4

续表

序号	抗压强度数据 x						最大值	最小值
9	20.4	34.9	18.1	25.9	30.8	40.5	40.5	18.1
10	30.8	30.1	27.1	35.3	28.0	31.1	35.3	27.1

(2) 计算极差 R。极差 R 是数据中最大值和最小值之差，本例中：

$$x_{\max}=40.5,\ x_{\min}=18.1,\ R=x_{\max}-x_{\min}=22.4$$

(3) 确定组数 k。数据组数应根据数据多少来确定。组数过少，会掩盖数据的分布规律；组数过多，使数据过于零乱分散，也不能显示出质量分布状况。确定组数的原则是分组的结果能正确地反映数据的分布规律。迄今为止，尚无准确的计算公式用来确定 k 值，一般可参考表 5-5 的经验数值。本例中取 $k=8$。

表 5-5　　分组数与数据个数的关系

数据数 n	<50	50～100	100～250	>250
分组数 k	5～7	6～10	7～12	10～20

(4) 确定组距 h。分组数 k 确定后，组距 h 也就随之确定。

$$h=\frac{R}{k}=\frac{x_{\max}-x_{\min}}{k} \tag{5-13}$$

组数、组距的确定应结合极差综合考虑，使分组结果能包括全部变量值，同时也便于计算分析。

本例中，$h=\dfrac{22.4}{8}\approx 2.8$。

(5) 确定组的边界值。组的边界值是指组的上界值和下界值的统称。为了避免数据的最小值落在第一组的下界值上，第一组的下界值应比 $x_{\min}$ 小；同理，最后一组的上界值应比 $x_{\max}$ 大。各组上、下界值的计算如下：

第一组下界值：$x_{下}^{(1)}=x_{\min}-\dfrac{1}{2}h$ ；

第一组上界值：$x_{上}^{(1)}=x_{\min}+\dfrac{1}{2}h=x_{下}^{(1)}+h$ ；

第二组下界值：$x_{下}^{(2)}=x_{上}^{(1)}$；

第二组上界值：$x_{上}^{(2)}=x_{下}^{(2)}+h$ ；

依次类推，即可得到各组的边界值。本例各组的边界值见表 5-7。

(6) 编制数据频数统计表。按上述分组范围，统计数据落入各组的频数并计算相应的频率，填入表内。本例频数统计结果见表 5-6。

表 5-6　　频数分布表

组　号	组界值	频　数	频　率/%
1	16.71～19.51	3	5.0
2	19.51～22.31	5	8.3
3	22.31～25.11	6	10.0

续表

组号	组界值	频数	频率/%
4	25.11～27.91	9	15.0
5	27.91～30.71	13	21.7
6	30.71～33.51	9	15.0
7	33.51～36.31	7	11.7
8	36.31～39.11	5	8.3
9	39.11～41.91	3	5.0
合计		60	100

(7) 绘制频数分布直方图。根据频数分布表中的统计数据可作出直方图，图 5-13 为［例 5-9］的频数直方图。

2. 直方图的观察与分析

(1) 观察直方图的形状，判断生产过程是否稳定。绘完直方图后，要认真观察直方图的总体形状，看其是否属于正常型直方图。正常型直方图呈现中间高，两侧低，左右近似对称的特点，如图 5-14 (a) 所示。正常型直方图说明生产过程处于稳定状态。

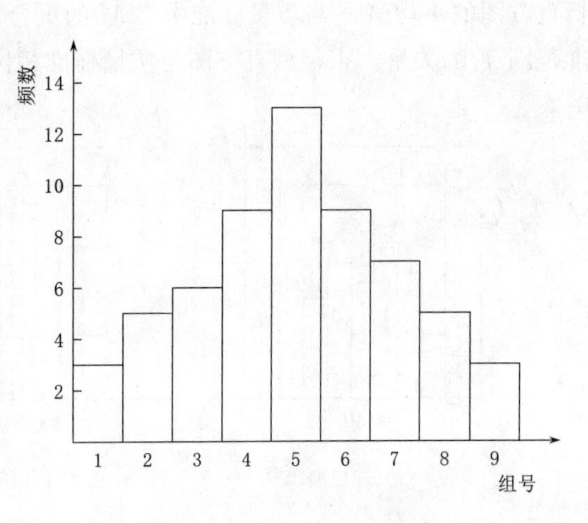

图 5-13 频数直方图

异常型直方图表明生产过程异常或数据的收集有问题，这就要求进一步分析判断，找出原因，从而采取措施加以纠正。异常型直方图一般有以下 6 种类型：

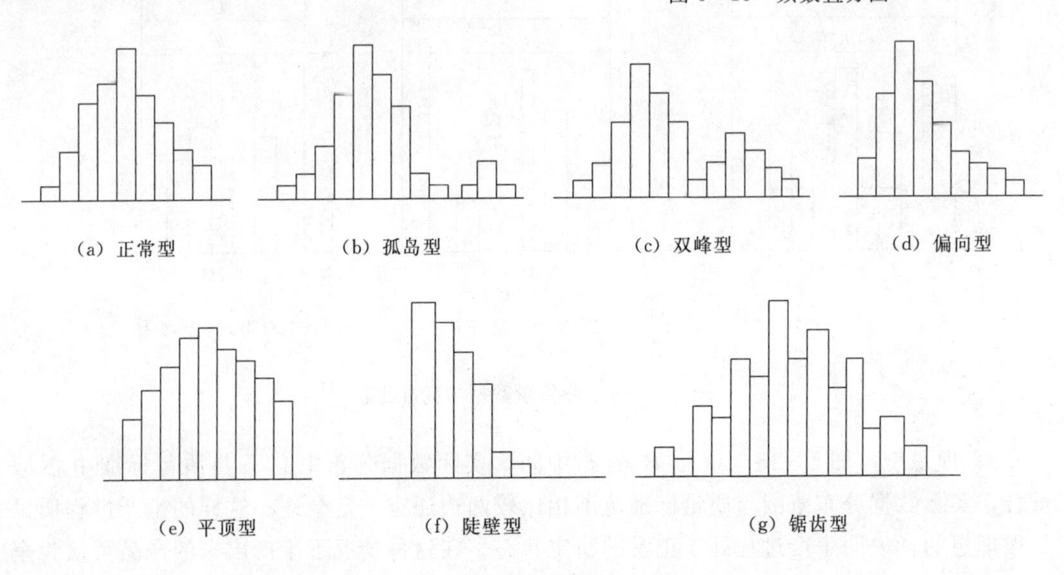

图 5-14 常见直方图

1）孤岛型。是由于原材料发生变化，或者他人临时顶班作业造成的。

2）双峰型。这是由于观测值来自两个总体，不同分布的数据混合在一起造成的。

3）偏向型。指图的顶峰有时偏向左侧、有时偏向右侧。由于某种原因使下限受到限制时，容易发生偏左型。由于某种原因使上限受到限制时，容易发生偏右型。

4）平顶型。是由于生产过程中某种缓慢的倾向在起作用，如工具的磨损、操作者的疲劳等。

5）陡壁型。当用剔除了不合格品的产品数据作频数直方图时容易产生这种形状。

6）锯齿型。是由于作图时数据分组太多，或测量仪器误差过大或观测数据不准确等造成的。

（2）将直方图与质量标准比较，判断生产过程的能力。正常型的直方图，并不意味质量分布就完全合理，还必须与规定的质量标准比较，从而判断生产过程能力。其主要是分析直方图的平均值 $\overline{x}$ 与质量标准中心 M 的重合程度以及分析直方图的分布范围 B 同质量标准范围 T 的关系。正常型直方图与质量标准相比较，一般有如图 5－15 所示的 6 种情况。

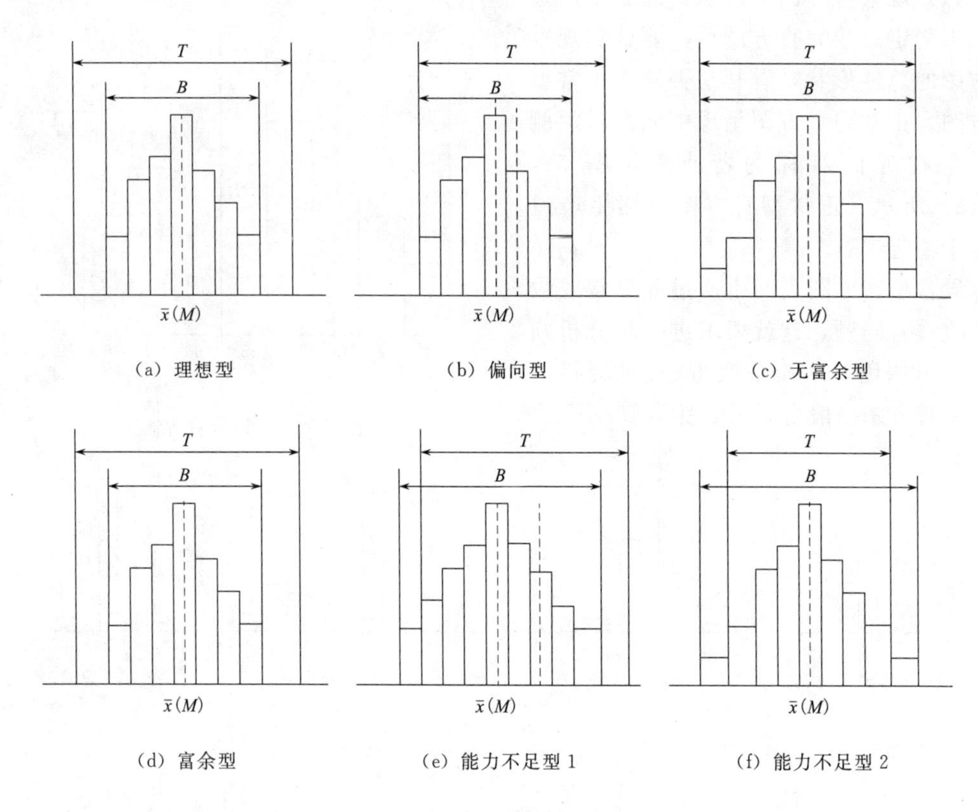

图 5－15　实际质量数据与标准比较

1）理想型［图 5－15（a）］。B 在 T 中间，实际数据分布中心 $\overline{x}$ 与质量标准中心 M 重合，实际数据分布范围与质量标准范围相比较两边还有一定余地。这样的生产过程质量是很理想的，说明生产过程处于正常的稳定状态。在这种情况下生产出来的产品可认为全都是合格品。

2）偏向型［图 5-15（b）］。B 虽然落在 T 内，但实际数据分布中心 $\overline{x}$ 与质量标准中心 M 不重合而偏向一边。如果生产状态一旦发生变化，实际数据就可能超出质量标准下限而出现不合格品。出现这种情况时应迅速采取措施，使直方图移到中间来。

3）无富余型［图 5-15（c）］。B 在 T 中间，且 B 的范围接近 T 的范围，没有余地，生产过程一旦发生小的变化，实际数据就可能超出质量标准。出现这种情况时，必须立即采取措施，以缩小实际数据分布范围。

4）富余型［图 5-15（d）］。B 在 T 中间，但两边余地太大，说明控制过于精细，不经济。在这种情况，可以对原材料、设备、工艺、操作等控制要求适当放宽些，有目的地使 B 扩大，从而有利于降低成本。

5）能力不足型［图 5-15（e）和图 5-15（f）］。质量分布范围 B 已超出质量标准上下限之外，说明已出现不合格品，生产过程能力不足，此时必须采取措施进行调整，使数据分布位于标准范围之内。

（二）控制图

控制图又称为管理图，是对生产过程质量特性进行测定、记录、评估，从而判断生产过程是否处于控制状态的一种图形。图中横轴代表时间或者样本号，纵轴代表样本统计量，另有三条平行于横轴的直线：中心线（central line，CL）、上控制线（upper control line，UCL）和下控制线（lower control line，LCL），还有根据样本统计量数值描绘的点和折线。中心线是样本统计量的平均值；上下控制界限与中心线相距数倍标准差，通常设定在正负 3 倍标准差的位置（$\pm 3\sigma$）。若控制图中的描点落在 UCL 与 LCL 之外或描点在 UCL 和 LCL 之间的排列不随机，则表明生产过程异常，如图 5-16 所示。

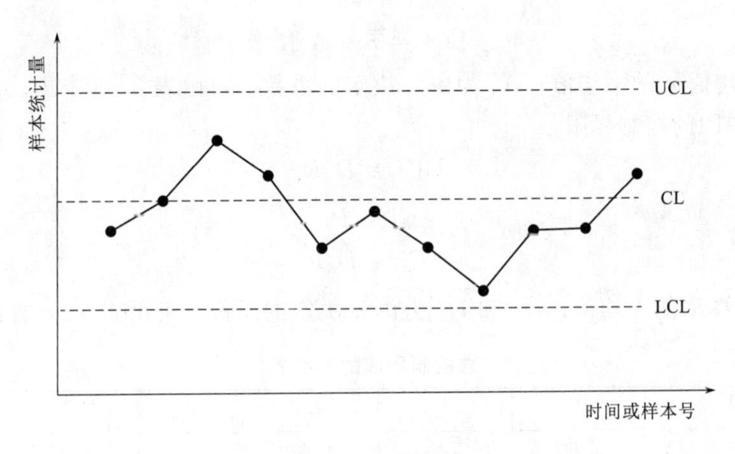

图 5-16 控制图

1. 控制图的种类

控制图根据数据的种类不同，可以分为两大类，即计量值控制图和计数值控制图。

计量值控制图以计量值数据的质量特性值为控制对象。属于这类的有：单值控制图（x 控制图）、平均值-极差控制图（$\overline{x}-R$ 控制图）以及中位数-极差控制图（$\tilde{x}-R$ 控制图）等。

计数值控制图是以计数值数据的质量特性值为控制对象。不合格品率控制图（p 控制图）和不合格品数控制图（np 控制图），这两种控制图称为计件值控制图；还有缺陷数控制图（c 控制图）和单位缺陷数控制图（u 控制图），这两类控制图称为计点值控制图。常用的控制图类型及控制界限的计算见表 5-7。

表 5-7　　常用控制图类型及控制界限的计算

数据类型	分布	控制图名称	代号	中心线	上　下　限
计量值	正态分布	均值-标准差控制图	$\overline{x}-s$	$\overline{\overline{x}}$；$\overline{s}$	$\overline{\overline{x}}\pm A_2R$；$B_4\overline{s}$，$B_3\overline{s}$
		均值-极差控制图	$\overline{x}-R$	$\overline{\overline{x}}$；$\overline{R}$	$\overline{\overline{x}}\pm A_2R$；$D_4\overline{R}$，$D_3\overline{R}$
		中位数-极差控制图	$\tilde{x}-R$	$\overline{\tilde{x}}$；R	$\overline{\tilde{x}}\pm A_2R$；$D_4\overline{R}$，$D_3\overline{R}$
		单值-移动极差控制图	$x-R_s$	$\overline{x}$;$\overline{R_s}$	$\overline{x}\pm2.66\overline{R_s}$；$3.27\overline{R_s}$，不考虑
计件值	二项分布	不合格率控制图	p	$\overline{p}$	$\overline{p}\pm3\sqrt{\overline{p}(1-\overline{p})/n}$
		不合格数控制图	np	$n\overline{p}$	$n\overline{p}\pm3\sqrt{n\overline{p}(1-\overline{p})}$
计点值	泊松分布	单位缺陷控制图	u	$\overline{u}$	$\overline{u}\pm3\sqrt{\overline{u}/n}$
		缺陷数控制图	c	$\overline{c}$	$\overline{c}\pm3\sqrt{\overline{c}}$

2．$\overline{x}-R$ 控制图

$\overline{x}-R$ 图能同时反映质量数据平均值的变化和质量数据的离散程度。

（1）控制界限的确定。

1）$\overline{x}$ 控制图的控制界限。

$$\mathrm{UCL}=\overline{\overline{x}}+A_2R$$
$$\mathrm{CL}=\overline{\overline{x}}$$
$$\mathrm{LCL}=\overline{\overline{x}}-A_2R$$

式中：$\overline{\overline{x}}$ 为平均值 $\overline{x}$ 的平均值；A_2 为由 n 决定的系数，可由表 5-8 查出。

2）R 控制图的控制界限。

$$\mathrm{UCL}=D_4\overline{R}$$
$$\mathrm{CL}=\overline{R}$$
$$\mathrm{LCL}=D_3\overline{R}$$

式中：$\overline{R}$ 为极差 R 的平均值；D_3 和 D_4 为由 n 决定的系数，可由表 5-8 查出。

表 5-8　　求控制界限的系数表

n	A_2	D_4	D_3	E_2	m_3A_2	d_2	d_3
2	1.880	3.267	—	2.659	1.880	1.128	0.853
3	1.023	2.575	—	1.772	1.187	1.693	0.888
4	0.729	2.282	—	1.457	0.796	2.059	0.880
5	0.577	2.115	—	1.290	0.691	2.326	0.864
6	0.483	2.004	—	1.184	0.549	2.534	0.848
7	0.419	1.924	0.076	1.109	0.509	2.704	0.833
8	0.373	1.864	0.136	1.054	0.432	2.847	0.820

续表

n	A_2	D_4	D_3	E_2	m_3A_2	d_2	d_3
9	0.337	1.816	0.184	1.010	0.412	2.970	0.808
10	0.308	1.777	0.223	0.975	0.363	3.173	0.797

(2) 绘图步骤。下面结合实例，介绍 $\overline{x}-R$ 控制图的绘图步骤。

1）收集数据。绘制 $\overline{x}-R$ 控制图时，原则上要收集 50～100 个数据。本例共收集到 100 个实测数据。

2）数据分组。把所有数据按时间顺序分组，每组 4～5 个数据。本例将 100 个数据分为 20 组，每组 5 个数据，见表 5-9。

表 5-9　混凝土抗压强度数据

组号	混凝土抗压强度数据/MPa					$\overline{x}$	R
	X_1	X_2	X_3	X_4	X_5		
1	29.4	27.3	28.2	27.1	28.3	28.06	2.3
2	28.5	28.9	28.3	29.9	28.0	28.72	1.9
3	28.9	27.9	28.1	28.3	28.9	28.41	1.0
4	28.3	27.8	27.5	28.4	27.9	27.98	0.9
5	28.8	27.1	27.1	27.9	28.0	27.78	1.6
6	28.5	28.6	28.3	28.9	28.8	28.62	0.6
7	28.5	29.1	28.4	29.0	28.6	28.72	0.7
8	28.9	27.9	27.8	28.6	28.4	28.32	1.0
9	28.5	29.2	29.0	29.1	28.0	28.76	1.2
10	28.5	28.9	27.7	27.9	27.7	28.14	1.3
11	29.1	29.0	28.7	27.6	28.3	28.54	1.5
12	28.3	28.6	28.0	28.3	28.5	28.34	0.6
13	28.5	28.7	28.3	28.3	28.7	28.50	0.4
14	28.3	29.1	28.5	27.7	29.3	28.58	1.6
15	28.8	28.3	27.8	28.1	28.4	28.25	1.0
16	28.9	28.1	27.3	27.5	28.4	28.04	1.6
17	28.4	29.0	28.9	28.3	28.6	28.64	0.7
18	27.7	28.7	27.7	29.0	29.4	28.50	1.7
19	29.3	28.1	29.7	28.5	28.9	28.90	1.6
20	27.0	28.8	28.1	29.4	27.9	28.64	1.5

3）计算每组的平均值 $\overline{x}$ 和极差 R。根据 $\overline{x}$ 和 R 的计算公式，分别计算出各组的 $\overline{x}$ 和 R。

4）计算 $\overline{\overline{x}}$ 和 $\overline{R}$。

本例中，$\overline{\overline{x}}=\frac{1}{20}\sum_{i=1}^{20}\overline{x_i}=\frac{568.48}{20}=28.42$，$\overline{R}=\frac{1}{20}\sum_{i=1}^{20}R_i=\frac{24.6}{20}=1.23$。

5）计算控制界限。本例中，对于 $\overline{x}$ 图，UCL＝30.23，CL＝28.42，LCL＝26.61；对于 R 图，UCL＝2.60，CL＝1.23，不考虑 LCL。

6）绘制控制图。通常把 $\overline{x}$ 图和 R 图画在同一个坐标系上，以便于观察对比。一般横坐标代表子样组号或时间，$\overline{x}$ 和 R 图共用；$\overline{x}$ 和 R 共用一根纵轴，但各自标上自己的单位。一般 $\overline{x}$ 图在上，R 图在下。根据表 5-9 的数据和控制线的计算结果，绘制出的控制图如图 5-17 所示。

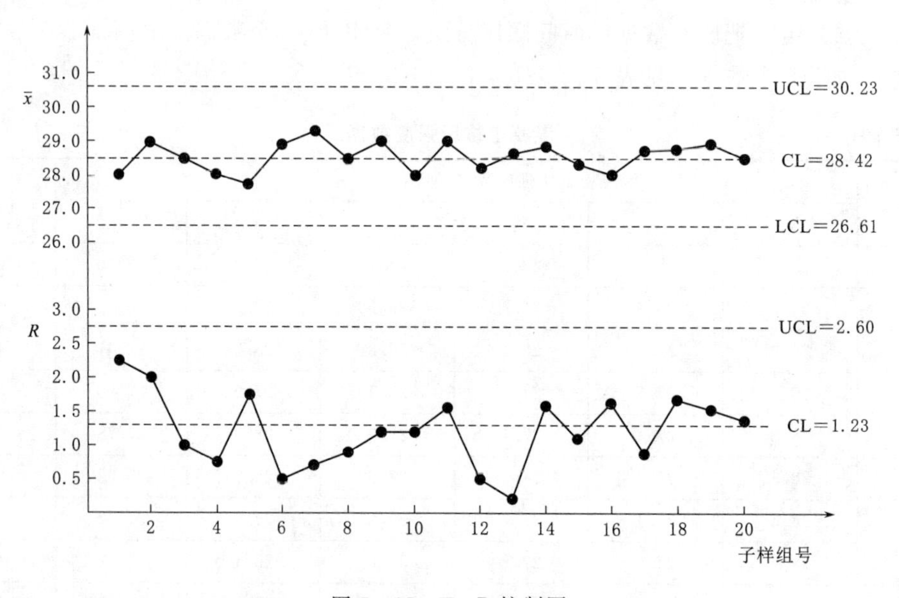

图 5-17　$\overline{x}$-R 控制图

3. 单值-移动极差控制图

单值-移动极差控制图是把单值控制图（x 图）和移动极差控制图（R_s 图）画在同一个坐标系上，以便于观察对比。一般横坐标代表子样组号或时间，x 图和 R_s 图共用；x 图和 R_s 图共用一根纵轴，但各自标上自己的单位。一般 x 图在上，R_s 图在下。这里的单值是指每次只能获得一个测量值，移动极差是指相邻两次测量值的差的绝对值。

（1）控制界限的确定。

1）x 控制图的控制界限。

$$\mathrm{UCL}=\overline{x}+2.66\times\overline{R_s}$$
$$\mathrm{CL}=\overline{x}$$
$$\mathrm{LCL}=\overline{x}-2.66\times\overline{R_s}$$

式中：$\overline{x}$ 为 x 的平均值；$\overline{R_s}$ 为移动极差的平均值。

2）R_s 控制图的控制界限。

$$\mathrm{UCL}=3.27\overline{R_s}$$
$$\mathrm{CL}=\overline{R_s}$$

$$LCL=0$$

（2）绘图步骤。

下面结合实例，介绍单值-移动极差控制图的绘图步骤。

1）收集数据。某车间试制一种零件，试制这个零件需要24h，也就是说，要经过24h才能收集到一个该零件的质量特性数据。本例共收集到20个数据，见表5-10。

表5-10　零件的质量特性数据

样本号	测定值	移动极差	样本号	测定值	移动极差
	x_i	R_s		x_i	R_s
1	2.40	—	12	2.43	0.00
2	2.30	0.10	13	2.63	0.20
3	2.57	0.27	14	2.53	0.10
4	2.67	0.10	15	2.57	0.04
5	2.53	0.14	16	2.70	0.13
6	2.47	0.06	17	2.30	0.40
7	2.73	0.26	18	2.40	0.10
8	2.37	0.36	19	2.43	0.03
9	2.13	0.24	20	2.70	0.27
10	2.50	0.37	合计	49.79	3.24
11	2.43	0.07	平均	2.49	0.17

2）求$\overline{x}$、R_s和$\overline{R_s}$。本例中，$\overline{x}=2.49$；R_s是指相邻两次测量值的差的绝对值，结果见表5-10；$\overline{R_s}=0.17$。

3）计算控制界限。本例中，对于x图，$UCL=\overline{x}+2.66\times\overline{R_s}=2.94$，$CL=2.49$，$LCL=\overline{x}-2.66\times\overline{R_s}=2.04$；对于$R$图，$UCL=3.27$，$\overline{R_s}=0.556$，$CL=0.17$，不考虑LCL。

4）绘制控制图。根据表5-18的数据和控制线的计算结果，绘制出的控制图如图5-18所示。

4. 不合格率p控制图

一批稳定状态下生产的大量产品中，假定不合格品的概率为p，随机抽取样品数为n的样本，以d代表样本中不合格品的个数，则d的分布服从二项分布。当$np\geqslant 3$时，又可将二项分布近似看成正态分布。这就是不合格率控制图的理论基础。

p控制图通过对产品的不合格品率的变化来控制产品的质量。一般p控制图是单独使用的，不需组合。

（1）控制界限的确定。

$$UCL=\overline{p}+3\sqrt{\overline{p}(1-\overline{p})/n}$$

$$CL=\overline{p}$$

$$LCL=\overline{p}-3\sqrt{\overline{p}(1-\overline{p})/n}$$

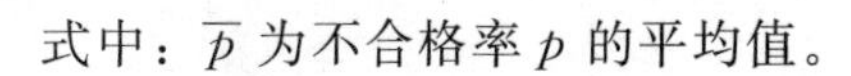

式中：$\overline{p}$ 为不合格率 p 的平均值。

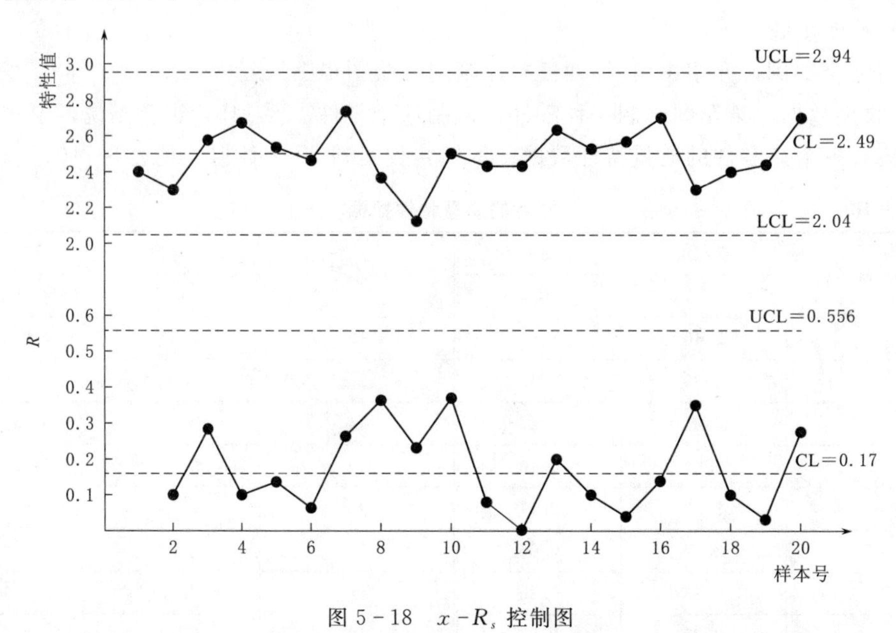

图 5-18　x-R_s 控制图

（2）绘图步骤。下面结合实例，介绍不合格率 p 控制图的绘图步骤。

1）收集数据。某厂对某种产品质量进行检查，检查记录见表 5-11。

表 5-11　　某厂产品抽样数据

样品组号	检查样品数	不合格品数	不合格品率	样品组号	检查样品数	不合格品数	不合格品率
1	500	11	0.022	17	500	18	0.036
2	500	19	0.038	18	500	22	0.044
3	500	13	0.026	19	500	15	0.030
4	500	16	0.032	20	500	16	0.032
5	500	14	0.028	21	500	23	0.046
6	500	12	0.024	22	500	10	0.020
7	500	25	0.050	23	500	12	0.024
8	500	13	0.026	24	500	18	0.036
9	500	16	0.032	25	500	13	0.026
10	500	15	0.030	26	500	13	0.026
11	500	12	0.024	27	500	5	0.010
12	500	16	0.032	28	500	21	0.042
13	500	22	0.044	29	500	17	0.031
14	500	26	0.052	30	500	28	0.056
15	500	14	0.028	合计	15000	499	
16	500	24	0.048	平均	500		0.0333

2）求 $\overline{p}$。本例中，$\overline{p}=0.0333$。

3）计算控制界限。本例中，$UCL=\overline{p}+3\sqrt{\overline{p}(1-\overline{p})/n}=0.0574$，$CL=\overline{p}=0.0333$，$LCL=\overline{p}-3\sqrt{\overline{p}(1-\overline{p})/n}=0.0092$。

4）绘制控制图。根据表 5－11 的数据和控制线的计算结果，绘制出的控制图如图 5－19 所示。

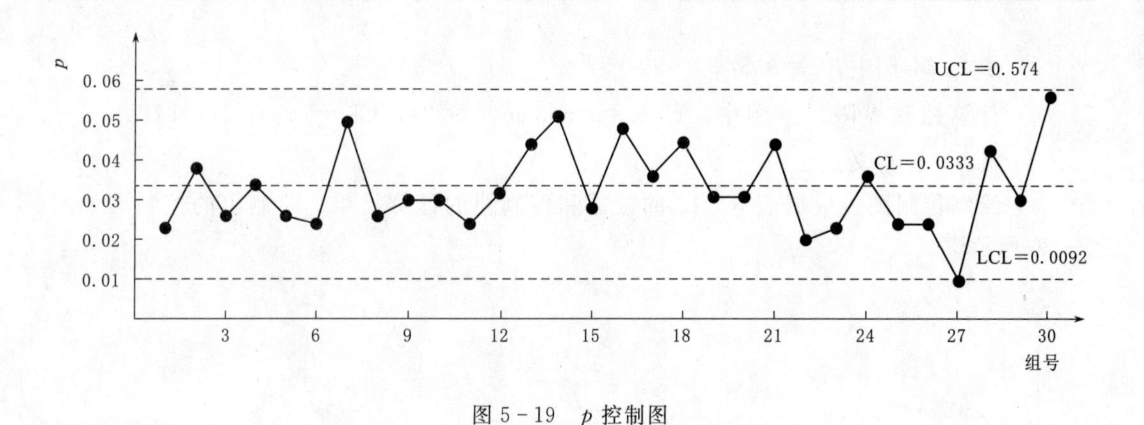

图 5－19　p 控制图

5. 缺陷数 c 控制图

在生产中，产品上的缺陷数常常服从泊松分布。而当参数 $\lambda \geqslant 3$ 时，泊松分布又与正态分布近似。这就是 c 控制图的理论基础。

（1）控制界限的确定。

$$UCL=\overline{c}+3\sqrt{\overline{c}}$$

$$CL=\overline{c}$$

$$LCL=\overline{c}-3\sqrt{\overline{c}}$$

式中：c 为缺陷数 c 的平均值。

（2）绘图步骤。下面结合实例，介绍缺陷数 c 控制图的绘图步骤。

1）收集数据。某厂对钢管焊接质量进行检查，检查记录见表 5－12。

表 5－12　　钢管焊接部位缺陷数

样品号	缺陷数 c	样品号	缺陷数 c	样品号	缺陷数 c
1	3	8	3	15	6
2	2	9	7	16	5
3	6	10	5	17	8
4	2	11	3	18	6
5	1	12	2	19	6
6	1	13	3	20	7
7	4	14	5	21	6

续表

样品号	缺陷数 c	样品号	缺陷数 c	样品号	缺陷数 c
22	2	26	1	30	2
23	1	27	3	合计	107
24	1	28	3		
25	2	29	1		

2）求 $\bar{c}$。本例中，$\bar{c}=3.57$。

3）计算控制界限。本例中，$UCL=\bar{c}+3\sqrt{\bar{c}}=9.24$，$CL=\bar{c}=3.57$，$LCL=\bar{c}-3\sqrt{\bar{c}}=-2.1$，无意义。

4）绘制控制图。根据表 5-12 的数据和控制线的计算结果，绘制出的控制图如图 5-20 所示。

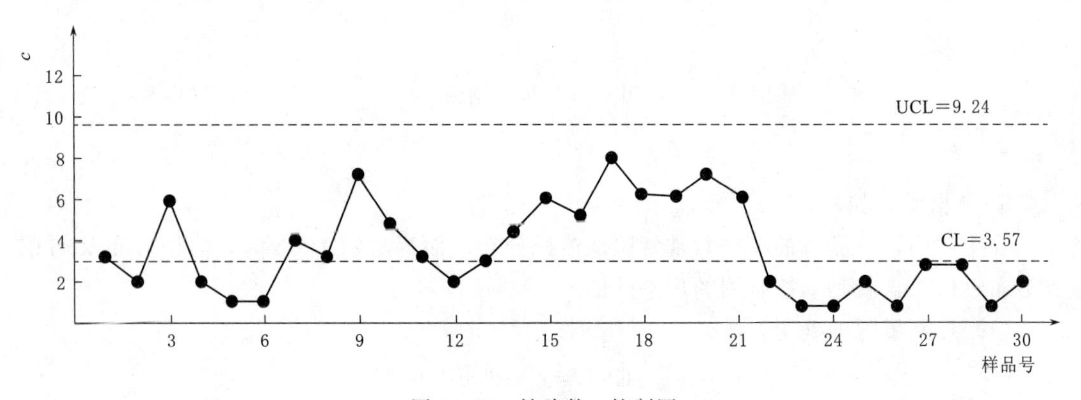

图 5-20　缺陷数 c 控制图

6. 控制图的观察和分析

用控制图识别生产过程的状态，主要是根据样本数据形成的样本点位置以及变化趋势进行分析和判断。处于受控状态的管理图，主要有两条判断标准：①样本点没有超出上、下界限；②样本点是按随机分布的。

处于失控状态的管理图，情况复杂多样，一般有以下特征：

(1) 样本点超出上、下界限，说明工序发生了异常变化，应及时查明原因，采取有效措施，改变工序生产的异常状况。

(2) 样本点在控制界限内，但排列异常。排列异常主要指出现以下几种情况：

1）连续 7 个以上的样本点在中心线上方或下方（图 5-21）。

2）连续 3 个样本点中的两个点进入警戒区域（指离中心线 $2\sigma\sim3\sigma$ 之间的区域），如图 5-22 所示。

3）连续 7 个以上样本点呈上升或下降趋势，如图 5-23 所示。

4）样本点的排列状态呈周期性变化，如图 5-24 所示。

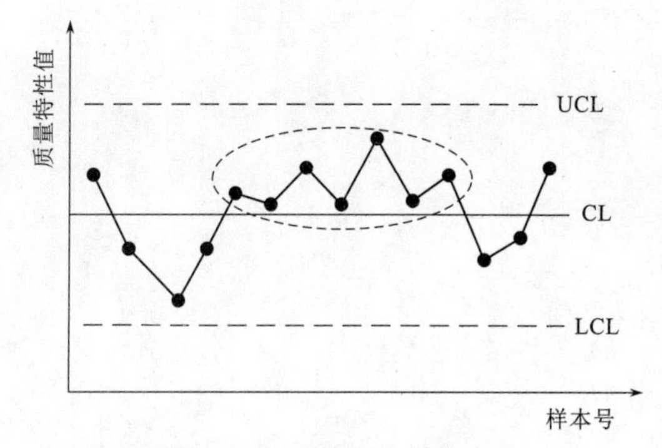

图 5-21 连续 7 个样本点在中心线上方的情形

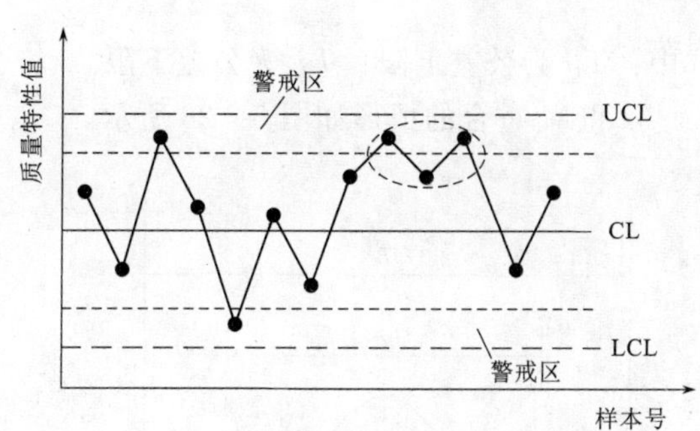

图 5-22 连续 3 个样本点中有两个点在警戒区内的情形

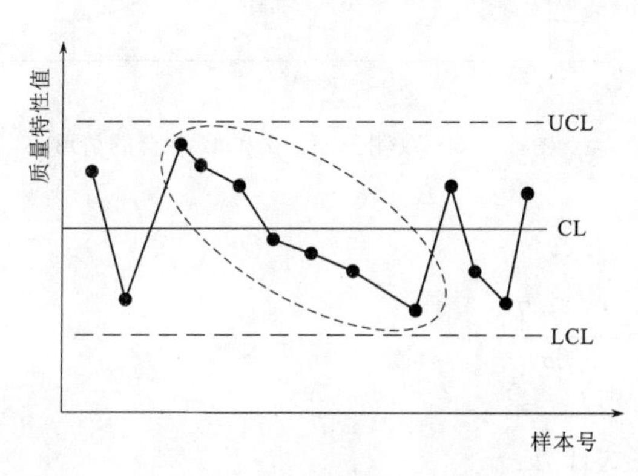

图 5-23 连续 7 个样本点呈下降趋势的情形

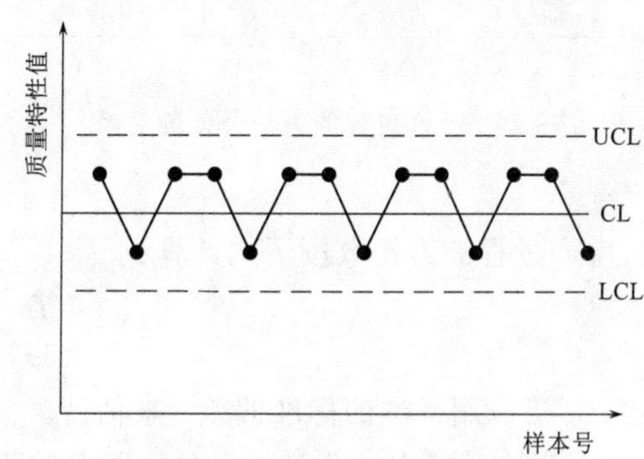

图 5-24 点子呈周期变化的情形

（三）生产过程能力分析

由于生产过程中影响产品质量的因素多且存在一定的波动性，因此产品质量数据总是离散的。生产过程能力就是用来反映产品质量数据的离散程度的指标，通常用 6σ 来反映生产过程能力的大小。6σ 值越小，意味着产品质量数据分布越集中，生产过程能力越高，反之，意味着产品质量数据分布越分散，生产过程能力越低，如图 5-25 所示。

生产过程能力指数指生产过程能力满足公差要求的程度，它等于公差（T）与生产过程能力的比值，用 C_p 表示，即 $C_p=\frac{T}{6\sigma}$，C_p 值越大，意味着生产过程能力满足公差要求的程度越高，但是 C_p 值过大，可能意味着生产过程能力过剩较多，控制质量的成本太高而显得不够经济。

1. 生产过程能力指数的计算

(1) 双向公差的情况。

1）当 $\mu=M$ 时。μ 指总体均值，M 指公差中心。

$$M=\frac{T_U+T_L}{2}$$

式中：T_U 为公差上限；T_L 为公差下限。

μ 和 M 重合的情形如图 5-26 所示。

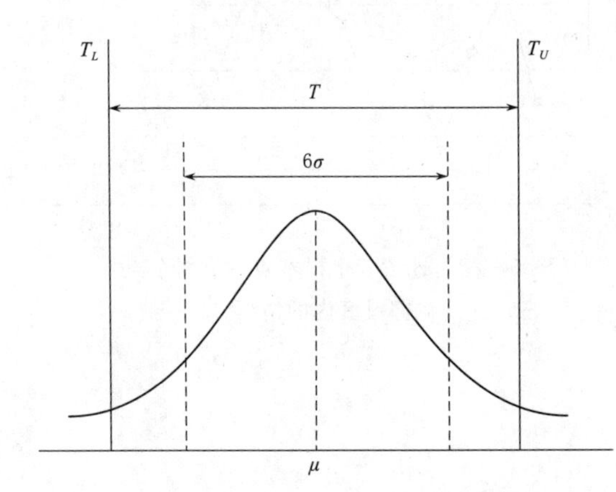

图 5-25　生产过程能力与公差的关系

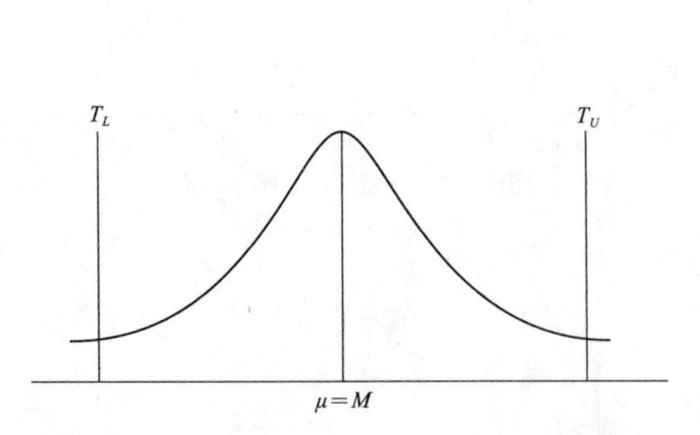

图 5-26　双侧公差，μ 和 M 重合的情形

生产过程能力指数按下式计算：

$$C_p=\frac{T}{6\sigma}=\frac{T_U-T_L}{6\sigma}$$

式中：σ 可以用样本的标准偏差 s 来估计。

2）当 $\mu\neq M$ 时。生产过程能力指数按下式计算：

$$C_{pk}=C_p(1-k)$$

式中：$k=\frac{\left|\frac{1}{2}(T_U+T_L)-\mu\right|}{\frac{1}{2}(T_U-T_L)}$。

【例 5-10】　某零件内径尺寸公差要求为 $\phi 20\pm^{0.025}_{0.010}$，随机抽取 100 个样品做检查，经过计算得到 $\overline{X}=20.0075$，$s=0.005$，试计算生产过程能力指数。

$M=\frac{T_U+T_L}{2}=\frac{20.025+19.990}{2}=20.0075$，因为 $\mu=\overline{x}=20.0075=M$，所以 $C_p=\frac{T_U-T_L}{6s}=\frac{20.025-19.990}{6\times 0.005}=1.17$。

假定上例中的公差不变，但 $\overline{X}=20.011$，$s=0.005$，试计算生产过程能力指数。

$M=\frac{T_U+T_L}{2}=20.0075$，因为 $\mu=\overline{x}=20.011\neq M$，所以 $C_{pk}=(1-k)C_p=\left(1-\frac{0.0035}{0.0175}\right)C_p=0.8\times 1.17=0.936$。

(2) 单向公差的情况。

1) 只规定公差上限标准时。生产过程能力指数按下式计算:

$$C_p = \frac{T_u - \mu}{3\sigma} \approx \frac{T_u - \overline{x}}{3s}$$

2) 只规定公差下限标准时。生产过程能力指数按下式计算:

$$C_p = \frac{\mu - T_L}{3\sigma} \approx \frac{\overline{x} - T_L}{3s}$$

【例 5－11】 某工程设计要求混凝土抗压强度下限为 30MPa，样本标准差为 0.65MPa，样本的均值为 32MPa，求生产过程能力指数。

$$C_p = \frac{\mu - T_L}{3\sigma} \approx \frac{\overline{x} - T_L}{3s} = \frac{2}{3 \times 0.65} = 1.03$$

2. 生产过程能力评价

由生产过程能力指数的定义可知，在公差不变的情况下，指数越大，说明 σ 的值越小，质量控制的越好，但过大的生产过程能力指数会使质量控制的成本太高，在经济上不合理。较为理想的生产过程能力指数是 1.33。生产过程能力指数与生产过程能力评价结果的关系见表 5－13。

表 5－13　生产过程能力指数与生产过程能力评价结果的关系

序号	C_p 值	T 与 σ 的关系	生产过程能力评价的结果
1	$C_p \geqslant 1.67$	$T > 10\sigma$	能力过剩
2	$1.67 > C_p \geqslant 1.33$	$10\sigma \geqslant T > 8\sigma$	能力充足
3	$1.33 > C_p \geqslant 1.0$	$8\sigma \geqslant T > 6\sigma$	能力尚可
4	$1.0 > C_p \geqslant 0.67$	$6\sigma \geqslant T > 4\sigma$	能力不足
5	$0.67 > C_p$	$T \leqslant 4\sigma$	能力严重不足

3. 生产过程能力指数与不合格率的关系

假定质量数据分布中心与双侧公差中心重合，设 p_U 为质量特征值超出公差上限的概率（不合格率），p_L 为质量特征值超出公差下限的概率（不合格率），如图 5－27 所示。

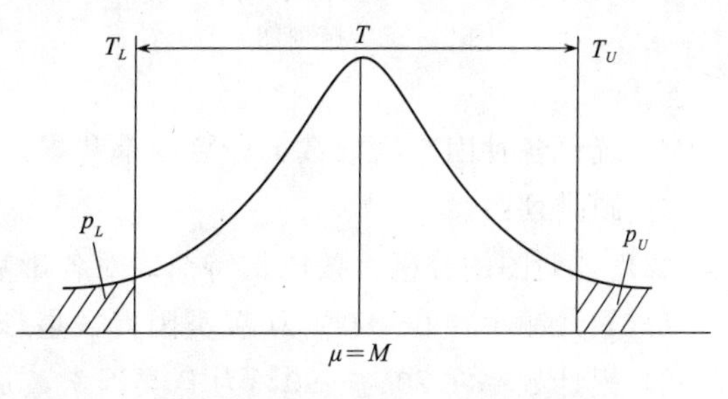

图 5－27　超出公差上下限的概率

$$p_U = p(x > T_U) = p\left(\frac{x-\mu}{\sigma} > \frac{T_U - \mu}{\sigma}\right)$$

$$= p\left(t > \frac{T}{2\sigma}\right) = p\left(t > \frac{6\sigma \times C_p}{2\sigma}\right)$$

$$= 1 - p(t < 3C_p) = 1 - \phi(3C_p)$$

式中：t 为标准正态分布统计量；ϕ 为标准正态分布函数。

同理，

$$p_L = p(x < T_L) = p\left(\frac{x-\mu}{\sigma} < \frac{T_L-\mu}{\sigma}\right) = p\left(t < \frac{-T}{2\sigma}\right) = p\left(t < \frac{-6\sigma \times C_p}{2\sigma}\right)$$

$$= p(t < 3C_p) = 1 - \phi(3C_p)$$

质量特征值超出公差上下限总的概率为

$$p = p_U + p_L = 2[1 - \phi(3C_p)]$$

【例 5-12】 某零件内径尺寸公差要求为 $\phi 20 \pm^{0.025}_{0.010}$，随机抽取 100 个样品做检查，经过计算得到 $\overline{X}=20.0075$，$s=0.008$，求可能出现的不合格率。

(1) $C_p = \dfrac{T_U - T_L}{6s} = \dfrac{20.025-19.990}{6\times 0.008} = 0.729$。

(2) ϕ $(3C_p)$ $=\phi$ (2.188) $=0.986$。

(3) $p=2\times$ $(1-0.986)$ $=0.0287$。

即不合格率为 2.87%。

(四) 排列图

排列图法，又称主次因素分析法、帕累托图法，它是找出影响产品/工序质量主要因素的一种简单而有效的图表方法。排列图是由一个横坐标、两个纵坐标、若干个矩形和一条折线组成，如图 5-28 所示。图中横坐标表示影响质量的各种因素，按出现的次数多少从左到右排列；左边纵坐标表示频数，即影响质量的因素重复发生或出现的次数（或件数、个数、点数）；右边的纵坐标表示频率；矩形的高度表示该因素频数的高低；折线表示各因素依次的累计频率，也称为巴雷特曲线。

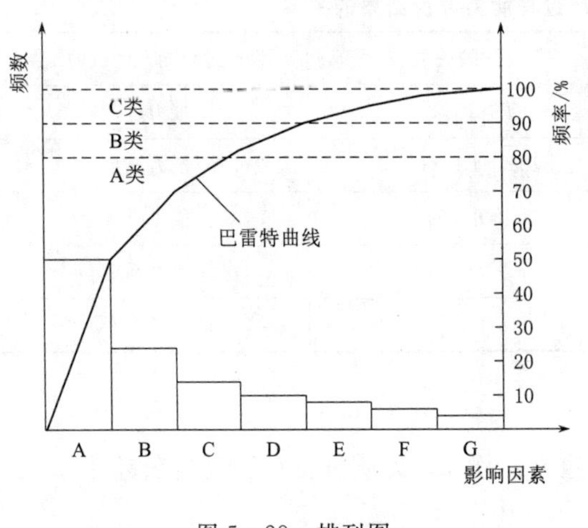

图 5-28 排列图

(1) 排列图的绘制步骤。

1) 确定要进行质量分析的对象，可以是不良品、损失金额等。

2) 根据调查的数据，列出影响对象质量的各种因素。

3) 统计各种因素的频数，计算频率和累计频率。

4) 画排列图。

(2) 排列图的分析。按巴雷特曲线对各影响因素进行分类，一般分为 A、B、C 三类。

1) 累计频率在 0～80%为 A 类因素，是影响质量的主要因素。

2) 累计频率在 80%～90%为 B 类因素，是影响质量的次要因素。

3) 累计频率在 90%～100%为 C 类因素，是影响质量的一般因素。

【例 5-13】 某混凝土预制构件厂对其生产的 138 件不合格产品进行了原因调查，调查结果经整理见表 5-14，试用排列图分析影响质量问题的主要因素。

表 5-14　不合格品原因调查表

序号	不合格原因	不合格品数量	不合格率/%	累计不合格率/%
1	强度不足	78	56.5	56.5
2	蜂窝麻面	30	21.7	78.2
3	局部露筋	15	10.9	89.1
4	振捣不实	10	7.2	96.3
5	早期脱水	5	3.7	100
合计		138	100.0	

为了找出产生不合格品的主要原因，需要通过排列图进行分析，具体步骤如下：

1）建立坐标。右边的频率坐标从 0～100%划分刻度；左边的频数坐标从 0～138 划分刻度，频数为 138 的刻度与频率坐标上的 100%刻度连成的水平线须与横坐标线平行；横坐标按影响因素划分刻度，并按照影响因素频数的大小依次排列。

2）画直方图形。根据各因素的频数，依照频数坐标画出矩形。

3）画巴雷特曲线。根据各因素的累计频率，按照频率坐标上刻度描点，连接各点即为巴雷特曲线。

预制构件不合格原因排列如图 5-29 所示。

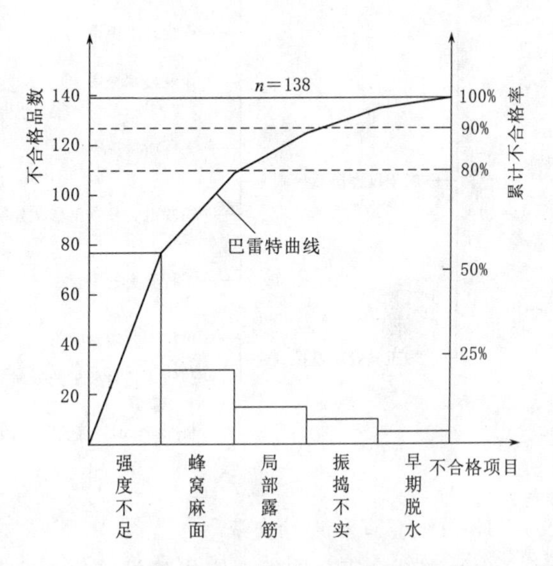

图 5-29　预制构件不合格原因排列图

4）寻找主要因素、次要因素与一般因素。本例中，A 类因素有 2 个，B 类因素有 1 个，C 类因素有 2 个。强度不足与表面麻面是影响这批产品质量的主要因素，局部露筋为次要因素，振捣不实与早期脱水为一般因素。

第五节　建设工程施工质量控制

一、施工质量控制的内容

建设工程施工是实现工程设计意图并形成工程实体的阶段，是质量控制的重点阶段。施工阶段的质量控制按工程实体质量形成的时间可划分为施工准备质量控制、施工过程质量控制和竣工验收质量控制（图 5-30）。

（一）施工准备质量控制

施工准备指建设工程开工前的施工准备，这是确保施工质量的先决条件。施工准备质量控制主要包括图纸会审与设计交底、施工组织设计的审查、施工生产要素配置质量检查及审查开工申请等内容。

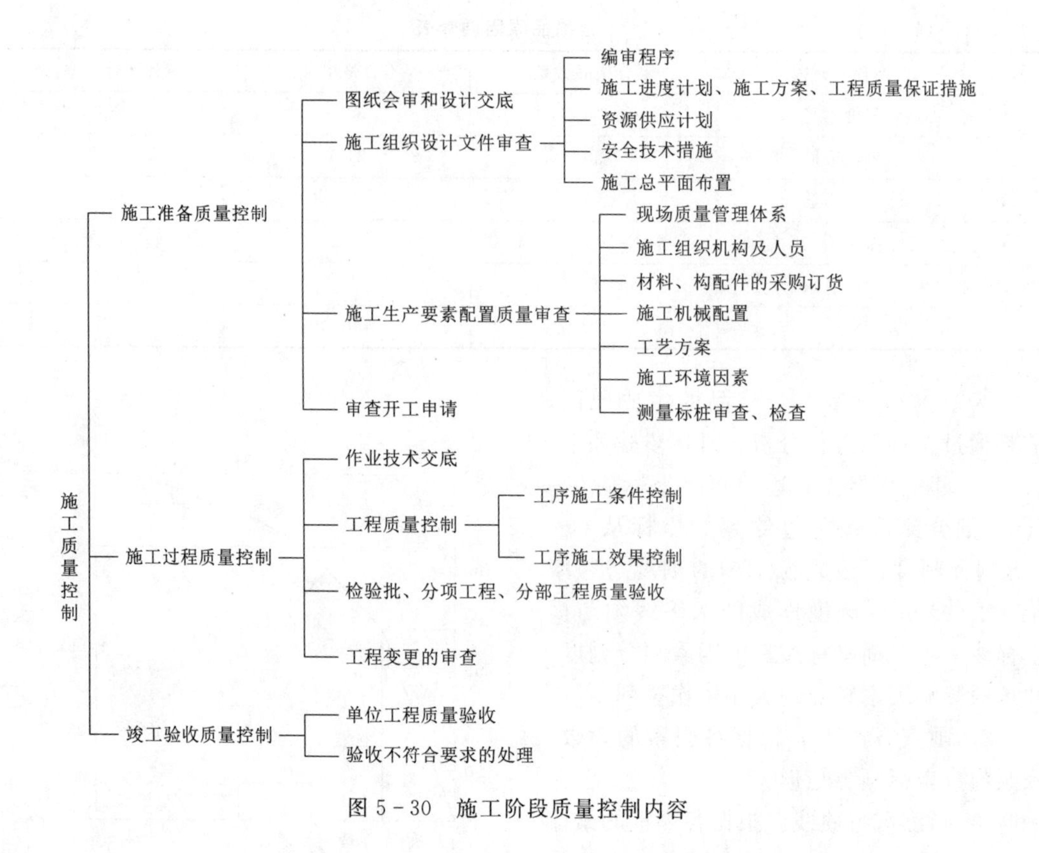

图 5-30 施工阶段质量控制内容

1. 图纸会审和设计交底

(1) 图纸会审。图纸会审指建设单位、监理单位、施工单位等相关单位，在设计交底前熟悉和审查施工图纸的活动。其目的有两点：一是及时发现图纸中可能存在的差错；二是使各参建单位熟悉设计图纸，了解工程特点和设计意图，找出需要解决的技术难题，并制定解决方案。

(2) 设计交底。设计交底是指在施工图完成并经有关审查机构审查合格后，设计单位按法律规定的义务就施工图设计文件向建设单位、施工单位和监理单位作出详细说明的活动。其目的是让建设单位、施工单位和监理单位能正确了解设计意图，加深对设计文件特点、难点、疑点的理解，掌握关键工程部位的质量要求。

设计交底一般由建设单位负责组织，设计单位先进行设计交底，然后转入对图纸会审问题清单的解答。设计交底活动结束后，由设计单位整理会议纪要，与会各方签字后，即成为施工的依据之一。

2. 施工组织设计文件审查

工程项目开工之前，总监理工程师应组织专业监理工程师审查施工单位编制的施工组织设计并提出审查意见，再经总监理工程师审核、签认后报建设单位。施工组织设计审查内容如下：

(1) 编审程序应符合相关规定。

（2）施工进度、施工方案及工程质量保证措施应符合施工合同要求。

（3）资金、劳动力、材料、设备等资源供应计划应满足工程施工需要。

（4）安全技术措施应符合工程建设强制性标准。

（5）施工总平面布置应科学合理。

3. 施工生产要素配置质量审查

（1）现场质量管理体系的审查。施工单位应在规定时间内向监理工程师报送现场质量管理体系的有关资料，包括组织机构、各项管理制度等，监理工程师对报送的相关资料进行审核，并进行实地检查。

（2）施工组织机构及人员的质量控制。施工单位在现场应设置组织机构，配备相应的人员。必须坚持执业资格注册制度和作业人员持证上岗制度，对所选派的施工项目经理、技术人员、管理人员、生产工人进行教育和培训，使其质量意识和能力能满足施工质量控制的要求。

（3）材料、构配件采购订货的控制。

1）凡由施工单位负责采购的原材料、半成品或构配件，在采购订货前应向监理工程师申报。

2）对于半成品或构配件，应按设计文件和图纸要求数量采购订货，质量应满足有关标准和设计的要求，交货期应满足施工及安装进度安排的需要。

3）供货方应向订货方提供质量文件，用以表明其提供的货物能够完全达到订货方提出的质量要求。

（4）施工机械配置的控制。

1）审查所需的施工机械设备型号及数量是否按已批准的计划备妥；审查所准备的施工机械设备是否都处于完好的可用状态。

2）对需要定期检定的设备应检查施工单位提供的检定证明。例如测量仪器、检测仪器等应按规定进行定期检定。

（5）工艺方案的质量控制。施工工艺的先进合理是直接影响工程质量的关键因素，因此，施工中应尽可能采用技术先进、经济合理、安全可靠的工艺方案。

（6）施工环境因素的控制。施工环境的因素主要包括自然环境、管理环境和施工作业环境。

1）自然环境因素控制。包括严寒季节的防冻、夏天的防高温、地下水位较高时的井点降水、施工场地的防洪与排水等。

2）管理环境因素控制。包括现场组织机构的设立、制定管理制度、人员的配备、质量责任制度的落实等。

3）施工作业环境因素控制。包括施工现场的给水排水、水电供应、施工照明、场地空间以及交通运输。施工单位要认真落实各项保证措施，严格执行相关管理制度和施工纪律，保证上述环境条件良好。

（7）测量标桩审核、检查。施工单位对建设单位移交的原始基准点、基准线和标高等测量控制点要进行复核，并将复测结果报监理工程师审核，经批准后施工单位才能据以进行测量放线，建立施工测量控制网，同时，施工单位应做好基桩的保护工作。

4. 审查开工申请

监理工程师应审查施工单位报送的工程开工报审表及相关资料，具备开工条件时，由总监理工程师签发开工指令，并报建设单位。现场开工应具备的条件如下：

（1）施工许可证已获政府主管部门批准。

（2）征地拆迁工作能满足工程进度的需要。

（3）施工组织设计已获总监理工程师批准。

（4）施工单位现场管理人员已到位，机具、施工人员已进场，主要工程材料已落实。

（5）进场道路及水、电、通信已满足开工条件。

（二）施工过程质量控制

施工过程质量控制主要包括作业技术交底，工序质量控制，检验批、分项工程、分部工程质量验收以及工程变更的审查等。

1. 作业技术交底

施工单位做好技术交底，是取得好的施工质量的条件之一。为此，每一分项工程开始实施前，相关专业技术人员向参与施工的人员进行技术性交代，其目的是使施工人员对工程特点、质量要求、施工方法与措施及安全等方面有一个较详细的了解，以便于科学地组织施工。技术交底要紧紧围绕和具体施工有关的操作者、机械设备、使用的材料、构配件、工艺、方法、施工环境、具体管理措施等方面进行，交底中要明确做什么、谁来做、如何做、作业标准和要求是什么、什么时间完成等内容。

2. 工序质量控制

工程实体质量是在施工过程中形成的，而不是最后检验出来的，因此，施工过程的质量控制是施工阶段质量控制的重点。

施工过程是由一系列相互联系与制约的工序所构成，因此，施工过程的质量控制必须以工序质量控制为基础和核心。工序质量控制主要包括工序施工条件控制和工序施工效果控制。

（1）工序施工条件控制。所谓工序施工条件控制主要是指对于影响工序质量的各种因素进行控制，换言之，就是要使各工序能在良好的条件下进行，以确保工序的质量。影响工序质量的因素包括：①人的因素，如施工操作者和有关人员是否符合上岗要求；②材料因素，如材料质量是否符合标准以及能否使用；③施工机械设备因素，诸如其规格、性能、数量能否满足要求，质量有无保障；④方法因素，如拟采用的施工方法及工艺是否恰当；⑤环境因素，如施工的环境条件是否良好等。笼统地说，这些因素应当符合规定的要求或保持良好状态。

（2）工序施工效果控制。工序施工效果控制主要指对工序产品质量特征指标的控制，项目组织对工序产品采取一定的检测手段进行检验，然后根据检验的结果分析、判断该工序施工的质量（效果）。其控制步骤如下：

1）检测。采用必要的检测手段，对抽取的样品进行检验，测定其质量特性指标（例如混凝土的抗拉强度）。

2）分析。对检验所得的数据通过直方图法、排列图法或管理图法等进行分析。

3）判断。根据分析的结果，如数据是否符合正态分布；是否在上下控制线之间；是否在公差（质量标准）规定的范围内；是属正常状态或异常状态；是偶然性因素引起的质量变异，还是系统性因素引起的质量变异等，对工序的质量予以判断，从而确定该道工序是否达到质量标准。

4）纠正或认可。如发现质量不符合规定标准，应寻找原因并采取措施纠正；如果质量符合要求则予以确认。

3. 检验批、分项工程、分部工程质量验收

检验批、分项工程、分部工程质量验收是指在施工单位自行检查评定合格的基础上，由工程质量验收责任方组织，工程建设相关单位参加，对检验批、分项工程、分部工程的质量进行抽样检验，对技术文件进行审核，并根据设计文件和相关标准以书面形式对其质量是否达到合格做出确认的行为。

（1）施工质量验收层次划分。按现行验收标准，施工质量验收层次划分为单位工程验收、分部工程验收、分项工程验收及检验批验收。检验批是施工质量验收的最小单位。施工质量验收层次如图 5－31 所示。

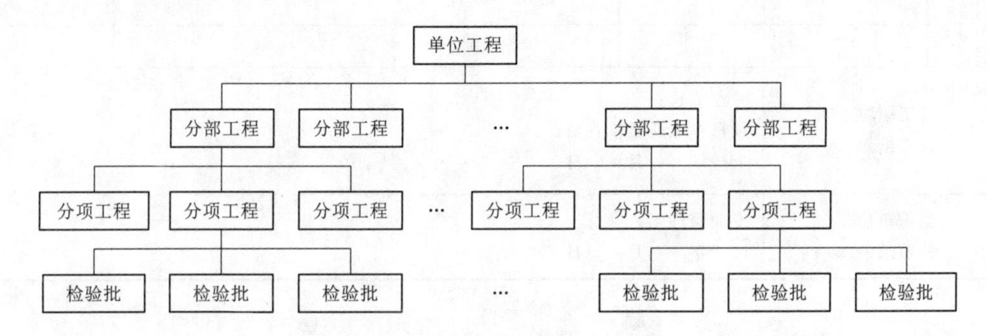

图 5－31 施工质量验收层次

（2）检验批质量验收。检验批指按同一的生产条件或按规定的方式汇总起来供检验用的，由一定数量样本组成的检验体。检验批是工程验收的最小单位，是整个建设工程质量验收的基础。检验批质量验收合格应符合下列规定：

1）主控项目和一般项目的质量经抽样检验合格。

2）具有完整的施工操作依据、质量检查记录。

主控项目是保证工程安全和使用功能的重要检验项目，是对安全、卫生、环境保护和公众利益起决定性作用的检验项目，它决定该检验批的主要性能。例如，混凝土、砂浆的强度，钢结构的焊缝强度等。一般项目指除主控项目以外的检验项目。一般项目虽不像主控项目那样重要，但它对项目的使用功能、建筑美观等仍然有较大影响。

检验批的质量合格与否主要取决于对主控项目和一般项目的检验结果，但主控项目的检验结果具有否决权。检验批质量验收记录应按表 5－15 的格式填写。

（3）分项工程质量验收。分项工程由一个或若干个检验批组成。分项工程的质量验收是在检验批质量验收的基础上进行的。分项工程质量验收合格应符合下列规定：

1）分项工程所含的检验批均应符合合格质量规定。

2）分项工程所含的检验批的质量验收记录应完整。

分项工程质量验收记录应按表 5－16 的格式填写。

表 5－15　　　　检验批质量验收记录

<table>
<tr><td colspan="3">单位工程名称</td><td colspan="2"></td><td>分部工程名称</td><td></td><td>分项工程名称</td><td></td></tr>
<tr><td colspan="3">施工单位</td><td colspan="2"></td><td>项目负责人</td><td></td><td>检验批容量</td><td></td></tr>
<tr><td colspan="3">分包单位</td><td colspan="2"></td><td>分包单位项目负责人</td><td></td><td>检验批部位</td><td></td></tr>
<tr><td colspan="3">施工依据</td><td colspan="4"></td><td>验收依据</td><td></td></tr>
<tr><td rowspan="4">主控项目</td><td colspan="2">验收项目</td><td>设计要求</td><td>实际抽样数量</td><td colspan="3">检 查 记 录</td><td>检查结果</td></tr>
<tr><td>1</td><td></td><td></td><td></td><td colspan="3"></td><td></td></tr>
<tr><td>2</td><td></td><td></td><td></td><td colspan="3"></td><td></td></tr>
<tr><td>…</td><td></td><td></td><td></td><td colspan="3"></td><td></td></tr>
<tr><td rowspan="4">一般项目</td><td>1</td><td></td><td></td><td></td><td colspan="3"></td><td></td></tr>
<tr><td>2</td><td></td><td></td><td></td><td colspan="3"></td><td></td></tr>
<tr><td>3</td><td></td><td></td><td></td><td colspan="3"></td><td></td></tr>
<tr><td>…</td><td></td><td></td><td></td><td colspan="3"></td><td></td></tr>
<tr><td colspan="3">施工单位
检查结果</td><td colspan="6">专业工长：
项目专业质量检查员：
年　月　日</td></tr>
<tr><td colspan="3">监理单位
验收结论</td><td colspan="6">专业监理工程师：
年　月　日</td></tr>
</table>

表 5－16　　　　分项工程质量验收记录

<table>
<tr><td colspan="2">单位工程名称</td><td></td><td colspan="2">分部工程名称</td><td colspan="2"></td></tr>
<tr><td colspan="2">分项工程数量</td><td></td><td colspan="2">检验批数量</td><td colspan="2"></td></tr>
<tr><td colspan="2">施工单位</td><td></td><td colspan="2">项目负责人</td><td>项目技术负责人</td><td></td></tr>
<tr><td colspan="2">分包单位</td><td></td><td colspan="2">分包单位项目负责人</td><td>分包内容</td><td></td></tr>
<tr><td>序号</td><td>检验批名称</td><td>检验批容量</td><td>部位/区段</td><td>施工单位检查结果</td><td colspan="2">监理单位验收结论</td></tr>
<tr><td>1</td><td></td><td></td><td></td><td></td><td colspan="2"></td></tr>
<tr><td>2</td><td></td><td></td><td></td><td></td><td colspan="2"></td></tr>
<tr><td>…</td><td></td><td></td><td></td><td></td><td colspan="2"></td></tr>
<tr><td colspan="7">说明：</td></tr>
<tr><td colspan="2">施工单位检查结果</td><td colspan="5">项目专业技术负责人：
年　月　日</td></tr>
<tr><td colspan="2">监理单位验收结论</td><td colspan="5">专业监理工程师：
年　月　日</td></tr>
</table>

（4）分部工程质量验收。分部工程质量验收是在其所含分项工程质量验收的基础上进行。分项工程质量验收合格应符合下列规定：

1）所含分项工程的质量均应验收合格。

2）质量控制资料应完整。

3）有关安全、节能、环境保护和主要使用功能的抽样检验结果应符合相应规定。

4）观感质量应符合要求。

所谓观感质量指通过观察和必要的测试所反映的工程外在质量和功能状态。观感质量验收由个人凭主观印象作出判断，评价的结论为“好”“一般”和“差”三种。

分部工程应由总监理工程师组织施工单位项目负责人和项目技术负责人等进行验收并按表5-17记录。

表5-17　　分部工程质量验收记录

单位工程名称		分部工程数量		分项工程数量	
施工单位		项目负责人		技术（质量）负责人	
分包单位		分包单位项目负责人		分包内容	
序号	子分部工程名称	分项工程名称	检验批数量	施工单位结论	监理单位结论
1					
2					
…					
质量控制资料					
安全和功能检验结果					
观感质量检验结果					
综合验收结论					
施工单位 项目负责人： 年　月　日	勘察单位 项目负责人： 年　月　日	设计单位 项目负责人： 年　月　日	监理单位 总监理工程师： 年　月　日		

4．工程变更的审查

工程变更是指在合同实施过程中，当合同状态改变时，为保证工程顺利实施所采取的对原合同文件的修改与补充，并相应调整合同价格和工期的一种措施。施工过程中，由于勘察设计失误、外界自然条件的变化、建设单位要求的改变等，均会引起工程变更。做好工程变更的控制工作，也是施工过程质量控制的一项重要内容。

（1）施工单位提出的变更及处理。施工单位提出工程变更要求时，应向项目监理机构提交工程变更单，详细说明要求修改的内容及理由，并附图和有关文件。总监理工程师经与设计、建设、施工单位研究并作出变更的决定后，签发工程变更单。施工单位按变更单组织施工。

（2）设计单位提出的变更及处理。设计单位提出工程变更要求时，应将设计变更通知及有关附件报送建设单位，建设单位会同监理、施工单位对设计单位提交的设计变更通知进行研究。建设单位作出变更的决定后，总监理工程师签发工程变更单，并将设计单位发出的设计变更通知作为该工程变更单的附件。施工单位按变更单组织施工。

（3）建设单位提出的变更及处理。建设单位提出工程变更要求时，建设单位将变更的要求通知设计单位。设计单位对该要求进行详细的研究，并提出设计变更方案。建设单位授权监理工程师研究设计单位所提交的设计变更方案。建设单位作出变更的决定后由总监理工程师签发工程变更单，指示施工单位按变更单组织施工。

应当指出的是，监理工程师对于无论哪一方提出的工程变更要求，都应持十分谨慎的态度，除非是原设计不能保证质量要求，或确有错误，以及无法施工或非改不可。

（三）竣工验收质量控制

1. 单位工程质量验收

单位工程完工后，施工单位应组织有关人员进行自检。总监理工程师应组织各专业监理工程师对工程质量进行竣工预验收。存在施工质量问题时，应由施工单位整改。整改完毕后，由施工单位向建设单位提交工程竣工报告，申请工程竣工验收。

建设单位收到工程竣工报告后，应由建设单位项目负责人组织监理、施工、设计、勘察等单位项目负责人进行单位工程验收并按表 5－18 记录。

单位工程质量验收合格应符合下列规定：

（1）所含分部工程的质量均应验收合格。

（2）质量控制资料应完整。

（3）所含分部工程中有关安全、节能、环境保护和主要使用功能的检验资料应完整。

（4）主要使用功能的抽查结果应符合相关专业验收规范的规定。

（5）观感质量应符合要求。

表 5－18　单位工程质量竣工验收记录

<table>
<tr><td colspan="2">工程名称</td><td></td><td>结构类型</td><td></td><td>层数/建筑面积</td><td></td></tr>
<tr><td colspan="2">施工单位</td><td></td><td>技术负责人</td><td></td><td>开工日期</td><td></td></tr>
<tr><td colspan="2">项目负责人</td><td></td><td>项目技术负责人</td><td></td><td>完工日期</td><td></td></tr>
<tr><td>序号</td><td colspan="2">项　目</td><td colspan="3">验　收　记　录</td><td>验收结论</td></tr>
<tr><td>1</td><td colspan="2">分部工程验收</td><td colspan="3">共　分部，经检查符合设计及标准规定　分部。</td><td></td></tr>
<tr><td>2</td><td colspan="2">质量控制资料核查</td><td colspan="3">共　项，经核查符合规定　项。</td><td></td></tr>
<tr><td>3</td><td colspan="2">安全和使用功能核查及抽查结果</td><td colspan="3">共核查　项，符合规定　项，共抽查　项，符合规定　项，经返工处理符合规定　项。</td><td></td></tr>
<tr><td>4</td><td colspan="2">观感质量验收</td><td colspan="3">共抽查　项，达到“好”和“一般”的　项，经返修处理符合要求的　项。</td><td></td></tr>
<tr><td colspan="3">综合验收结论</td><td colspan="4"></td></tr>
<tr><td rowspan="2">参加验收单位</td><td>建设单位</td><td>监理单位</td><td>施工单位</td><td colspan="2">设计单位</td><td>勘察单位</td></tr>
<tr><td>（公章）
项目负责人：
年　月　日</td><td>（公章）
项目负责人：
年　月　日</td><td>（公章）
项目负责人：
年　月　日</td><td colspan="2">（公章）
项目负责人：
年　月　日</td><td>（公章）
项目负责人：
年　月　日</td></tr>
</table>

2. 验收不符合要求的处理

当建设工程施工质量不符合要求时，应按下列规定进行处理：

（1）经返工或返修的检验批，应重新进行验收。

（2）经有资质的检测机构检测鉴定能够达到设计要求的检验批，应予以验收。

（3）经有资质的检测机构检测鉴定达不到设计要求、但经原设计单位核算认可能够满足安全和使用功能的检验批，可予以验收。

（4）经返修或加固处理的分项、分部工程，满足安全及使用功能要求时，可按技术处理方案和协商文件的要求予以验收。工程质量控制资料应齐全完整，当部分资料缺失时，应委托有资质的检测机构按有关标准进行相应的实体检验或抽样试验。

（5）经返修或加固处理仍不能满足安全或重要使用功能的分部工程及单位工程，严禁验收。

二、工程质量事故及处理

（一）工程质量事故等级

工程质量事故是指由于建设、勘察、设计、施工、监理等单位违反工程质量有关法律法规和工程建设标准，使工程产生结构安全、重要使用功能等方面的质量缺陷，造成人身伤亡或者重大经济损失的事故。

1.《关于做好房屋建筑和市政基础设施工程质量事故报告和调查处理工作的通知》的规定

根据工程质量事故造成的人员伤亡或者直接经济损失，将工程质量事故分为4个等级：

（1）特别重大事故，是指造成30人以上死亡，或者100人以上重伤，或者1亿元以上直接经济损失的事故。

（2）重大事故，是指造成10人以上30人以下死亡，或者50人以上100人以下重伤，或者5000万元以上1亿元以下直接经济损失的事故。

（3）较大事故，是指造成3人以上10人以下死亡，或者10人以上50人以下重伤，或者1000万元以上5000万元以下直接经济损失的事故。

（4）一般事故，是指造成3人以下死亡，或者10人以下重伤，或者100万元以上1000万元以下直接经济损失的事故。

本等级划分所称的“以上”包括本数，所称的“以下”不包括本数。

2.《公路水运建设工程质量事故等级划分和报告制度》的规定

根据直接经济损失或工程结构损毁情况（自然灾害所致除外），公路水运建设工程质量事故分为特别重大质量事故、重大质量事故、较大质量事故和一般质量事故四个等级；直接经济损失在一般质量事故以下的为质量问题。

（1）特别重大质量事故，是指造成直接经济损失1亿元以上的事故。

（2）重大质量事故，是指造成直接经济损失5000万元以上1亿元以下，或者特大桥主体结构垮塌、特长隧道结构坍塌，或者大型水运工程主体结构垮塌、报废的事故。

（3）较大质量事故，是指造成直接经济损失1000万元以上5000万元以下，或者高速公路项目中桥或大桥主体结构垮塌、中隧道或长隧道结构坍塌、路基（行车道宽度）整体滑移，或者中型水运工程主体结构垮塌、报废的事故。

（4）一般质量事故，是指造成直接经济损失100万元以上1000万元以下，或者除高速公路以外的公路项目中桥或大桥主体结构垮塌、中隧道或长隧道结构坍塌，或者小型水运工程主体结构垮塌、报废的事故。

本等级划分所称的“以上”包括本数，“以下”不包括本数。

3.《水利工程质量事故处理暂行规定》的规定

水利工程质量事故按直接经济损失的大小，检查、处理事故对工期的影响时间长短和对工程正确使用的影响，分为一般质量事故、较大质量事故、重大质量事故、特大质量事故。

(1) 一般质量事故指对工程造成一定经济损失，经处理后不影响正常使用并不影响使用寿命的事故。

(2) 较大质量事故是指对工程造成较大经济损失或延误较短工期，经处理后不影响正常使用但对工程寿命有一定影响的事故。

(3) 重大质量事故是指对工程造成重大经济损失或较长时间延误工期，经处理后不影响正常使用但对工程寿命有较大影响的事故。

(4) 特大质量事故是指对工程造成特大经济损失或长时间延误工期，经处理后仍对正常使用和工程寿命造成较大影响的事项。

水利工程质量事故分类标准见表5-19。

表5-19 水利工程质量事故分类标准

损失情况		事故类别			
		特大质量事故	重大质量事故	较大质量事故	一般质量事故
事故处理所需的物质、器材和设备、人工等直接损失费用/万元	大体积混凝土，金结制作和机电安装工程	>3000	>500，≤3000	>100. ≤500	>20，≤100
	土石方工程，混凝土薄壁工程	>1000	>100，≤1000	>30，≤100	>10，≤30
事故处理所需合理工期/月		>6	>3，≤6	>1，≤3	≤1
事故处理后对工程功能和寿命影响		影响工程正常使用，需限制条件运行	不影响正常使用，但对工程寿命有较大影响	不影响正常使用，但对工程寿命有一定影响	不影响正常使用和工程寿命

注 1. 直接经济损失费用为必需条件，其余两项主要适用于大中型工程；
2. 小于一般质量事故的质量问题称为质量缺陷。

(二) 工程质量事故处理程序

下面以《关于做好房屋建筑和市政基础设施工程质量事故报告和调查处理工作的通知》为例，介绍工程质量事故处理程序。

1. 事故报告

(1) 工程质量事故发生后，事故现场有关人员应当立即向工程建设单位负责人报告；工程建设单位负责人接到报告后，应于1h内向事故发生地县级以上人民政府住房和城乡建设主管部门及有关部门报告。情况紧急时，事故现场有关人员可直接向事故发生地县级以上人民政府住房和城乡建设主管部门报告。

(2) 住房和城乡建设主管部门接到事故报告后，应当依照相关规定逐级上报事故情况，并同时通知公安、监察机关等有关部门，逐级上报事故情况时，每级上报时间不得超过2h。

(3) 事故报告应包括下列内容：

1）事故发生的时间、地点、工程项目名称、工程各参建单位名称。

2）事故发生的简要经过、伤亡人数（包括下落不明的人数）和初步估计的直接经济损失。

3）事故的初步原因。

4）事故发生后采取的措施及事故控制情况。

5）事故报告单位、联系人及联系方式。

6）其他应当报告的情况。

（4）事故报告后出现新情况，以及事故发生之日起30日内伤亡人数发生变化的，应当及时补报。

2. 事故调查

（1）住房和城乡建设主管部门职责。应当按照有关人民政府的授权或委托，组织或参与事故调查组对事故进行调查，并履行下列职责：

1）核实事故基本情况，包括事故发生的经过、人员伤亡情况及直接经济损失。

2）核查事故项目基本情况，包括项目履行法定建设程序情况、工程各参建单位履行职责的情况。

3）依据国家有关法律法规和工程建设标准分析事故的直接原因和间接原因，必要时组织对事故项目进行检测鉴定和专家技术论证。

4）认定事故的性质和事故责任。

5）依照国家有关法律法规提出对事故责任单位和责任人员的处理建议。

6）总结事故教训，提出防范和整改措施。

7）提交事故调查报告。

（2）事故调查报告内容。

1）事故项目及各参建单位概况。

2）事故发生经过和事故救援情况。

3）事故造成的人员伤亡和直接经济损失。

4）事故项目有关质量检测报告和技术分析报告。

5）事故发生的原因和事故性质。

6）事故责任的认定和事故责任者的处理建议。

7）事故防范和整改措施。

事故调查报告应当附具有关证据材料。事故调查组成员应当在事故调查报告上签名。

3. 事故处理

（1）住房和城乡建设主管部门应当依据有关人民政府对事故调查报告的批复和有关法律法规的规定，对事故相关责任者实施行政处罚。处罚权限不属本级住房和城乡建设主管部门的，应当在收到事故调查报告批复后15个工作日内，将事故调查报告（附具有关证据材料）、结案批复、本级住房和城乡建设主管部门对有关责任者的处理建议等转送有权限的住房和城乡建设主管部门。

（2）住房和城乡建设主管部门应当依据有关法律法规的规定，对事故负有责任的建设、勘察、设计、施工、监理等单位和施工图审查、质量检测等有关单位分别给予罚款、停业整顿、降低资质等级、吊销资质证书其中一项或多项处罚，对事故负有责任的注册执业人员分别给予罚款、停止执业、吊销执业资格证书、终身不予注册其中一项或多项处罚。

复习思考题

1. 简述影响质量的主要因素。

2. 简述总体、样本的概念。

3. 简述质量与质量成本的关系，如何确定最优质量水平？

4. 简述工程质量事故的处理程序。

5. 简述质量检验的分类。

6. 抽样检验的方法有哪几种？如何确定抽样检验方案？

7. 有一批产品的批量 $N=100$，$p=10\%$，如果按照（10，0）方案进行验收，问题：

（1）求接受概率。

（2）根据上述接受概率计算结果，试判断方案（10，0）是否基本符合要求。（已知 $\alpha=5\%$，$\beta=10\%$，$p_0=2\%$，$p_1=9\%$。）

（3）假设利用此方案进行检验，产品被接收，犯的是哪一类错误？为什么？

8. 有一批产品，批量 $N=1000$，批不合格品率为 $p=1\%$、$p=2\%$、$p=5\%$，随机抽取 10 个产品组成样本，假定允许的不合格品数为 2，试绘制 OC 曲线图。

9. 某工序的某一质量特性的数据见表 5-20，试绘制直方图，并加以判断。

表 5-20　　复习思考题 9 表

5.89	3.75	5.54	6.48	5.44	5.02	3.20	4.62	3.63	2.04
5.58	4.98	5.75	5.73	6.12	5.70	4.04	4.44	4.28	3.20
4.93	3.44	5.99	4.53	4.90	6.26	6.76	3.68	5.73	3.58
3.91	3.82	4.43	3.46	3.74	3.15	5.35	5.70	4.23	5.25
5.97	4.57	4.16	4.65	5.08	5.94	3.62	4.25	4.31	4.67
5.79	2.04	5.49	4.21	5.91	5.84	6.41	5.80	6.70	5.66
2.38	3.77	3.32	6.53	5.67	4.81	5.15	5.44	3.92	6.49
3.62	5.87	4.71	5.94	5.13	5.24	5.30	4.82	3.84	5.65
4.29	3.01	2.82	5.80	7.24	4.77	5.61	3.83	5.27	6.01
4.33	5.82	3.26	3.61	5.64	3.74	4.73	3.73	4.28	5.10

10. 某工程在施工过程中，为了控制混凝土的质量，监理人对承包人上报的数据及时进行了分析。第一次总共取了 16 组数据，数据汇总见表 5-21。

表 5-21　　复习思考题 10 表

组号	1	2	3	4	5	6	7	8
强度平均值	28.6	27.8	27.9	29.5	30.1	29.9	28.9	26.3
组号	9	10	11	12	13	14	15	16
强度平均值	29.4	27.8	28.0	28.2	28.6	29.0	25.7	29.1

经过计算，控制上限为31.6MPa，控制下限为25.2MPa，中心线为28.4MPa。试绘制出控制图，并判断生产过程是否正常。

11. 某工程在进行质量检查时，对检查出来的质量问题汇总见表5-22。

表5-22　　　　复习思考题11表

序号	缺陷原因	缺陷数	频率	累计频率
1	操作问题	75	50%	
2	材料质量问题	45	30%	
3	图纸差错	15	10%	
4	机具故障	9	6%	
5	环境因素影响	6	4%	
合计		150	100%	

问题：

(1) 在表5-22累计频率列中填上正确的数，并且画出排列图。

(2) 找出引起质量问题主要因素和一般因素。

12. 某项目要求质量特征值为：最小值不低于120mm，最大值不超过180mm。根据检测结果，质量特征值的标准差为10mm，均值为140mm，求可能出现的不合格品率。

13. 某项目在实施过程中按时间顺序随机抽取了$n=10$组样本，测得其质量数据见表5-23，试绘制$\bar{x}$-R管理图。

表5-23　　　　复习思考题13表

样本	X_1	X_2	X_3	X_4	X_5	X_6	X_7	X_8	X_9	X_{10}
1	5.89	3.75	5.54	6.48	5.44	5.02	3.20	4.62	3.63	2.04
2	5.58	4.98	5.75	5.73	6.12	5.70	4.04	4.44	4.28	3.20
3	4.93	3.44	5.99	4.53	4.90	6.26	6.76	3.68	5.73	3.58
4	3.91	3.82	4.43	3.46	3.74	3.15	5.35	5.70	4.23	5.25
5	5,97	4.57	4.16	4.65	5.08	5.94	3.62	4.25	4.31	4.67
6	5.79	2.04	5.49	4.21	5.91	5.84	6.41	5.80	6.70	5.66
7	2.38	3.77	3.32	6.53	5.67	4.81	5.15	5.44	3.92	6.49
8	3.62	5.87	4.71	5.94	5.13	5.24	5.30	4.82	3.84	5.65
9	4.29	3.01	2.82	5.80	7.24	4.77	5.61	3.83	5.27	6.01
10	4.33	5.82	3.26	3.61	5.64	3.74	4.73	3.73	4.28	5.10

第五章课件

第六章　项目安全计划与控制

第一节　事故及致因理论

一、安全、危险和事故

1. 安全

直观地讲，安全就是没有危险，不发生事故，不造成损失和伤害的一种状态。安全具有相对性的特征。世界上只有相对的安全，没有绝对的安全；只有暂时的安全，没有永恒的安全。

2. 危险

所谓危险，是指存在着导致人身伤害、物资损失与环境破坏的可能性。而这种可能性因某种（或某些）因素的激发而变成现实，就是事故。这个定义描述了危险和事故之间的联系。

一般用危险度来表示危险的程度。危险度可用生产系统中事故发生的可能性与后果来表示，即

$$R = f(P, C) \tag{6-1}$$

式中：R 为危险度；P 为发生事故的可能性；C 为事故发生后的后果。

3. 安全与危险的关系

安全与危险的关系可用如下公式描述：

$$S = 1 - D \tag{6-2}$$

式中：S 为安全；D 为危险。

显然，D 越小，S 越大；反之亦然。当危险小到可以被接受的水平时，生产系统就被认为是安全的。

4. 事故

事故是指导致人员伤亡或疾病、系统或设备损坏、社会财产损失和环境破坏的意外事件。按事故的属性，可以把事故分为两大类：一类为生产事故，另一类为非生产事故。非生产事故是人们在非生产活动的时间内发生的事故，例如人们在旅行、家庭等非职业活动中发生的事故。本章所讨论的“事故”，除特别说明外，通常指生产事故。

（1）事故的特征。事故具有五个特性，即因果性、偶然性和必然性、潜伏性、规律性、复杂性。

1）事故的因果性。导致事故发生的原因称为危险因素，危险因素是原因，事故是结果，事故的发生往往是由多种原因综合作用的结果。因此，在对事故进行调查处理的过程中，需要弄清楚导致事故发生的各种原因，然后针对根源寻找有效的对策和措施。

2）事故的偶然性和必然性。同样的危险因素，在某一条件下不会引发事故，而在另一条件下则会引发较严重的事故，这是事故的偶然性的一面。同时，事故又表现出其必然性的一面，即危险因素的不断重复出现，必然会导致事故的发生。

3）事故的潜伏性。事故尚未发生和造成损失之前，似乎一切处于“正常”和“平静”状态，但是此时事故也许正处于孕育和生长状态，这就是事故的潜伏性。

4）事故的规律性。事故虽然具有偶然性，但事故的原因和结果之间具有一定的统计规律性。事故的规律性使我们预测事故发生并通过采取措施预防和控制同类事故成为可能。

5）事故的复杂性。事故的复杂性表现在导致事故的原因往往是错综复杂的；各种原因对事故发生的影响及在事故形成中的地位是复杂的。

（2）事故的分类。

1）按致害原因分。《企业职工伤亡事故分类标准》将企业职工在生产劳动过程中，发生的人身伤害、急性中毒事件称为伤亡事故，并根据致害原因将伤亡事故分为物体打击、车辆伤害、机械伤害、起重伤害、触电、淹溺、灼烫、火灾、高处坠落、坍塌、冒顶片帮、透水、放炮、火药爆炸、瓦斯爆炸、锅炉爆炸、容器爆炸、其他爆炸、中毒和窒息、其他伤害共20类事故。

2）按伤害程度分。《企业职工伤亡事故分类标准》按伤害程度将伤亡事故分为轻伤事故、重伤事故和死亡事故。轻伤事故指损失工作日低于105日的失能伤害事故。重伤事故指损失工作日等于和超过105日的失能伤害事故。死亡事故又分为重大伤亡事故和特大伤亡事故。重大伤亡事故指一次事故死亡1～2人的事故。特大伤亡事故指一次事故死亡3人以上的事故（含3人）。

3）按人员伤亡或者直接经济损失分。《生产安全事故报告和调查处理条例》将生产经营活动中发生的造成人身伤亡或者直接经济损失的事故称为生产安全事故，并根据造成的人员伤亡或者直接经济损失，将生产安全事故分为以下四个等级：

a. 特别重大事故，是指造成30人以上死亡，或者100人以上重伤（包括急性工业中毒，下同），或者1亿元以上直接经济损失的事故。

b. 重大事故，是指造成10人以上30人以下死亡，或者50人以上100人以下重伤，或者5000万元以上1亿元以下直接经济损失的事故。

c. 较大事故，是指造成3人以上10人以下死亡，或者10人以上50人以下重伤，或者1000万元以上5000万元以下直接经济损失的事故。

d. 一般事故，是指造成3人以下死亡，或者10人以下重伤，或者1000万元以下直接经济损失的事故。

“以上”包括本数，“以下”不包括本数。

二、事故原因分析

在生产实际中，事故发生的原因是多方面的，但归纳起来有两大类4个方面的原因，如图6-1所示。

1. 人的不安全行为

人的不安全行为指能造成事故的人为错误。根据对各类生产活动的分析，人的不安全行为表现形式大致分为以下几个方面：

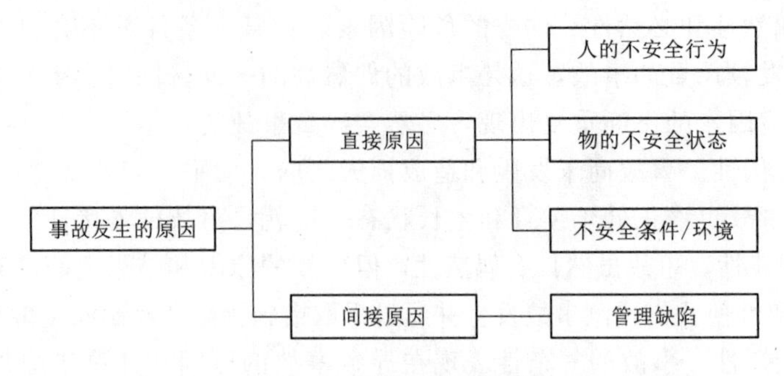

图 6-1　事故发生的原因

（1）操作错误、忽视安全、忽视警告。

（2）造成安全装置失效。

（3）使用不安全设备。

（4）用手代替工具操作。

（5）物体（指成品、半成品、材料、工具和生产用品等）存放不当。

（6）冒险进入危险场所。

（7）攀、坐不安全位置（如平台护栏、吊车吊钩等）。

（8）在起吊物下作业、停留。

（9）机器运转时加油、修理、检查、调整、焊接、清扫等工作。

（10）有分散注意力的行为。

（11）在必须使用个人防护用品用具的作业或场合中，忽视其使用。

（12）不安全装束。

（13）对易燃易爆危险品处理错误。

2. 物的不安全状态

（1）防护、保险、信号等装置缺乏或有缺陷。

（2）设备、设施、工具、附件有缺陷。

（3）个人防护用品用具缺少或有缺陷。个人防护用品用具包括防护服、手套、护目镜及面罩、呼吸器官护具、听力护具、安全带、安全帽、安全鞋等。

3. 不安全条件/环境

（1）照明光线不良。

（2）通风不良。

（3）作业场所狭窄。

（4）作业场地杂乱。

（5）交通线路的配置不安全。

（6）操作工序设计或配置不安全。

（7）地面滑。

（8）储存方法不安全。

（9）环境温度、湿度不当。

4. 管理缺陷

（1）组织机构不健全。

（2）安全责任制未落实。

（3）管理规章制度不完善。

（4）安全投入不足。

（5）其他。

三、事故致因理论

随着时间的推移，人们对事故发生的原因、演变规律的认识也在不断深入。截至目前，世界上先后出现了十几种具有代表性的事故致因理论。限于篇幅，本节仅对部分事故致因理论做简要介绍，如想要更为详细的论述，可查阅相关文献。

1. 因果连锁理论

美国著名安全工程师海因里希（W. H. Heinrich）在其《工业事故预防》一书中，最早提出了事故因果连锁理论（也称为多米诺骨牌理论），用以阐明导致伤害事故的各种因素之间以及这些因素与事故之间的关系。该理论的核心思想是：伤害事故的发生并不是由一个孤立的事件引起，而是由一系列互为因果的事件相继发生所导致的结果。根据海因里希的理论，伤害事故的因果连锁过程主要包括以下 5 种因素：

（1）遗传及社会环境。遗传因素可能使人具有鲁莽、固执、粗心等不良性格；社会环境可能妨碍人的安全素质培养和助长不良性格的发展。该因素是事故因果链上最基本的因素，是造成人的缺点的原因。

（2）人的缺点。人的缺点既包括诸如鲁莽、固执、易过激、神经质、轻率等性格上的先天缺陷，也包括诸如缺乏安全生产知识和技能的后天不足。人的缺点是使人产生不安全行为或造成物的不安全状态的原因。

（3）人的不安全行为和物的不安全状态。这二者是造成事故的直接原因。其中人的不安全行为是出于人的缺点而产生的，是造成事故的主要原因。

（4）事故。事故是一种由于物体、物质和放射线等对人体发生作用，使人身受到或可能受到伤害的、出乎意料的、失去控制的事件。

（5）人员的伤害。是指直接由事故产生的人身伤害。

上述事故因果链上的 5 个因素，可以用 5 块多米诺骨牌来形象地描述，如图 6－2 所示。如果第一块骨牌倒下，即第一个原因出现，则会发生连锁反应，后面的骨牌会相继被碰倒。如果该链条中的一块骨牌被移去，则连锁反应会中断，不会引起后面的骨牌倒下，也即事故过程不能连续进行。海因里希认为，企业安全管理工作的中心就是移去中间的骨牌，即防止人的不安全行为和物的不安全状态的出现，从而中断事故连锁进程，避免伤害发生。

事实上，各骨牌（因素）之间的联系并不是单一的，而具有随机性、复杂性的特征。海因里希事故因果链锁理论的不足之处就在于把事故因果链描述得过于绝对化和简单化，而且过多地考虑了人的因素。尽管如此，该理论模型由于其形象化和在事故致因理论研究中的先导作用，因而有着重要的历史地位。

2. 能量转移理论

人类在生产生活中经常遇到各种形式的能量，如机械能、热能、电能、化学能、电离及非电离辐射、声能、生物能等，如果由于某种原因，导致上述各种能量失去控制而发生意外释放，就有可能导致事故。例如，处于高处的人体具有的势能意外释放时，就会发生坠落或跌落事故；处在高处的物体具有的势能意外释放时，就会发生物体打击事故；岩体或结构的一部分具有的势能意外释放时，就会发生冒顶、坍塌等事故。运动中的车辆、设备或机械的运动部件以及被抛掷的物体等具有较大的动能，意外释放的动能作用于人体或物体，则可能发生车辆伤害、机械伤害、物体打击等事故。

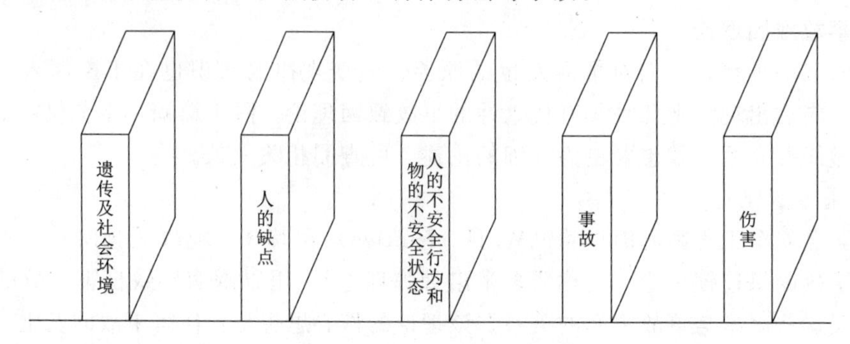

图 6-2 多米诺事故致因理论

从能量的观点出发，美国安全专家哈登（Haddon）等把事故的本质定义为：事故是能量的不正常转移。如果意外释放的能量作用于人体，并超过了人体的承受能力，则人体将受到伤害；如果意外释放的能量作用于设备或建筑物，并且超过了它们的抵抗能力，则将造成设备或建筑物的损坏。

防止能量或危险物质意外释放、防止人员伤害或财产损失的技术措施有以下几种：

(1) 用安全能源代替不安全能源。例如，在容易发生触电的作业场所，用压缩空气动力代替电力，可以防止发生触电事故。

(2) 限制能量。例如，利用低电压设备可以防止电击；限制设备运转速度以防止机械伤害；限制露天爆破装药量可以防止个别飞石伤人等。

(3) 缓慢地释放能量。例如，各种减振装置可以吸收冲击能量，防止人员受到伤害。

(4) 采取防护措施。防护设施可以设置在能量源上，例如安装在机械转动部分外面的防护罩；也可以设置在人员身上，例如人员佩戴的个体防护用品。

(5) 在时间和空间上把人与能量隔离。例如变压器周边的安全围栏。

3. 轨迹交叉理论

斯奇巴（Skiba）提出，生产操作人员与机械设备两种因素都对事故的发生有影响，并且机械设备的危险状态对事故的发生作用更大些，只有当两种因素同时出现，才能发生事故（图 6-3）。该理论的主要观点是：人的不安全行为和物的不安全状态出现于同一时空时，则会发生事故。例如去除了保护罩的高速运转皮带轮处于不安全状态，如果穿着不符合安全规定衣服的人员与之接触（不安全行为），就会造成绞入的人身伤亡事故。按照该理论，生产企业可以通过避免人与物两种因素运动轨迹交叉，来预防事故的发生。

在图 6-3 中，起因物指导致事故发生的物体、物质，致害物指直接引起伤害及中毒的物体或物质。例如，吊车的吊物碰伤人时，吊车是起因物，吊物是致害物；锅炉爆炸时，崩飞的炉门、炉砖等物将人打伤，那么锅炉是起因物，炉门、炉砖是致害物。

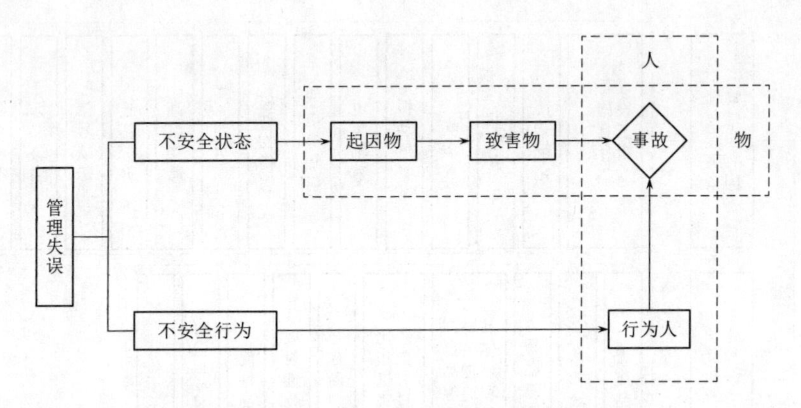

图 6－3　轨迹交叉理论

第二节　制订安全生产计划

一、识别危险因素

（一）危险因素分类

《生产过程危险和有害因素分类与代码》（GB/T 13861—2009）将生产过程中的危险和有害因素分为 4 大类、15 中类和 89 小类。4 大类分别指人的因素、物的因素、环境因素和管理因素。

（1）人的因素。分为心理、生理性危险和有害因素以及行为性危险和有害因素两个种类（图 6－4）。

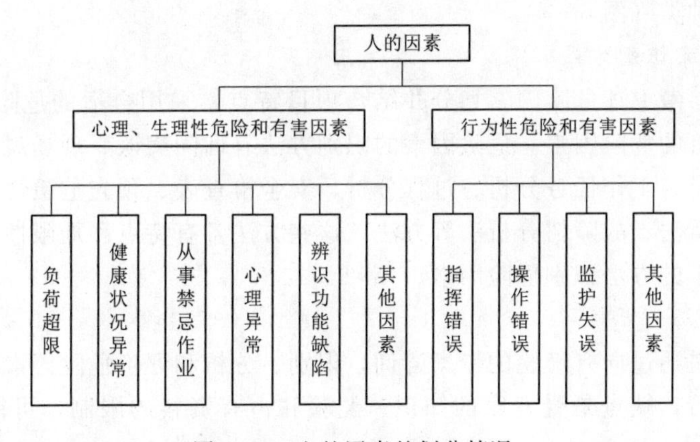

图 6－4　人的因素的划分情况

（2）物的因素。分为物理性危险和有害因素、化学性危险和有害因素、生物性危险和有害因素三个种类（图 6－5）。

(3) 环境因素。分为室内作业场所环境、室外作业场地环境、地下（含水下）作业环境、其他作业环境四个种类（图 6-6）。

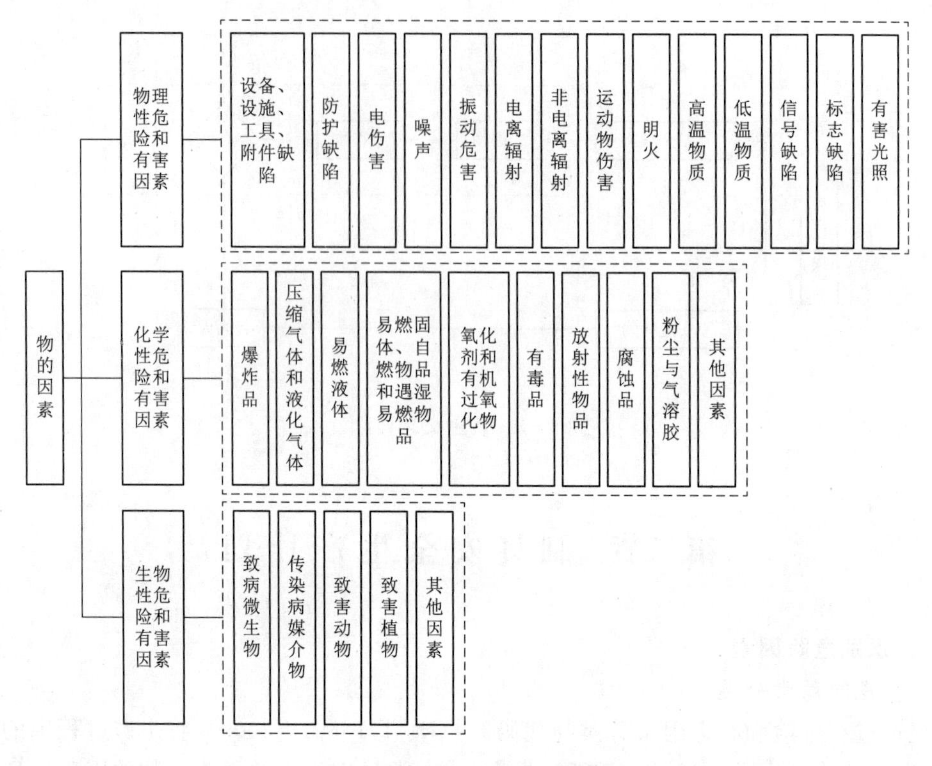

图 6-5　物的因素的划分情况

(4) 管理因素。包括职业安全卫生组织机构不健全、职业安全卫生责任制未落实、职业安全卫生管理规章制度不完善、职业安全卫生投入不足、职业健康管理不完善、其他管理因素缺陷六个种类（图 6-7）。

（二）危险因素识别方法

项目组织应参考上述危险因素划分并结合项目特点，采用合适的危险因素识别方法，识别出项目中所有的危险因素。危险因素的识别方法有询问交谈、现场观察、查阅有关记录、获取外部信息、工作任务分析、过程分析、安全检查表、预先危险性分析法、因果分析法、事件树分析法、故障树分析法等方法。这些方法各有特点和局限性，实践中往往采用两种或两种以上的方法识别危险因素。

1. 专家调查法

专家调查法是通过向有经验的专家咨询，识别、分析和评价危险因素的一类方法，其优点是简便、易行，缺点是受专家的知识、经验和占有资料的限制，可能遗漏某些危险因素。

2. 事件树分析法

事件树分析法（event tree analysis，ETA）是安全系统工程中常用的一种演绎推理分析方法，它是一种按事故发展的时间顺序由初始事件逐步推测可能后果的方法。这种方法将事故与各种原因之间的关系用一种树形图表示出来，然后通过定性与定量分析，找出事故发生的主要原因，为确定安全对策提供可靠依据，以达到预测与预防事故发生的目的。

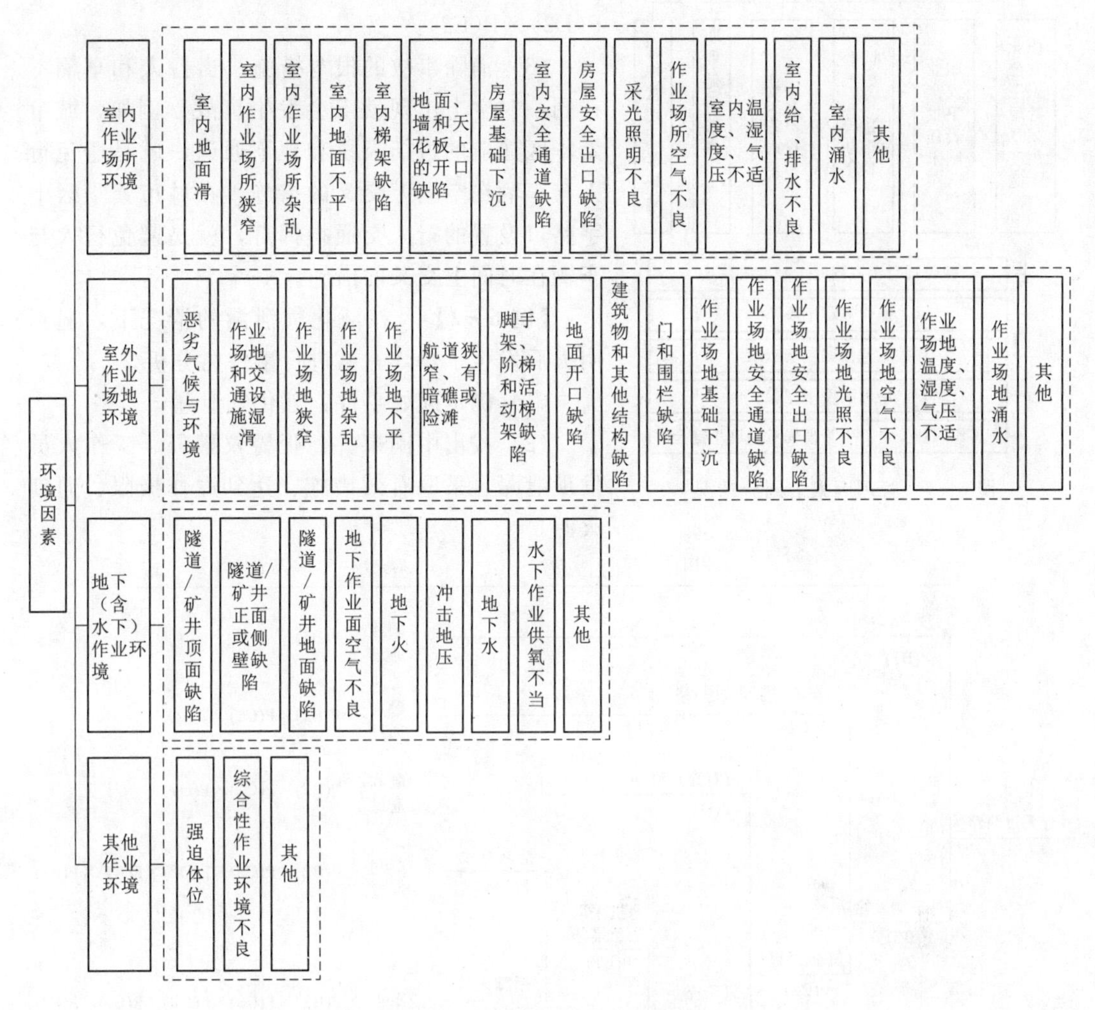

图 6-6 环境因素的划分情况

【例 6-1】 行人过马路能否被车撞伤造成事故，用事件树分析法进行分析，其演绎推理过程如图 6-8 所示。

这是一个以行人、司机、车辆为分析对象的综合系统。它以行人过马路为初始事件，经过对 5 个中间事件的分析判断，得出 6 种结果。从该事件树可以看出：

（1）不发生事故的途径。

1）马路上无车辆来往，行人直接过马路。

2）当马路上有车时，行人等车辆通过后再横穿马路。

3）如果想在车辆到来之前过马路，则必须保证有充足的过马路时间。

4）如果没有充足的时间，则只能寄希望于司机采取制动和避让措施，并且这些措施是有效的。

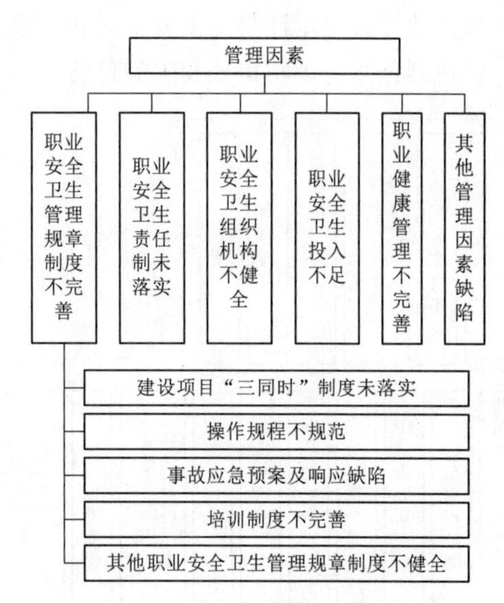

图 6－7　管理因素的划分情况

(2) 发生车祸的概率为：P＝P(B2)×P(C2)×P(D2)×P(E1)×P(F2)＋P(B2)×P(C2)×P(D2)×P(E2)。

(3) 消除事故的根本措施。当行人和车辆不在同一时空上出现就不会发生事故。例如，城市繁华区建造的过街天桥和地下通道，就是避免行人与车辆在空间上交叉的措施。在城市繁华区十字路口设置的行人交通指挥灯，就是避免行人与车辆在时间上交叉的措施。

【例 6－2】　在液化气泄漏的情况下，遇到明火后发生了爆炸，试进行事件树分析。

(1) 确定起始事件：液化气泄漏。

(2) 找出中间事件：报警仪报警、工作人员发现泄漏、采取有效措施、达到爆炸极限、遇到火源。

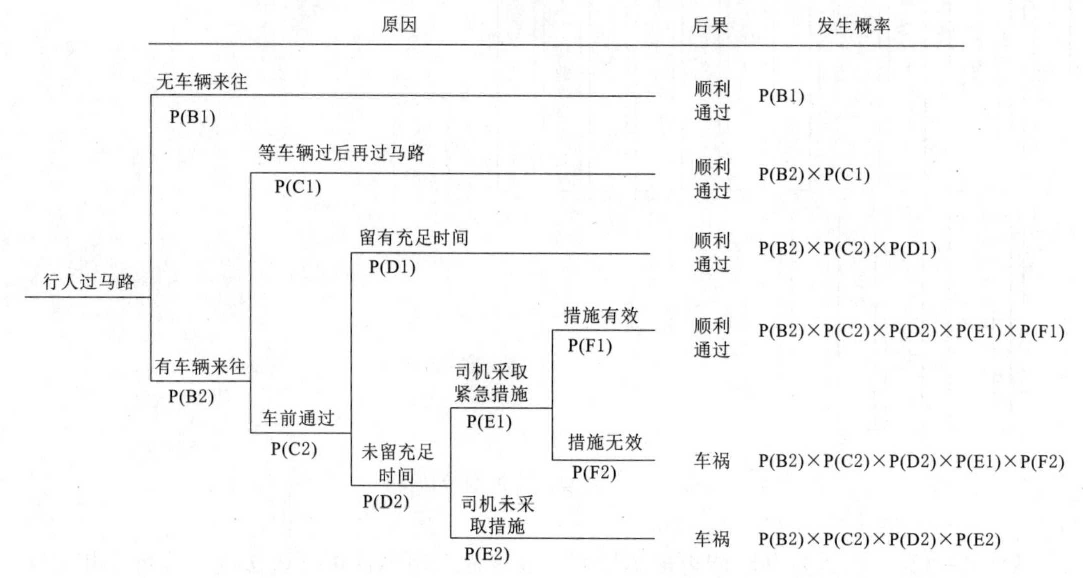

图 6－8　行人过马路被撞事件树

（B1、B2 分别代表无车辆来往、有车辆来往事件，其他符号类似）

(3) 编制事件树：图 6－9 为液化气泄漏导致爆炸事故的事件树。

从该事件树可以看出：

(1) 发生爆炸的途径。

1) 途径一：报警仪报警→工作人员发现泄漏→未采取有效措施→达到爆炸极限→遇到火源。其概率记为 P(Ⅰ)。

2) 途径二：报警仪报警→工作人员未发现泄漏→达到爆炸极限→遇到火源。其概率记为 P(Ⅱ)。

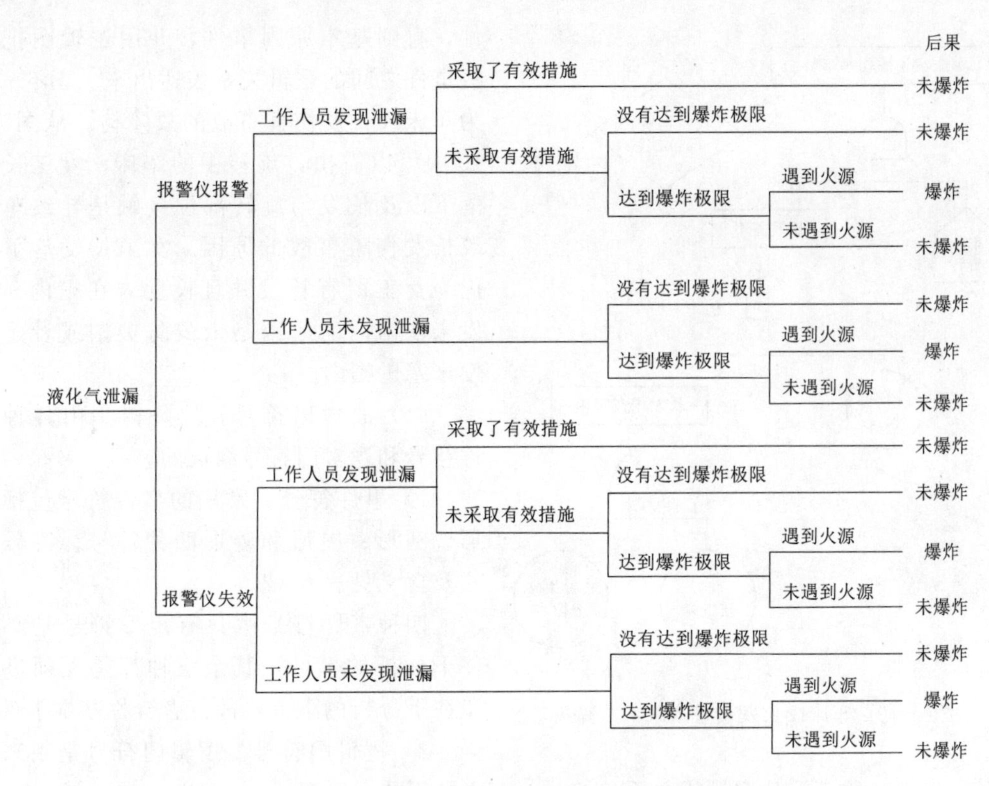

图 6-9　液化气泄漏导致爆炸事故的事件树

3）途径三：报警仪失效→工作人员发现泄漏→未采取有效措施→达到爆炸极限→遇到火源。其概率记为P(Ⅲ)。

4）途径四：报警仪失效→工作人员未发现泄漏→达到爆炸极限→遇到火源。其概率记为P(Ⅳ)。

表 6-1　各事件发生的概率

序　号	事　　件	发生概率
1	报警仪失效	P_2
2	工作人员未发现泄漏	P_3
3	未采取有效措施	P_4
4	达到爆炸极限	P_5
5	遇到火源	P_6

(2) 爆炸事故发生的概率。

1）假设各事件发生的概率见表 6-1。

2）发生爆炸事故的每条途径的概率。

途径一的概率为：$P(\text{I}) = (1-P_2) \times (1-P_3) \times P_4 \times P_5 \times P_6$

途径二的概率为：$P(\text{II}) = (1-P_2) \times P_3 \times P_5 \times P_6$

途径三的概率为：$P(\text{III}) = P_2 \times (1-P_3) \times P_4 \times P_5 \times P_6$

途径四的概率为：$P(\text{IV}) = P_2 \times P_3 \times P_5 \times P_6$

3）爆炸事故发生的概率：$P = P(\text{I}) + P(\text{II}) + P(\text{III}) + P(\text{IV})$。

3. 故障树分析法

故障树分析（fault tree analysis，FTA）是安全系统工程中最重要的分析方法。故障树分析从一个可能的事故（顶事件）开始，自上而下、一层一层地寻找顶事件的原因事

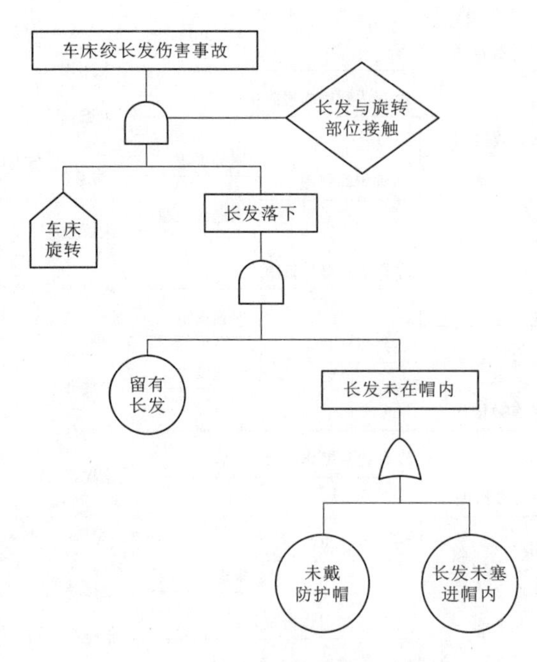

图 6－10　车床绞长发伤害事故的故障树

件，直到基本原因事件，并用逻辑图把这些事件之间的逻辑关系表达出来。图 6－10 为车床绞长发伤害事故的故障树。从图 6－10 中可以看出，旋转中的车床、女工长发落下以及长发与旋转部位接触是导致车床绞长发伤害事故的原因。女工长发落下是因为女工留有长发并且长发未在帽内。长发未在帽内的原因是未戴防护帽或者是长发未塞进帽内。

（1）故障树符号。故障树是由各种事件符号和逻辑门符号组成的。

1）事件符号。常用的事件符号包括矩形、圆形、屋形和菱形四种符号，符号样式及含义见表 6－2。

四种事件符号中只有矩形符号是必须往下分析的事件，其余三种都是无须进一步往下分析的事件，故三者合称基本事件。

2）逻辑门符号。逻辑门符号是用来连接各个事件，并表示特定逻辑关系的符号。其中常用的主要有：

a. 与门。如图 6－11（a）所示，表示输入事件 B1 和 B2 同时发生时，事件 A 才能发生。

b. 或门。如图 6－11（b）所示，表示输入事件 B1 和 B2 中任何一个事件发生时，事件 A 才能发生。

c. 条件与门。如图 6－11（c）所示，表示输入事件 Bl 和 B2 同时发生，并且满足条件 α 时，事件 A 才能发生，相当于三个输入事件的与门。

表 6－2　　常用事件符号及含义

事件符号	含　义
矩形	表示需进一步分析的顶事件或中间事件
圆形	表示不能再往下分析的基本事件
屋形	表示正常事件
菱形	表示目前不能再分析下去的一类事件，按基本事件处理

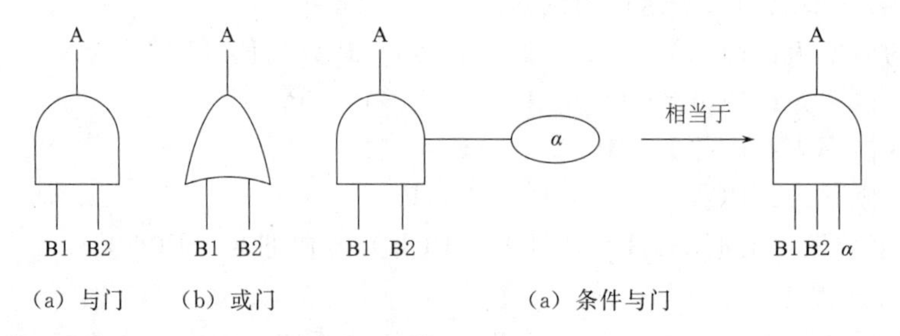

图 6－11　逻辑门符号

d. 条件或门。如图 6－12 所示，表示输入事件 B1 和 B2 中任何一个事件发生，并且满足条件 α 时，事件 A 才能发生。相当于两个输入事件的或门，再和条件 α 的与门。

（2）编制故障树的程序。

1）确定顶事件。顶事件通常就是所要分析的特定事故。例如上例中的“车床绞长发伤害事故”。

2）找出造成顶事件的各种原因事件。通过实地调查、召开座谈会等方式，将造成顶事件的所有原因事件都找出来，并确定它们之间的逻辑关系。

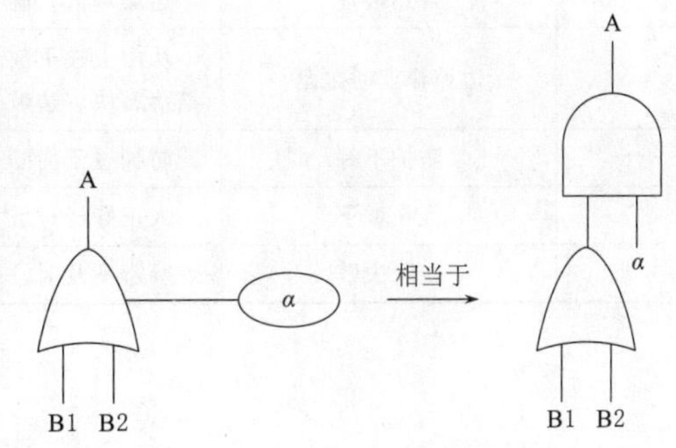

图 6－12　条件或门符号

3）绘制故障树。在确定顶事件和各种原因事件之后，就可以用相应的事件符号和逻辑门符号把它们从上到下分层次地连接起来，直到最基本的原因事件，这样就构成了故障树。

4）修改完善故障树。在编制故障树的过程中，一般要经过反复推敲和修改，直至与实际情况比较相符为止。

【例 6－3】　某建筑工人从脚手架上坠落死亡，试编制该事故的故障树。

（1）顶事件是“从脚手架上坠落死亡”，其原因事件只有一个，即“从脚手架上坠落”，而是否死亡的先决条件是“坠落高度、地面状况和中间有无安全网”。因此，用条件与门将它们连接起来。

（2）“从脚手架上坠落”的原因事件是“工人失控坠落”和“安全带未起作用”。因为这两个事件必须同时发生才会使“从脚手架上坠落”成为事实，故用与门将它们连接起来。

（3）“安全带未起作用”的原因事件是“安全带失效”和“没戴安全带”。这两个事件中任何一个发生都会使“安全带未起作用”成为事实，故用或门将它们连接起来。“安全带失效”的原因事件是“支撑物损坏”或“安全带损坏”，用或门连接。“没戴安全带”的原因事件是“因走动取下”和“忘记佩戴”造成的，用或门将它们连接起来。

（4）“工人失控坠落”的原因事件是“在脚手架上滑倒”和“身体失去平衡”，但事故的发生还要满足“身体重心超出脚手架”这个条件，所以用条件或门将它们连接起来。

综上，建筑工人从脚手架上坠落死亡的故障树如图 6－13 所示。

【例 6－4】　边坡开挖施工时经常发生边坡落石伤人事故。经过调查分析，其中间事件及发生的原因见表 6－3，试画出该事故的故障树。

表 6－3　　中间事件及发生原因

序号	中间事件	发生原因
1	石头滚落	自然滚落、边坡作业时滚落
2	防护缺陷	没有防护、防护不好
3	石头落下时坡下有人	人在坡下、避险失败

续表

序号	中间事件	发生原因
4	自然滚落	边坡塌方、碎石自然滚落、雨雪霜使岩石松动而滚落
5	边坡作业时滚落	从山上往下放木撞落石块、推土机在上面作业时推落石块、上面行人不慎踏落石块、边坡打风钻震落石块、其他
6	防护不好	防护过于简陋、防护设施失修
7	人在坡下	人正好经过坡下、人正在坡下作业
8	避险失败	躲避不及时、躲避时用力失控而受伤、没有躲避

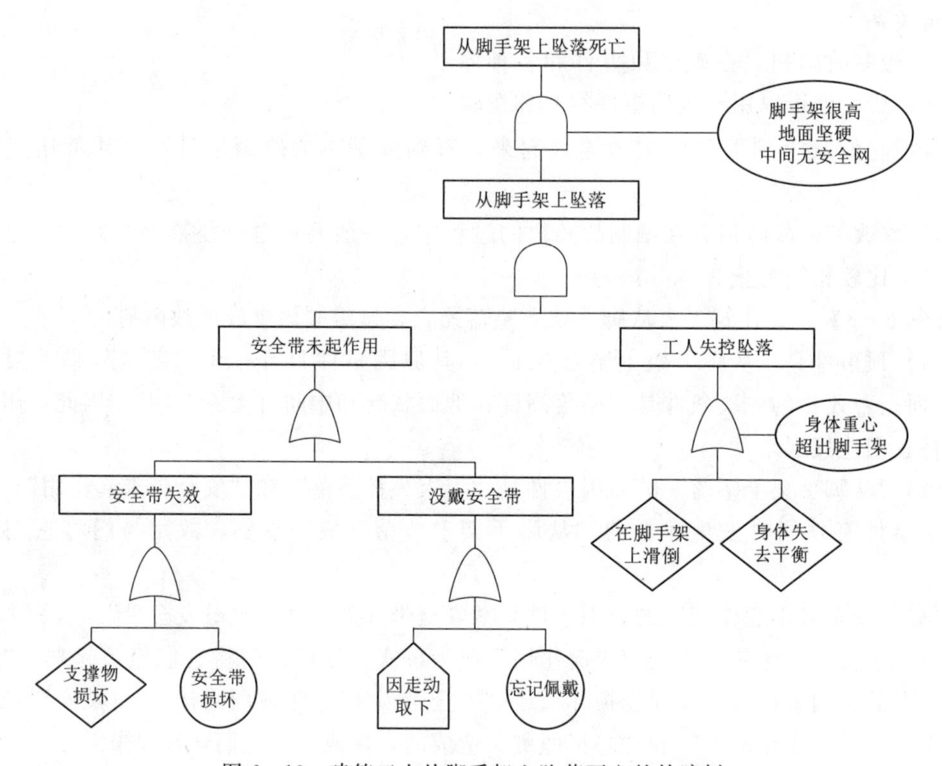

图 6－13　建筑工人从脚手架上坠落死亡的故障树

根据事件之间的逻辑关系，边坡落石伤人事故的故障树如图 6－14 所示。

二、危险性评价

危险性评价是指分析评估危险因素（危险源）造成事故的可能性和大小，并对危险因素进行分级，从而为制定防范措施和管理决策提供科学依据。危险性评价具有鲜明的行业特点，有的行业只需定性或简单的定量评价就可以了，而有的行业可能需要复杂的定量分析。究竟选用何种评价方法，项目组织应根据其需要和工作场所的具体情况而定。常用的评价方法包括专家评估法、安全检查表、LEC 法、矩阵法、预先危险性分析、风险概率评价法、危险与可操作性分析、事件树分析、故障树分析、头脑风暴法等。下面主要介绍预先危险性分析和 LEC 法。

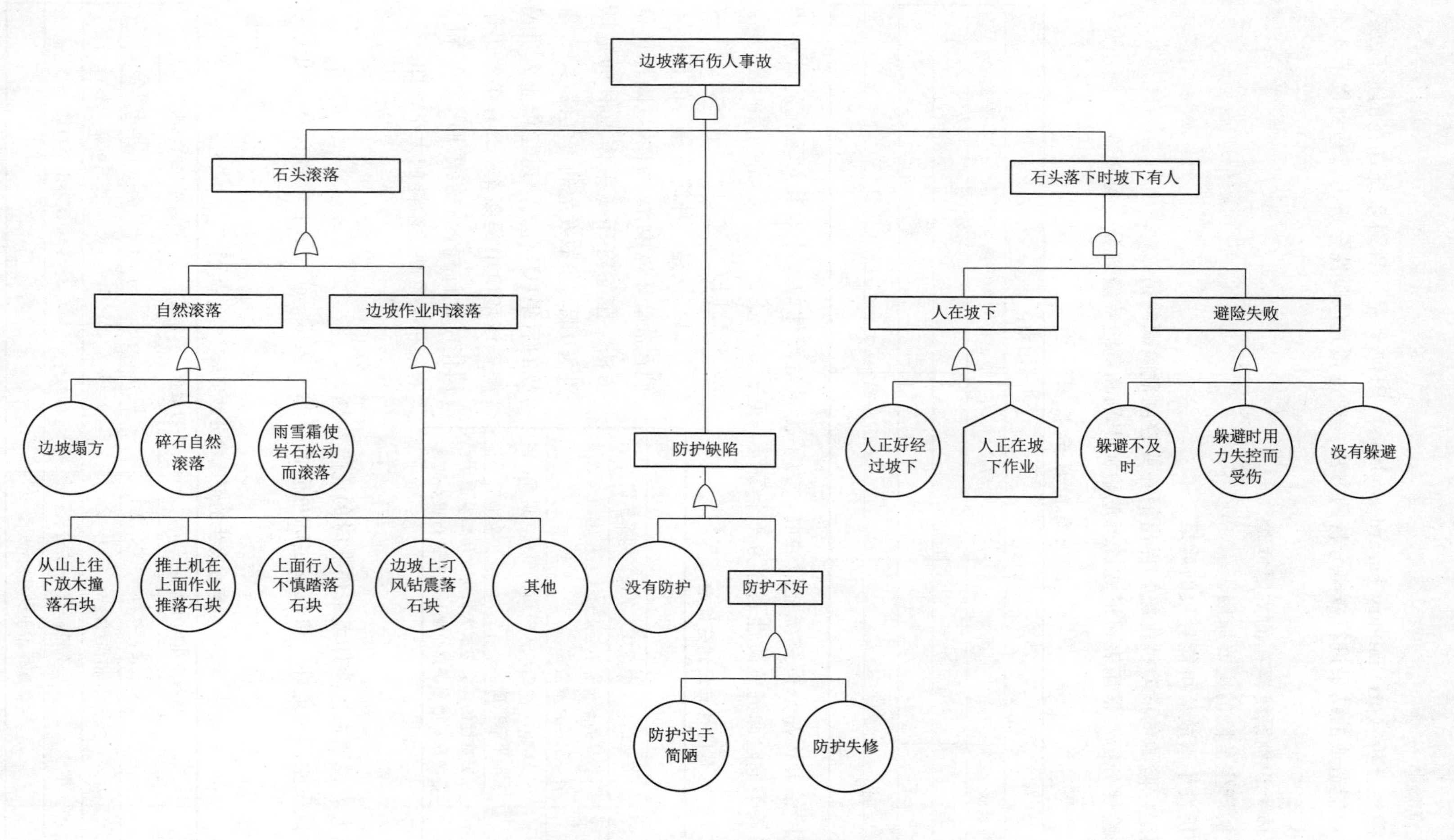

图6-14 边坡落石伤人事故的故障树

1. 预先危险性分析

预先危险性分析（preliminary hazard analysis，PHA）是一种对系统存在的危险源、出现条件及可能造成的结果进行概略分析的方法。通过预先危险性分析力求达到以下 4 个目的：

（1）大体上识别系统存在的主要危险。

（2）分析产生危险的主要原因。

（3）分析发生事故后可能导致的后果。

（4）判定危险源的危险性等级，提出消除或控制危险源的措施。

预先危险性分析常采用表格形式进行危险源识别和危险等级划分，见表 6-4。

表 6-4　　预先危险性分析表

分析对象：			日期：	
危险/意外事故	原因	后果	危险等级	措施

预先危险性分析在分析系统危险性时，为了衡量危险性的大小及其对系统的破坏程度，通常将各类危险源的危险性划分为 4 个等级，见表 6-5。

表 6-5　　危险性等级划分标准

危险性等级	说　明
Ⅰ	安全的，不会造成人员伤害和系统损害
Ⅱ	临界的，暂时不会造成人员伤害和系统损害，但应采取措施
Ⅲ	危险的，会造成人员伤害和系统损害，需立即采取措施
Ⅳ	灾难性的，会造成人员重大伤亡及系统严重破坏，必须予以果断排除并进行重点防范

2. LEC 法

LEC 法是一种简单易行的评价人们在危险环境中作业时的危险性评价方法。在危险环境中作业时的危险性(D)既与事故发生的可能性(L)和事故的后果(C)有关，还与作业人员暴露于该环境中的频率(E)有关。为了简化评价过程，一般采用 L、E 和 C 的乘积来反映危险性的大小，即

$$D=L\times E\times C$$

D 值越大，说明在危险环境中作业时的危险性越大。

（1）事故发生的可能性。事故发生的可能性可参考表 6-6 所示的分级标准，由专家打分确定。

表 6-6　　事故发生的可能性分数值表

分数值	事故发生的可能性	分数值	事故发生的可能性
10	完全会被预料到	0.5	可以设想，但绝少可能
6	相当可能	0.2	极不可能
3	不经常	0.1	实际上不可能
1	完全意外，很少可能		

（2）作业人员暴露于危险环境中的频率。作业人员暴露于危险环境中的频率可根据实际情况并结合表6－7所示的分级标准，由专家打分确定。

表6－7 暴露于危险环境中的频率分数值表

分数值	暴露于危险环境中的频率	分数值	暴露于危险环境中的频率
10	连续暴露	2	每月暴露一次
6	每天工作时间暴露	1	每年几次暴露
3	每周一次或偶然暴露	0.5	非常罕见的暴露

（3）事故造成的后果。发生事故的可能结果可根据实际情况并结合表6－8所示的分级标准，由专家打分确定。

表6－8 事故造成的后果分数值表

分数值	事故造成的后果	分数值	事故造成的后果
100	10人以上死亡	7	严重伤残
40	数人死亡	3	有伤残
15	1人死亡	1	轻伤需救护

（4）危险程度。根据L、E和C的分值，计算D的分值，然后按照表6－9所示标准对其危险性程度进行评定。表6－9中的分级标准是根据过去的经验划分的，难免带有局限性，故仅供参考。在具体应用时可以根据自己的经验适当加以修正，使之更适合于实际情况。

表6－9 危险性等级划分标准

危险性分数值	危险程度	危险性分数值	危险程度
≥320	极度危险	≥ 20～70	可能危险
≥160～320	高度危险	<20	稍有危险
≥70～120	显著危险		

【例6－5】 某高墩大跨桥梁采用LEC法进行危险性程度分析。专家打分及危险程度如表6－10所示。

表6－10 某桥危险源评价结果表

类别	工作活动或内容	L	E	C	D	危险程度
施工作业	基坑开挖	6	6	2	72	显著危险
	模板工程	6	6	1	36	可能危险
	混凝土浇筑	6	6	15	540	极度危险
	预应力张拉	6	3	1	18	稍有危险
	搭脚手架	6	6	1	36	可能危险
	焊割	6	6	1	36	可能危险
	高处作业	6	6	3	108	显著危险
大型设备	起重机械	6	6	3	108	显著危险

从表6-10可知，本工程危险程度最高的作业是混凝土浇筑，危险程度最低的作业是预应力张拉。

三、制定安全措施

根据危险性评价的结果，结合本质安全化理念，采取安全技术和管理对策措施，降低事故的发生概率和事故的严重度，使项目达到最优的安全状态。

（一）安全技术措施

安全技术措施指通过工程技术手段，消除、控制危险源，防止事故发生。制定安全技术措施时，应遵循以下原则。

1. 消除危险原则

通过在工艺流程中和生产设备上设置安全防护装置，增加系统的安全可靠性，即使人的不安全行为（如违章作业或误操作）已发生，或者设备的某个零部件发生了故障，也会由于安全装置的作用（如自动保险和失效保护装置等的作用）而避免伤亡事故的发生。

2. 减弱危险原则

当危险因素无法根除时，应采取措施使之降低到人们可接受的水平。如依靠个体防护降低吸入尘毒数量，以低毒物质代替高毒物质等。

3. 距离防护原则

生产中的某些危险因素对人体的伤害往往与距离有关，距离危险因素越远，事故的伤害也就越弱。如对放射性或电离辐射的防护，可采取保持一定距离的方式来减弱危险因素对人体的危害。

4. 时间防护原则

时间防护原则指将人处于危险环境中的时间缩短到安全限度之内。如对高温高湿环境作业实行缩短工时制度。

5. 屏蔽和隔离原则

屏蔽和隔离原则指在危险因素的作用范围内设置障碍，同操作人员隔离开来，避免危险因素对人的伤害。如转动、传动机械的防护罩、放射线的铅板屏蔽、高频射线的屏蔽等。

6. 提醒原则

提醒原则指在危险部位以文字、声音、颜色、光等信号，提醒人们注意安全。例如，设置警告牌，写上“禁止烟火”“注意安全”等文字。

（二）安全管理措施

1. 建立健全安全管理机构

应建立健全安全管理机构，配备称职的专、兼职安全管理人员。要充分发挥安全管理机构的作用，并使其与其他职能部门密切配合，形成一个行之有效的安全管理体系。

（1）安全生产管理机构设置要求。

1）矿山、建筑施工单位和危险物品的生产、经营、储存单位，以及从业人员超过300人的其他生产经营单位，应当设置安全生产管理机构。具体是否设置安全生产管理机构应根据生产经营单位危险性的大小、从业人员的多少、生产经营规模的大小等因素确定。

2）除上述以外，从业人员在300人以下的生产经营单位，安全生产管理机构的设置由生产经营单位根据实际情况自行确定。

（2）安全生产管理人员配备要求。

1）矿山、建筑施工单位和危险物品的生产、经营、储存单位，以及从业人员超过300人的其他生产经营单位，必须配备专职的安全生产管理人员。

2）除上述三类高风险单位以外且从业人员在300人以下的生产经营单位，可以配备专职的安全生产管理人员，也可以只配备兼职的安全生产管理人员，还可以委托具有国家规定的相关专业技术资格的工程技术人员提供安全生产管理服务。

3）当生产经营单位依据法律规定和本单位实际情况，委托工程技术人员提供安全生产管理服务时，保证安全生产的责任仍由本单位负责。

2. 建立健全安全生产责任制

安全生产责任制度是最基本的安全生产管理制度，是所有安全生产管理制度的核心。安全生产责任制是指将项目组织中各级领导、各个部门、各类人员在安全生产方面应承担的责任予以明确的一种制度。

（1）生产经营单位的主要负责人的职责如下：

1）建立、健全本单位安全生产责任制。

2）组织制定本单位安全生产规章制度和操作规程。

3）保证本单位安全生产投入的有效实施。

4）督促、检查本单位的安全生产工作，及时消除生产安全事故隐患。

5）组织制定并实施本单位的生产安全事故应急救援预案。

6）及时、如实报告生产安全事故。

（2）生产经营单位的安全生产管理机构以及安全生产管理人员的职责如下：

1）组织或者参与拟订本单位安全生产规章制度、操作规程和生产安全事故应急救援预案。

2）组织或者参与本单位安全生产教育和培训，如实记录安全生产教育和培训情况。

3）组织开展危险源辨识和评估，督促落实本单位重大危险源的安全管理措施。

4）组织或者参与本单位应急救援演练。

5）检查本单位的安全生产状况，及时排查生产安全事故隐患，提出改进安全生产管理的建议。

6）制止和纠正违章指挥、强令冒险作业、违反操作规程的行为。

7）督促落实本单位安全生产整改措施。

3. 制定安全操作规程

安全操作规程是为了保证国家、企业、员工的生命财产安全，根据物料性质、工艺流程、设备使用要求而制定的符合安全生产法律法规的操作程序。不同的设备会有不同的操作规程，相同的设备也可能因使用场合不同、工艺要求不同等因素而制定不同的操作规程。

4. 其他管理措施

其他管理措施包括合理安排工作任务，防止发生疲劳；树立良好的企业风气，建立和谐的人际关系，调动职工的安全生产积极性；持证上岗；作业审批；激励与惩罚；安全管理信息系统等措施。

四、制定应急预案

应急预案指针对可能发生的事故，为最大限度减少事故损害而预先制定的应急准备工作方案。应急预案编制程序包括成立应急预案编制工作组、资料收集、风险评估、应急资源调查、应急预案编制、桌面推演、应急预案评审和批准实施8个步骤。

1. 成立应急预案编制工作组

项目组织应结合职能和分工，成立以项目负责人为组长，相关部门人员参加的应急预案编制工作组，明确工作职责和任务分工，制订工作计划，组织开展应急预案编制工作。

2. 资料收集

应急预案编制工作组应收集下列相关资料：

（1）适用的法律法规、部门规章、地方性法规和政府规章、技术标准及规范性文件。

（2）项目地质、地形、环境情况及气象、水文、交通资料。

（3）项目现场功能区划分、建（构）筑物平面布置及安全距离资料。

（4）项目工艺流程、工艺参数、作业条件、设备装置及风险评估资料。

（5）国内外类似项目历史事故与隐患资料。

3. 风险评估

开展生产安全事故风险评估，撰写评估报告，其内容包括但不限于：

（1）辨识项目存在的危险有害因素，确定可能发生的生产安全事故类别。

（2）分析各种事故类别发生的可能性、危害后果和影响范围。

（3）评估确定相应事故类别的风险等级。

4. 应急资源调查

全面调查和客观分析本项目以及当地政府和周边企业可请求援助的应急资源状况，撰写应急资源调查报告，其内容包括但不限于：

（1）本项目可调用的应急队伍、装备、物资、场所。

（2）针对生产过程及存在的风险可采取的监测、监控、报警手段。

（3）当地政府及周边企业可提供的应急资源。

（4）可协调使用的医疗、消防、专业抢险救援机构及其他社会化应急救援力量。

5. 应急预案编制

（1）应急预案的类型。应急预案分为综合应急预案、专项应急预案和现场处置方案。综合应急预案是项目组织为应对各种生产安全事故而制定的综合性工作方案，是应对生产安全事故的总体工作程序、措施。专项应急预案是项目组织为应对某一种或者多种类型生产安全事故，或者针对重要生产设施、重大危险源、重大活动防止生产安全事故而制定的专项工作方案。现场处置方案是项目组织根据不同生产安全事故类型，针对具体场所、装置或者设施所制定的应急处置措施。

（2）应急预案的内容。综合应急预案一般包括：总则、应急组织机构及职责、应急响应、后期处置、应急保障等内容。专项应急预案一般包括：适用范围、应急组织机构及职责、响应启动、处置措施、应急保障等内容。现场处置方案一般包括：事故风险描述、应急工作职责、应急处置、注意事项等内容。

6. 桌面推演

按照应急预案明确的职责分工和应急响应程序，结合有关经验教训，相关部门及其人员可采取桌面演练的形式，模拟生产安全事故应对过程，逐步分析讨论并形成记录，检验应急预案的可行性，并进一步完善应急预案。

7. 应急预案评审

应急预案编制完成后，项目组织应按法律法规有关规定组织评审或论证。参加应急预案评审的人员可包括有关安全生产及应急管理方面的、有现场处置经验的专家。应急预案论证可通过推演的方式开展。

应急预案评审内容主要包括：风险评估和应急资源调查的全面性、应急预案体系设计的针对性、应急组织体系的合理性、应急响应程序和措施的科学性、应急保障措施的可行性、应急预案的衔接性等。

8. 批准实施

通过评审的应急预案，由项目主要负责人签发实施。

【例 6-6】　某建设工程物体打击事故应急预案（节选）

一、应急准备

1. 组织机构及职责

(1) 应急响应领导小组。

组长：项目经理。

组员：生产负责人、安全员、各专业工长、技术员、质检员、值勤人员。

(2) 应急响应领导小组职责。

负责对项目突发物体打击事故的应急处理。

2. 培训和演练

(1) 施工管理部负责对相关人员每年进行一次培训。

(2) 项目部安全员每年负责组织一次物体打击事故应急救援模拟演练。演练结束后由应急响应领导小组组长组织相关人员对应急预案的有效性进行评价。

3. 应急物资的准备、维护、保养

(1) 应急物资的准备：简易担架、跌打损伤药品、包扎纱布。

(2) 各种应急物资要配备齐全，定期对其进行维护、保养工作。

二、应急响应

1. 救援流程

发生物体打击事故后，发现者应立即通知现场安全员，由现场安全员拨打事故抢救电话，向医院求救，同时向项目经理汇报。现场紧急救援小组先进行力所能及的应急抢救，如现场包扎、止血等，防止受伤人员流血过多导致死亡事故发生。其他部门各司其职，完成职责内的救援工作。救护车到达现场后，重伤人员由水、电工长协助医护人员送到医院进行抢救。

2. 事故处理

(1) 查明事故原因及责任人。

（2）以书面形式向上级报告，包括事故发生时间、地点、受伤（死亡）人员姓名、性别、年龄、工种、伤害程度、受伤部位。

（3）制定有效的预防措施，防止此类事故再次发生。

（4）组织所有人员进行安全教育。

第三节　安全教育培训及安全生产检查

一、安全教育培训

1. 安全教育培训对象

生产经营单位应当对从业人员进行安全生产教育和培训，保证从业人员具备必要的安全生产知识，熟悉有关的安全生产规章制度和安全操作规程，掌握本岗位的安全操作技能，了解事故应急处理措施，知悉自身在安全生产方面的权利和义务。未经安全生产教育和培训合格的从业人员，不得上岗作业。生产经营单位应当进行安全培训的从业人员包括主要负责人、安全生产管理人员、特种作业人员和其他从业人员。

2. 安全教育培训的内容

（1）主要负责人的安全教育培训内容。

1）国家安全生产方针、政策和有关安全生产的法律、法规、规章及标准。

2）安全生产管理基本知识、安全生产技术、安全生产专业知识。

3）重大危险源管理、重大事故防范、应急管理和救援组织以及事故调查处理的有关规定。

4）职业危害及其预防措施。

5）国内外先进的安全生产管理经验。

6）典型事故和应急救援案例分析。

7）其他需要培训的内容。

（2）安全生产管理人员的安全教育培训内容。

1）国家安全生产方针、政策和有关安全生产的法律、法规、规章及标准。

2）安全生产管理、安全生产技术、职业卫生等知识。

3）伤亡事故统计、报告及职业危害的调查处理方法。

4）应急管理、应急预案编制以及应急处置的内容和要求。

5）国内外先进的安全生产管理经验。

6）典型事故和应急救援案例分析。

7）其他需要培训的内容。

（3）特种作业人员的安全教育培训内容。特种作业是指容易发生事故，对操作者本人、他人的安全健康及设备、设施的安全可能造成重大危害的作业。例如电工作业、焊接与热切割作业、高处作业、煤矿安全作业、危险化学品安全作业、烟花爆竹安全作业等。

特种作业人员是指直接从事特种作业的从业人员。特种作业人员应当接受与其所从事的特种作业相应的安全技术理论培训和实际操作培训。

（4）其他从业人员的安全教育培训内容。其他从业人员包括临时工、合同工、劳务工、协议工等。其他从业人员在上岗前必须经过企业、项目和班组三级安全教育培训。

企业级安全教育培训内容应当包括：①本单位安全生产情况及安全生产基本知识；②本单位安全生产规章制度和劳动纪律；③从业人员安全生产权利和义务；④有关事故案例等。

项目级安全教育培训内容应当包括：①工作环境及危险因素；②所从事工种可能遭受的职业伤害和伤亡事故；③所从事工种的安全职责、操作技能及强制性标准；④自救互救、急救方法、疏散和现场紧急情况的处理；⑤安全设备设施、个人防护用品的使用和维护；⑥本项目安全生产状况及规章制度；⑦预防事故和职业危害的措施及应注意的安全事项；⑧有关事故案例；⑨其他需要培训的内容。

班组级安全教育培训内容应当包括：①岗位安全操作规程；②岗位之间工作衔接配合的安全与职业卫生事项；③有关事故案例；④其他需要培训的内容。

二、安全生产检查

安全生产检查是安全控制工作的一项重要内容，是发现人的不安全行为和物的不安全状态的有效途径，是清除事故隐患、改善劳动条件的重要手段。

1. 安全生产检查的内容

安全生产检查的内容主要包括查思想、查管理和制度、查隐患、查整改、查事故处理。

(1) 查思想。主要是检查项目组织的领导和员工对安全生产方针的认识程度，对建立健全安全生产管理规章制度的重视程度，对发现的安全问题或安全隐患的处理态度等。

(2) 查管理和制度。主要是检查项目组织是否建立了完善的安全生产管理规章制度，检查安全生产管理规章制度是否真正得到落实，检查安全生产管理措施是否有效等。

(3) 查隐患。安全生产检查的内容，主要以查现场、查隐患为主。要深入生产现场，检查劳动条件、生产设备以及相应的安全卫生设施是否符合安全要求。例如，是否有安全出口且是否通畅，机器防护装置、电气安全设施、通风照明、个人劳动防护用品等是否符合规定。

(4) 查整改。主要是检查有关部门是否按既定的整改措施及时进行了整改以及整改的效果如何。

(5) 查事故处理。主要是检查项目组织对工伤事故是否及时报告、认真调查和严肃处理。

2. 安全生产检查的形式

(1) 定期检查。定期检查是指已经列入计划，每隔一定时间进行的检查。如通常在劳动节前进行夏季的防暑降温安全检查，国庆节前后进行冬季的防寒保暖安全检查。

(2) 突击检查。突击检查是一种无固定时间间隔的检查，检查对象一般是一个特殊部门、一种特殊设备或一个小的区域，而且事先未曾宣布的一种检查。

(3) 特殊检查。特殊检查是指针对特殊作业、特殊设备、特殊场所进行的检查。如对电焊设备、起重设备、运输车辆、锅炉、压力容器以及尘、毒、易燃、易爆场所等的检查。

3. 安全生产检查的方法

(1) 看。主要查看管理记录、持证上岗、现场标示、交接验收资料、“三宝”（安全帽、安全带、安全网）使用情况、“洞口”“临边”防护情况、设备防护装置等。

(2) 量。主要是用尺子进行实测实量。例如，脚手架各种杆件间距、塔吊导轨距离、电器开关箱安装高度、在建工程邻近高压线距离等。

(3) 测。用仪器、仪表实地进行测量。例如，用水平仪测量导轨纵、横向倾斜度，用地阻仪遥测地阻等。

(4) 现场操作。由相关人员对各种限位装置进行实际操作，检验其灵敏度。例如，对塔吊的力矩限制器、龙门架的超高限位装置、翻斗车的制动装置的操作检查。

4. 安全生产检查的工具

安全生产检查常用的工具是安全检查表，安全检查表一般包括检查时间、检查人、检查项目、标准依据、实际情况、检查结果等内容，格式见表 6-11。

表 6-11　　安全检查表的一般格式

序号	检查项目	检查内容	标准依据	实际情况	检查结果	备注
1	安全生产管理机构和人员	从业人员超过 300 人的生产经营单位，应当设置安全生产管理机构或者配备专职安全生产管理人员	《安全生产法》	设置有安全生产管理机构、配备有专职安全生产管理人员	符合	
2	人员培训及持证上岗	生产经营单位的主要负责人和安全生产管理人员必须具备与本单位所从事的生产经营活动相应的安全生产知识和管理能力	《安全生产法》	具备，均持证上岗	符合	
3						
…						
检查人				检查时间		

第四节　安全生产事故报告与调查处理

一、安全生产事故的报告

1. 事故上报程序

事故发生后，事故现场有关人员应当立即向本单位负责人报告；单位负责人接到报告后，应当于 1h 内向事故发生地县级以上人民政府安全生产监督管理部门和负有安全生产监督管理职责的有关部门报告。情况紧急时，事故现场有关人员可以直接向事故发生地县级以上人民政府安全生产监督管理部门和负有安全生产监督管理职责的有关部门报告。

安全生产监督管理部门和负有安全生产监督管理职责的有关部门接到事故报告后，应当依照下列规定上报事故情况，并通知公安机关、劳动保障行政部门、工会和人民检察院：

(1) 特别重大事故、重大事故逐级上报至国务院安全生产监督管理部门和负有安全生产监督管理职责的有关部门。

(2) 较大事故逐级上报至省、自治区、直辖市人民政府安全生产监督管理部门和负有安全生产监督管理职责的有关部门。

(3) 一般事故上报至设区的市级人民政府安全生产监督管理部门和负有安全生产监督管理职责的有关部门。

(4) 安全生产监督管理部门和负有安全生产监督管理职责的有关部门依照前款规定上报事故情况，应当同时报告本级人民政府。

(5) 国务院安全生产监督管理部门和负有安全生产监督管理职责的有关部门以及省级人民政府接到发生特别重大事故、重大事故的报告后，应当立即报告国务院。

(6) 必要时，安全生产监督管理部门和负有安全生产监督管理职责的有关部门可以越级上报事故情况。

(7) 安全生产监督管理部门和负有安全生产监督管理职责的有关部门逐级上报事故情况，每级上报的时间不得超过 2 小时。

2. 事故上报内容

报告事故应当包括下列内容：

(1) 事故发生单位概况。

(2) 事故发生的时间、地点以及事故现场情况。

(3) 事故的简要经过。

(4) 事故已经造成或者可能造成的伤亡人数（包括下落不明的人数）和初步估计的直接经济损失。

(5) 已经采取的措施。

(6) 其他应当报告的情况。

事故报告后出现新情况的，应当及时补报。自事故发生之日起 30 日内，事故造成的伤亡人数发生变化的，应当及时补报。

3. 事故救援及其他事项

(1) 事故发生单位负责人接到事故报告后，应当立即启动事故相应应急预案，或者采取有效措施，组织抢救，防止事故扩大，减少人员伤亡和财产损失。

(2) 事故发生地有关地方人民政府、安全生产监督管理部门和负有安全生产监督管理职责的有关部门接到事故报告后，其负责人应当立即赶赴事故现场，组织事故救援。

(3) 事故发生后，有关单位和人员应当妥善保护事故现场以及相关证据，任何单位和个人不得破坏事故现场、毁灭相关证据。因抢救人员、防止事故扩大以及疏通交通等原因，需要移动事故现场物件的，应当做出标志，绘制现场简图并做出书面记录，妥善保存现场重要痕迹、物证。

(4) 事故发生地公安机关根据事故的情况，对涉嫌犯罪的，应当依法立案侦查，采取强制措施和侦查措施。犯罪嫌疑人逃匿的，公安机关应当迅速追捕归案。

(5) 安全生产监督管理部门和负有安全生产监督管理职责的有关部门应当建立值班制度，并向社会公布值班电话，受理事故报告和举报。

二、安全生产事故的调查

1. 成立事故调查组

特别重大事故由国务院或者国务院授权有关部门组织事故调查组进行调查。重大事故、较大事故、一般事故分别由事故发生地省级人民政府、设区的市级人民政府、县级人民政府负责调查。省级人民政府、设区的市级人民政府、县级人民政府可以直接组织事故调查组进行调查，也可以授权或者委托有关部门组织事故调查组进行调查。未造成人员伤亡的一般事故，县级人民政府也可以委托事故发生单位组织事故调查组进行调查。

2. 事故调查组成员构成及要求

根据事故的具体情况，事故调查组由有关人民政府、安全生产监督管理部门、负有安全生产监督管理职责的有关部门、监察机关、公安机关以及工会派人组成，并应当邀请人民检察院派人参加。事故调查组可以聘请有关专家参与调查。

事故调查组成员应当具有事故调查所需要的知识和专长，并与所调查的事故没有直接利害关系。事故调查组组长由负责事故调查的人民政府指定。事故调查组组长主持事故调查组的工作。

3. 事故调查组的职责

事故调查组应履行下列职责：

(1) 查明事故发生的经过、原因、人员伤亡情况及直接经济损失。

(2) 认定事故的性质和事故责任。

(3) 提出对事故责任者的处理建议。

(4) 总结事故教训，提出防范和整改措施。

(5) 提交事故调查报告。

4. 事故调查

事故调查组有权向有关单位和个人了解与事故有关的情况，并要求其提供相关文件、资料，有关单位和个人不得拒绝。

事故调查中需要进行技术鉴定的，事故调查组应当委托具有国家规定资质的单位进行技术鉴定。必要时，事故调查组可以直接组织专家进行技术鉴定。技术鉴定所需时间不计入事故调查期限。

事故调查组成员在事故调查工作中应当诚信公正、恪尽职守，遵守事故调查组的纪律，保守事故调查的秘密。未经事故调查组组长允许，事故调查组成员不得擅自发布有关事故的信息。

5. 事故调查报告

(1) 事故调查报告提交时限。事故调查组应当自事故发生之日起 60 日内提交事故调查报告；特殊情况下，经负责事故调查的人民政府批准，提交事故调查报告的期限可以适当延长，但延长的期限最长不超过 60 日。

(2) 事故调查报告内容。事故调查报告应当包括下列内容：

1) 事故发生单位概况。

2) 事故发生经过和事故救援情况。

3) 事故造成的人员伤亡和直接经济损失。

4) 事故发生的原因和事故性质。

5) 事故责任的认定以及对事故责任者的处理建议。

6) 事故防范和整改措施。

事故调查报告应当附具有关证据材料。事故调查组成员应当在事故调查报告上签名。

事故调查报告报送负责事故调查的人民政府后，事故调查工作即告结束。事故调查的有关资料应当归档保存。

6. 事故调查报告的批复

重大事故、较大事故、一般事故，负责事故调查的人民政府应当自收到事故调查报告之日起 15 日内做出批复；特别重大事故，30 日内做出批复，特殊情况下，批复时间可以适当延长，但延长的时间最长不超过 30 日。

三、安全生产事故的处理

1. 事故责任追究

有关机关应当按照人民政府的批复，依照法律、行政法规规定的权限和程序，对事故发生单位和有关人员进行行政处罚，对负有事故责任的国家工作人员进行处分。事故发生单位应当按照负责事故调查的人民政府的批复，对本单位负有事故责任的人员进行处理。负有事故责任的人员涉嫌犯罪的，依法追究刑事责任。

2. 防范和整改措施的落实与监督

事故发生单位应当认真吸取事故教训，落实防范和整改措施，防止事故再次发生。防范和整改措施的落实情况应当接受工会和职工的监督。

安全生产监督管理部门和负有安全生产监督管理职责的有关部门应当对事故发生单位落实防范和整改措施的情况进行监督检查。

3. “四不放过”原则

在生产安全事故的调查与处理过程中，要坚持“四不放过”的原则：

(1) 事故原因调查不清不放过。

(2) 事故责任者、群众没有受到教育不放过。

(3) 整改防范措施没有到位、落实不放过。

(4) 事故责任者没有受到处理不放过。

【例 6－7】　某建筑工程公司原有从业人员 650 人，为减员增效，该公司将从业人员裁减到 350 人，质量部、安全部合并为质安部，原安全部的 8 名专职安全管理人员转入下属二级单位，原安全部的职责转入质安部，具体工作由 2 人承担。

某年 5 月，该公司获得某住宅楼工程的承建合同，中标后转包给长期挂靠的包工头甲某，从中收取管理费。同年 11 月 5 日，甲找该公司负责人借用吊车吊运一台 800kN·m 的塔式起重机组件，并借用了有“A”类汽车驾驶执照的员工乙和丙。

11 月 6 日中午，乙把额定起重量 8t 的汽车式起重机开到工地，丙用汽车将塔式起重机塔身组件运至工地，乙驾驶汽车式起重机开始作业，该公司机电队和运输队 7 名员工开始组装塔身。当日 18 时，因吊车油料用完且天黑无照明，乙要求下班，甲不同意。甲找来汽油后，继续组装。当日 20 时，发现塔吊的塔身首尾倒置，无法与塔基对接。随后，甲找来 3 名临时工，用钢绳绑定、人拉钢绳的方法扭转塔身，转动中塔身倾斜倒向地面，作业人员躲避不及，造成 3 人死亡、4 人重伤。

请根据以上场景，回答下列问题：

(1) 确定此次事故的类别并说明理由。

(2) 指出该集团公司主要负责人应履行的安全生产职责。

(3) 分析本次事故暴露出的现场安全管理问题。

(4) 提出为防止类似事故发生应采取的安全管理措施。

解：(1) 此次事故的类别是起重伤害。起重伤害是指各种起重作业（包括起重机安装、检修、试验）中发生的挤压、坠落、物体（吊具、吊重物）打击等。该起事故就是塔式起重机在安装过程中由于违章操作导致塔身倾倒酿成事故的，所以是起重伤害。

(2) 集团公司主要负责人应履行的安全生产职责如下：

1) 建立、健全本单位安全生产责任制。

2) 组织制定本单位安全生产规章制度和操作规程。

3) 保证本单位安全生产投入的有效实施。

4) 督促、检查本单位的安全生产工作，及时消除生产安全事故隐患。

5) 组织制定并实施本单位的生产安全事故应急救援预案。

6) 及时、如实报告生产安全事故。

(3) 本次事故暴露出的现场安全管理问题主要如下：

1) 集团公司按照《安全生产法》及《建设工程安全生产管理条例》的要求应当设置安全生产管理机构或者配备专职安全生产管理人员。

2) 集团公司获得某住宅楼工程的承建合同，中标后转包给不具备建筑施工资质的包工头甲某，属于非法分包、转包。

3) 汽车式起重机驾驶人员不仅要有“A”类汽车驾驶执照，还应该有特种设备操作证书。临时工应经安全培训方可上岗。

4) 塔式起重机安装应该由应由具有相应资质的单位承担，而不是临时工。

5) 起重机安装应制定具有针对性的施工组织方案和安全技术措施。

6) 施工中没有派专业技术人员监督。

7) 在作业环境不良的条件下违章指挥，强令冒险作业。

(4) 为防止类似事故发生应采取的安全管理措施如下：

1) 按照《安全生产法》及《建设工程安全生产管理条例》的要求设置安全生产管理机构，配备专职安全生产管理人员。建立健全安全生产责任制。

2) 建设工程分包应符合《建设工程安全生产管理条例》的规定，不能把工程施工转包给不符合规定的单位或个人。

3) 加强对起重设备的安装、使用、维修管理，杜绝违章指挥、违章作业。

4) 制定有针对性的安全施工方案和安全措施。

5) 加强从业人员岗前安全教育培训，树立良好的安全意识。

6) 现场派专业技术人员监督，保证操作规程的遵守和安全措施的落实。

【例 6-8】　某建设项目高处坠落事故报告与调查处理。

某年 5 月 20 日，某建设集团股份有限公司××分公司承建的某建设项目工地工人董××，在 2 号楼 15 层 2 单元西侧电梯井内清理垃圾时，不慎坠落，导致木楞穿体，经抢救无效死亡。直接经济损失 90 万元。

事故发生后，事故单位及时向工程所在地城乡建设局（以下简称市建设局）和安全生产监督管理局（以下简称市安监局）报告。市建设局和市安监局接到报告后，分别立即赶往事故现场组织救援，并及时向该市人民政府（以下简称市政府）报告。

经市政府批准，及时成立了由市安监局、市监察局、市公安局、市总工会组成的某建设项目高坠死亡事故调查组，并邀请市检察院派员参加事故调查工作。同时，聘请建筑行业有关专家参与事故调查工作。

事故调查组经过现场踏勘，对电梯井内安全防护搭设情况进行分析，查看影像资料，对相关人员进行询问，查清了事故发生的原因，认定了事故性质，提出了对相关责任单位和责任人员的处理建议，现将事故调查结果报告如下。

1. 事故发生经过和救援过程

（1）事故发生经过。分公司承建的建设项目施工现场项目经理李××于某年5月20日上班后，安排架子工班组清理电梯井垃圾，班长付××接到任务后，在2号楼楼下给班组的4个工人分配工作，2个人一个井，董××和周××清理2号楼15层2单元西侧电梯井，王××和张××清理2号楼15层2单元东侧电梯井。

董××和周××乘坐双笼电梯直接到15层后，从电梯井门口的钢筋防护栏的中间空隙钻进去开始干活，董××在靠近井里面的东南角位置，周××在靠近门口的西北角位置，董××拿着手锤和钎子凿松粘在硬防护平台上的水泥垃圾，周××用铁锹把董××凿下来的垃圾往外清运，清理到10时左右时，董××踩翻了踏板，不慎跌了下去，随后硬防护平台往下陷，周××发现情况危急，迅速用手抓住了电梯井门口的钢筋栏杆爬出了电梯井。随后，周××向在东侧电梯井干活的王××和张××呼救，然后马上给班长付××打电话告知此事。周××打完电话后，一层一层往楼下跑，查看是不是有防护网把人接住了。班长付××接到周××的电话后，也立即向一楼电梯井跑去，看董××是否坠落到了一楼。但在一楼没有发现董××，于是他们赶紧向地下室跑去，发现董××倒栽在地下室的电梯井里的木楞上。

（2）事故救援过程。事故发生后，施工现场项目经理李××在办公室接到架子工班班长付××的电话后，马上跑出办公室直奔事故现场，到现场后立即组织人力进行抢救，并拨打120急救电话求援，大约20min后救护车赶到。医务人员带上救护用品到2号楼地下室进行抢救，随后，李××组织现场人员按照医务人员的要求，把伤者抬到了救护车的附近，医务人员对伤者进行抢救，因伤势过重，伤者经抢救无效死亡。李××及时将事故发生情况逐级进行了上报。分公司经理田××接到事故上报电话后，立即宣布启动分公司事故处置应急救援预案，并将事故发生情况及时逐级上报给集团公司董事局主席、法人章××，章××接到事故上报电话后，责成分公司保护好现场，全力做好善后工作，及时上报政府部门，并派员前往事发地参与事故处置工作。分公司经理田××按照公司总部领导指示，及时将事故情况上报给市建设局和市安监局。

2. 人员伤亡情况

本次事故造成1人死亡。

3. 事故发生的原因及性质

（1）事故直接原因。

1）作业人员在电梯井15层防护平台上清理垃圾时，由于振动，造成防护平台水平支撑滑落，平台板发生倾翻，是造成坠落事故的直接原因。

2）在安全系数较小又处于高处的防护平台上作业，作业人员虽配备了安全带，但在进行清理作业时没有悬挂，平台板发生倾翻时失去了保护，是造成坠落事故的又一直接原因。

（2）事故间接原因。

1）事故现场的电梯井内虽按要求每三层设置了一道安全网，但安全网固定不牢固，在重物冲击下失去了防护作用，致使作业人员发生坠落后穿过4道安全网后坠落到电梯井底部。

2）企业安全教育培训工作不到位，未按照国家有关规定对职工进行三级安全教育培训，致使职工安全意识淡薄，违章作业。

3）施工单位对作业现场安全检查不到位，企业未认真履行安全检查制度，对作业人员在作业过程中，虽配备了安全带，但没有悬挂使用的情况未能及时发现并制止。

4）监理单位对搭设电梯井的防护平台和安全网存在安全隐患未能及时发现并提出整改措施，且在进行电梯井清理作业过程中未进行安全监理检查。

（3）事故性质。事故调查组通过事故调查认定，高坠死亡事故是一起死亡1人的一般生产安全责任事故。

4. 对事故责任人的认定及处理建议

（1）对集团公司相关责任人的处理建议。

1）董××，架子工。安全意识淡薄，在作业过程中虽配备安全带，但没有悬挂使用，导致15层电梯井防护平台板发生倾翻时失去了保护。董××对此次事故的发生负有直接责任。

鉴于本人已在本次事故中死亡，故不再追究其责任。

2）付××，架子工班组班长。对本班组的安全教育培训不到位，安全检查不到位，在此次事故中负有管理责任。建议按照事故处理“四不放过”的原则，由××集团公司按照公司内部有关规定给予处罚。

3）陈××，项目工地工长。对工人安全教育培训不到位，对施工作业的安全监督检查不到位，安全管理不到位。在此次事故中负有管理责任。建议按照事故处理“四不放过”的原则，由××集团公司按照公司内部有关规定给予处罚。

4）李××，现场项目经理。在此次事故中负有安全管理不到位、安全监督检查不到位的责任。建议按照事故处理“四不放过”的原则，由××集团公司按照公司内部有关规定给予处罚。

5）熊××，项目部专职安全员。对本项目部的安全教育培训不到位，安全管理不到位，安全监督检查不到位。在此次事故中负有管理责任。建议按照事故处理“四不放过”的原则，由××集团公司按照公司内部有关规定给予处罚。

6）田××，分公司经理。未认真督促检查落实公司的三级安全教育培训工作和安全管理工作。在此次事故中负有领导责任。建议按照事故处理“四不放过”的原则，由××集团公司按照公司内部有关规定给予处罚。

（2）对××监理公司相关责任人的处理建议。建议对××监理公司派驻现场的监理员、监理工程师和总监理工程师按规定进行处罚。

5. 对事故责任单位实施行政处罚的建议

（1）对××集团公司行政处罚建议。××集团公司对职工安全教育培训工作落实不到位，未认真督促检查作业现场安全管理工作，对搭设电梯井的防护平台、安全网存在缺陷未能及时发现并纠正，对作业人员虽配备安全带但没有进行悬挂使用的行为未能及时发现并制止，对本起事故负重要责任。

建议依据国务院《生产安全事故报告和调查处理条例》的规定，由市安监局对其处以15万元罚款。

（2）对该项目的监理单位行政处罚建议。该监理单位对存在的安全隐患未能及时发现并提出整改措施，对本起事故负有一定的责任。

建议依据国务院《生产安全事故报告和调查处理条例》的规定，由市安监局对其处以15万元罚款。

6. 事故防范和整改措施

为防止类似事故再次发生，总结本起事故教训，在今后工作中事故相关单位必须落实好以下防范措施：

（1）施工单位。

1）要深刻汲取本次事故血的教训，广泛开展事故警示教育，全面提升整体安全意识，严格落实国家规定的建筑施工安全防护措施，杜绝类似事故。

2）进一步加强全员安全教育培训。施工单位要大力加强日常安全生产教育培训，认真开展施工安全技术交底工作，进一步规范教育内容、培训时间和师资配备等有关要求，使每名施工人员真正了解岗位安全操作规程、相关安全规章制度和施工中的各类危险源，全面提升职工安全素质，坚决杜绝各类“三违”现象的发生。

3）深入开展事故隐患排查治理。施工单位要深入开展安全生产自查自纠活动，认真排查治理各类安全生产事故隐患。定期进行安全检查，把隐患排查治理工作落到实处，严格专职安全管理人员的检查责任和项目负责人的隐患整改消除责任，加强日常安全生产检查巡查，大力降低隐患总量和发生频率。

4）切实健全建筑施工安全保证体系。施工单位要按照相关法律法规，健全完善各项建筑施工安全生产规章制度和标准，提高施工现场本质安全水平。要继续完善落实安全生产“三项制度”和安全生产承诺等长效机制，深化覆盖层面，强化责任落实，加大安全投入，形成安全管理刚性制度，有效推动安全保证体系的建设。

5）不断强化相关管理人员的责任意识。施工单位要加强项目负责人、专职安全管理人员现场检查整改责任，对现场存在的重大安全问题，安全员有权要求立即停工整改，并及时上报项目负责人，项目负责人必须及时整改消除隐患，确保施工安全。

（2）监理单位。认真总结本起事故血的经验教训，切实依法认真履行监理职责，防患于未然，在今后工作中必须落实好以下监理职责：

1）认真落实日常检查和旁站监理责任，突出安全监理作用；切实规范安全专项方案和现场安全条件审核、安全技术措施验收、安全隐患排查治理、重点危险部位旁站监督等监理程序，有效落实安全监理责任。

2）必须加强对总监理工程师和专业监理人员的日常管理，提高相关人员安全生产责任意识，严格履行程序，杜绝责任不清、检查不到位、发现隐患不及时限期整改等不良行为，确保监理职责落实到位。

第五节　安全生产事故经济损失统计

一、事故损失的分类

1. 按损失与事故事件的关系划分

按损失与事故事件的关系分为直接损失和间接损失两类。直接损失指与事故直接联系的、能用货币直接或间接估价的损失；间接损失指与事故无直接联系的、能用货币直接或间接估价的损失。

2. 按损失的经济特征划分

按损失的经济特征分为经济损失和非经济损失两类。经济损失指可直接用货币测算的损失；非经济损失指不可直接用货币进行计量，只能通过间接的方式对其进行测算的损失。

3. 按损失的承担者划分

按损失的承担者分为个人损失、企业（集体）损失和国家损失三类。

4. 按损失的时间特性划分

按损失的时间特性分为当时损失、事后损失和未来损失三类。当时损失是指事件当时造成损失；事后损失是指事件发生后随即伴随的损失，如事故处理、赔偿、停工和停产等损失；未来损失是指事故发生后相隔一段时间才会显现出来的损失，如污染造成的危害、恢复生产所需的设备改造及人员培训费用等。

二、事故经济损失的统计范围

事故经济损失包括直接经济损失和间接经济损失。直接经济损失指因事故造成人身伤亡及善后处理支出的费用和毁坏财产的价值。间接经济损失指因事故导致产值减少、资源破坏和受事故影响而造成其他损失的价值。

1. 直接经济损失的统计范围

（1）人身伤亡后所支出的费用。

1）医疗费用（含护理费用）。

2）丧葬及抚恤费用。

3）补助及救济费用。

4）歇工工资。

（2）善后处理费用。

1）处理事故的事务性费用。

2）现场抢救费用。

3）清理现场费用。

4）事故罚款和赔偿费用。

（3）财产损失价值。

1）固定资产损失价值。

2）流动资产损失价值。

2. 间接经济损失的统计范围

(1) 停产、减产损失价值。

(2) 工作损失价值。

(3) 资源损失价值。

(4) 处理环境污染的费用。

(5) 补充新职工的培训费用。

(6) 其他损失费用。

三、事故经济损失的计算方法

(1) 经济损失：

$$E = E_d + E_i \tag{6-3}$$

式中：E 为经济损失，万元；E_d 为直接经济损失，万元；E_i 为间接经济损失，万元。

(2) 医疗费：

$$M = M_b + \frac{M_b}{T} \times D \tag{6-4}$$

式中：M 为被伤害职工的医疗费，万元；M_b 为事故结案日前的医疗费，万元；T 为事故发生之日至结案之日的天数，d；D 为延续医疗天数，指事故结案后还须继续医治的时间，由企业劳资、安全、工会等按医生诊断意见确定，d。

(3) 歇工工资：

$$L = L_q \times (D_a + D_k) \tag{6-5}$$

式中：L 为被伤害职工的歇工工资，元；L_q 为被伤害职工日工资，元；D_a 为事故结案日前的歇工日，d；D_k 为延续歇工日，指事故结案后被伤害职工还须继续歇工的时间，由企业劳资、安全、工会等与有关单位酌情商定，d。

(4) 工作损失价值：

$$V_w = D_L M / SD \tag{6-6}$$

式中：V_w 为工作损失价值，万元；D_L 为一起事故的总损失工作日数，d；M 为企业上年税利（税金加利润），万元；S 为企业上年平均职工人数；D 为企业上年法定工作日数，d。

(5) 固定资产损失价值。

1) 报废的固定资产，以固定资产净值减去残值计算。

2) 损坏的固定资产，以修复费用计算。

(6) 流动资产损失价值。

1) 原材料、燃料、辅助材料等均按账面值减去残值计算。

2) 成品、半成品、在制品等均以企业实际成本减去残值计算。

(7) 事故已处理结案而未能结算的医疗费、歇工工资等，采用测算方法计算。

(8) 对分期支付的抚恤、补助等费用，按审定支出的费用，从开始支付日期累计到停发日期。

(9) 停产、减产损失，按事故发生之日起到恢复正常生产水平时止，计算其损失的价值。

四、事故经济损失的评价指标及分级

1. 事故经济损失评价指标

（1）千人经济损失率，计算公式为

$$R_S=\frac{E}{S}\times 1000 \tag{6-7}$$

式中：R_S 为千人经济损失率，%；E 为全年内经济损失，万元；S 为企业职工平均人数。

（2）百万元产值经济损失率，计算公式为

$$R_V=\frac{E}{V}\times 100 \tag{6-8}$$

式中：R_V 为百万元产值经济损失率，%；E 为全年内经济损失，万元；V 为企业总产值，万元。

2. 事故经济损失程度分级

（1）一般损失事故。指经济损失小于1万元的事故。

（2）较大损失事故。指经济损失大于1万元（含1万元）但小于10万元的事故。

（3）重大损失事故。指经济损失大于10万元（含10万元）但小于100万元的事故。

（4）特大损失事故。指经济损失大于100万元（含100万元）的事故。

【例6-9】　B企业为金属加工企业，主要从事铝合金轮毂加工制造。B企业的铝合金轮毂打磨车间为二层建筑，建筑面积为2000m^2，该车间共设有32条生产线，一、二层各16条，每条生产线设有12个工位，总工位数384个。每个工位设有吸尘器，每4条生产线合用1套除尘系统，共安装有8套除尘系统。

某月某日某时，某套除尘系统发生爆炸，扬起了除尘系统内和车间聚积的铝粉，引发连续爆炸，当场造成9人死亡，事故发生后7天内，又有18名重伤人员在医院死亡，事故发生后30天内，死亡人数32人，受伤人数195人。

事故造成的经济损失包括现场抢救、清理现场和处理事故的事务性费用280万元，设备等固定资产损失1000万元，医疗费用（含护理费用）2900万元，丧葬及抚恤费用3500万元，补助及救济费用2100万元，歇工工资800万元，停产损失1800万元，事故罚款1100万元。

（1）根据《生产安全事故报告和调查处理条例》，该起事故属于哪个等级？

（2）该起事故的直接经济损失为多少万元？

解：（1）特别重大事故，是指造成30人以上（含30人）死亡，或者100人以上（含100人）重伤（包括急性工业中毒），或者1亿元以上（含1亿元）直接经济损失的事故。该起事故最终死亡人数为32人，因此属于特别重大事故。

（2）事故直接经济损失的统计范围包括人身伤亡后所支出的费用、善后处理费用、财产损失价值。该起事故的直接经济损失为：280＋1000＋2900＋3500＋2100＋800＋1100＝11680（万元）。

第六节 安全生产预测

一、预测的原理

预测是运用各种知识和科学手段，分析研究历史资料，对安全生产发展的趋势或可能的结果进行事先的推测和估计。也就是说，预测就是由过去和现在去推测未来，由已知去推测未知。

（1）可测性原理。从理论上说，世界上一切事物的运动、变化都是有规律的，因而是可预测的。人类不但可以认识预测对象的过去和现在，而且可以通过它的过去和现在推知其未来。

（2）连续性原理。预测对象的发展总是呈现出随时间的推移而变化的趋势，可以根据这一趋势预测事物下一阶段的变化规律，这就是预测的连续性原理。

（3）类推性原理。世界上的事物都有类似之处，可以根据已出现的某一事物的变化规律来预测即将出现的类似事物的变化规律。

（4）反馈性原理。预测某种事物的结果，是为了现在对其作出相应的决策，即预测未来的目的在于指导当前，预先调整关系，以利未来的行动。

（5）系统性原理。任何一个预测对象都处在社会大系统中，因而要强调预测对象内在与外在的系统性。缺乏系统观点的预测，必将导致顾此失彼的决策。

二、预测的方法

预测的方法较多，限于篇幅，仅介绍一元线性和非线性回归分析方法。

1. 一元线性回归

一元线性回归法是比较典型的回归分析法之一。它根据自变量 x 与因变量 y 的相互关系，用自变量的变动来推测因变量变动的方向和程度，其基本方程式为

$$y = a + bx \tag{6-9}$$

式中：a、b 为回归系数。

其值可根据统计数据，通过以下式子来计算：

$$a = \frac{\sum_{i=1}^{n} x_i \sum_{i=1}^{n} x_i y_i - \sum_{i=1}^{n} x_i^2 \sum_{i=1}^{n} y_i}{\left(\sum_{i=1}^{n} x_i\right)^2 - n\sum_{i=1}^{n} x_i^2} \tag{6-10}$$

$$b = \frac{\sum_{i=1}^{n} x_i \sum_{i=1}^{n} y_i - n\sum_{i=1}^{n} x_i y_i}{\left(\sum_{i=1}^{n} x_i\right)^2 - n\sum_{i=1}^{n} x_i^2} \tag{6-11}$$

式中：n 为数据的个数。

回归系数 a 和 b 确定之后，就可以在坐标系中画出回归直线。在回归分析中，为了解回归直线对实际数据变化趋势的符合程度，通常还应求出相关系数 r，其计算公式如下：

$$r = \frac{L_{xy}}{\sqrt{L_{xx} L_{yy}}} \tag{6-12}$$

其中

$$L_{xx}=\sum_{i=1}^{n}(x_i-\overline{x})^2=\sum_{i=1}^{n}x_i^2-\frac{1}{n}\left(\sum_{i=1}^{n}x_i\right)^2 \tag{6-13}$$

$$L_{yy}=\sum_{i=1}^{n}(y_i-\overline{y})^2=\sum_{i=1}^{n}y_i^2-\frac{1}{n}\left(\sum_{i=1}^{n}y_i\right)^2 \tag{6-14}$$

$$L_{xy}=\sum_{i=1}^{n}(x_i-\overline{x})(y_i-\overline{y})=\sum_{i=1}^{n}x_iy_i-\frac{1}{n}\left(\sum_{i=1}^{n}x_i\right)\left(\sum_{i=1}^{n}y_i\right) \tag{6-15}$$

相关系数 r 取不同数值时，分别表示实际数据和回归直线之间的不同的符合情况：

(1) 当 $|r|=1$ 时，表明变量 x 和变量 y 之间完全线性相关，即回归直线与实际数据的变化趋势完全相符。

(2) 当 $|r|=0$ 时，表明变量 x 和变量 y 之间线性无关，即回归直线与实际数据的变化趋势完全不符。

(3) 当 $0<|r|<1$ 时，需要判别变量 x 和变量 y 之间有无密切的线性相关关系。一般来说，r 越接近 1，说明变量 x 和变量 y 之间的线性关系越强，利用回归方程求得的预测值越可靠。

回归方程确定后，给定自变量的未来值 x_0，就可以利用回归方程求出因变量的估计值：

$$y_0=a+bx_0$$

【例 6-10】 某企业在 2004—2011 年间工伤事故死亡人数的统计数据见表 6-12，现用一元线性回归方法预测 2012 年的死亡人数。

表 6-12　某企业 2004—2011 年间工伤事故死亡人数统计表

年度	时间顺序 x	死亡人数 y	x^2	xy	y^2
2004	1	21	1	21	441
2005	2	19	4	38	361
2006	3	23	9	69	529
2007	4	7	16	28	49
2008	5	11	25	55	121
2009	6	16	36	96	256
2010	7	13	49	91	169
2011	8	6	64	48	36
合计	$\sum_{i=1}^{n}x_i=36$	$\sum_{i=1}^{n}y_i=116$	$\sum_{i=1}^{n}x_i^2=204$	$\sum_{i=1}^{n}x_iy_i=446$	$\sum_{i=1}^{n}y_i^2=1962$

(1) 计算回归系数 a 和 b 的值：

$$a=\frac{\sum_{i=1}^{n}x_i\sum_{i=1}^{n}x_iy_i-\sum_{i=1}^{n}x_i^2\sum_{i=1}^{n}y_i}{\left(\sum_{i=1}^{n}x_i\right)^2-n\sum_{i=1}^{n}x_i^2}=\frac{36\times446-204\times116}{36^2-8\times204}=22.64$$

$$b=\frac{\sum_{i=1}^{n}x_i\sum_{i=1}^{n}y_i-n\sum_{i=1}^{n}x_iy_i}{\left(\sum_{i=1}^{n}x_i\right)^2-n\sum_{i=1}^{n}x_i^2}=\frac{36\times116-8\times446}{36^2-8\times204}=-1.81$$

则回归直线方程为

$$y=22.64-1.81x$$

(2) 在坐标系中画出回归直线，如图 6-15 所示。

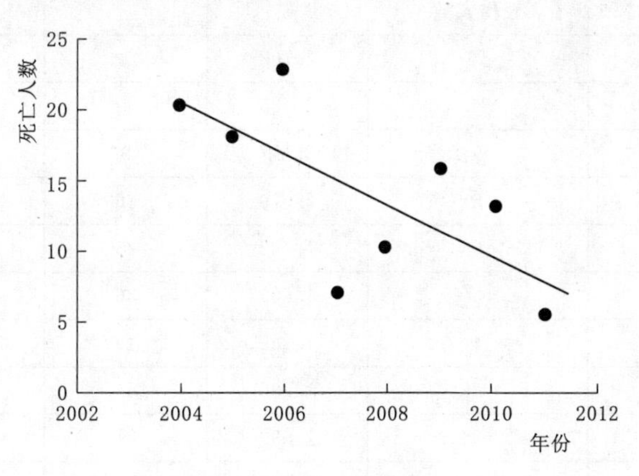

图 6-15　回归直线

(3) 计算相关性系数：

$$L_{xx}=\sum_{i=1}^{n}(x_i-\overline{x})^2=\sum_{i=1}^{n}x_i^2-\frac{1}{n}\left(\sum_{i=1}^{n}x_i\right)^2=204-\frac{1}{8}\times36^2=42$$

$$L_{yy}=\sum_{i=1}^{n}(y_i-\overline{y})^2=\sum_{i=1}^{n}y_i^2-\frac{1}{n}\left(\sum_{i=1}^{n}y_i\right)^2=1962-\frac{1}{8}\times116^2=280$$

$$L_{xy}=\sum_{i=1}^{n}(x_i-\overline{x})(y_i-\overline{y})=\sum_{i=1}^{n}x_iy_i-\frac{1}{n}\left(\sum_{i=1}^{n}x_i\right)\left(\sum_{i=1}^{n}y_i\right)=446-\frac{1}{8}\times36\times116=-76$$

$$r=\frac{L_{xy}}{\sqrt{L_{xx}L_{yy}}}=\frac{-76}{\sqrt{42\times280}}=-0.7$$

$|r|=0.7>0.6$，说明回归直线与实际数据的变化趋势相符合，达到了预测的要求。

(4) 预测 2012 年的死亡人数。

令 $x=9$，将其代入回归方程，就可求出：$y=22.64-1.81\times9=6.35$，即 2012 年的死亡人数大约为 7 人。

2. 一元非线性回归

非线性回归分析是通过一定的变换，将非线性问题转化为线性问题，然后利用线性回归的方法进行回归分析。

非线性回归曲线有很多种，选用哪一种曲线作为回归曲线则要根据实际数据在坐标系中的变化情况，或者根据专业知识来确定回归曲线。常用的非线性回归曲线有以下几种：

(1) 双曲线：$\frac{1}{y}=a+\frac{b}{x}$。令 $y'=\frac{1}{y}$，$x'=\frac{1}{x}$，则有 $y'=a+bx'$。

（2）指数函数：$y=a\times e^{bx}$。令 $y'=\ln y$，$a'=\ln a$，则有 $y'=a'+bx$。

（3）对数函数：$y=a+b\times \ln x$。令 $x'=\ln x$，则有 $y=a+bx'$。

下面以指数函数 $y=a\times e^{bx}$ 为例，说明非线性曲线的回归方法。

【例 6-11】 某建筑企业在某年度 1—10 月发生的轻伤人数见表 6-13，试用指数函数进行回归分析并预测 11 月的轻伤人数。

表 6-13　某建筑企业上一年度的轻伤人数

序号	月份	轻伤人数	y'	x^2	xy'	y'^2
1	1	15	2.708	1	2.708	7.334
2	2	12	2.485	4	4.970	6.175
3	3	9	2.197	9	6.592	4.828
4	4	8	2.079	16	8.318	4.324
5	5	6	1.792	25	8.959	3.210
6	6	5	1.609	36	9.657	2.590
7	7	4	1.386	49	9.704	1.922
8	8	4	1.386	64	11.090	1.922
9	9	3	1.099	81	9.888	1.207
10	10	2	0.693	100	6.931	0.480
合计		68	17.435	385	78.816	33.992

（1）令 $y'=\ln y$，$a'=\ln a$，则有 $y'=a'+bx$。

（2）用一元线性回归方程计算公式可得：$a'=2.882$，$b=-0.207$。

（3）由 $a'=\ln a$，可得 $a=e^{a'}=e^{2.882}=17.850$。

故指数回归曲线方程为：$y=17.850\times e^{-0.207x}$，回归曲线如图 6-16 所示。

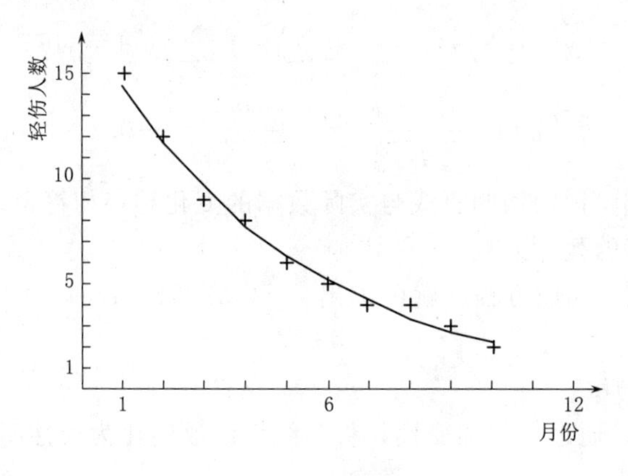

图 6-16　回归曲线

（4）计算相关系数 r：

$$L_{xx}=82.5，L_{y'y'}=3.593，L_{xy'}=-17.077$$

$$r=\frac{L_{xy'}}{\sqrt{L_{xx}L_{y'y'}}}=-0.992$$

$|r|=0.992>0.6$，说明回归直线与实际数据的变化趋势相符合，达到了预测的要求。

(5) 根据指数回归方程预测11月的轻伤人数为：$y_{11}=17.850\times e^{-0.207\times 11}=1.831$。

复习思考题

1. 什么是危险源？第一类危险源和第二类危险源各指什么？它们之间的关系如何？

2. 按人员伤亡或者直接经济损失分，事故可分为哪几类？

3. 事故发生的原因有哪些？

4. 简述能量转移理论。

5. 简述LEC方法。

6. 简述应急预案的编制程序。

7. 简述安全生产检查的内容。

8. 安全事故调查报告应当包括哪些内容？

9. 什么是安全生产责任制？谈谈你对安全生产责任制重要性的理解。

10. 为什么要开展经常性的安全检查？有哪几个方面的内容？

11. 轮式汽车起重吊车在吊物时，吊装物坠落伤人是一种经常发生的起重伤人事故，起重钢丝绳断裂是造成吊装物坠落的主要原因，吊装物坠落与钢丝绳断脱、吊钩冲顶和吊装物超载有直接关系。钢丝绳断脱的主要原因是钢丝绳强度下降和未及时发现钢丝绳强度下降，钢丝绳强度下降是由于钢丝绳腐蚀断股、变形，而未及时发现钢丝绳强度下降的主要原因是日常检查不够和未定期对钢丝绳进行检测；吊钩冲顶是由于吊装工操作失误和未安装限速器造成的；吊装物超载则是由于吊装物超重和起重限制器失灵造成的。试用故障树分析法对该案例进行分析，画出故障树。

第六章课件

附　　表

附表 1　　单侧限“σ”法的样本量与接收常数

A 或 A' 计算值范围	n	k
2.069 以上	2	−1.163
1.690～2.068	3	−0.950
1.463～1.689	4	−0.822
1.309～1.462	5	−0.736
1.195～1.308	6	−0.672
1.106～1.194	7	−0.622
1.035～1.105	8	−0.582
0.975～1.034	9	−0.548
0.925～0.974	10	−0.520
0.882～0.924	11	−0.496
0.845～0.881	12	−0.475
0.811～0.844	13	−0.456
0.782～0.810	14	−0.440
0.756～0.781	15	−0.425
0.731～0.755	16	−0.411
0.710～0.730	17	−0.399
0.690～0.709	18	−0.388
0.671～0.689	19	−0.377
0.654～0.670	20	−0.368
0.585～0.653	25	−0.329
0.534～0.584	30	−0.300
0.492～0.533	35	−0.278
0.463～0.491	40	−0.260
0.436～0.462	45	−0.245
0.414～0.435	50	−0.233

注　1. 当计算值小于 0.414 时，可按下面公式计算 n 和 k：$n=\dfrac{8.56382}{(\text{计算值})^2}$，　$k=\sim 0.56207\times(\text{计算值})$。

2. $A=\dfrac{\mu_{1u}-\mu_{0u}}{\sigma}$，$A'=\dfrac{\mu_{0l}-\mu_{1l}}{\sigma}$。

附表 2

双侧限“σ”法的样本量与接收常数

A 或 A'	2.080 及以上	1.700～2.079	1.480～1.699	1.320～1.479	1.200～1.319	1.120～1.199	1.040～1.119	0.980～1.039	0.940～0.979
n	2	3	4	5	6	7	8	9	10
c	0.014 及以下	0.012 及以下	0.010 及以下	0.009 及以下	0.008 及以下	0.008 及以下	0.007 及以下	0.007 及以下	0.006 及以下
k	−1.379	−1.126	−0.975	−0.872	−0.796	−0.737	−0.690	−0.650	−0.617
c	0.015～0.085	0.013～0.069	0.011～0.060	0.010～0.054	0.009～0.049	0.009～0.045	0.008～0.042	0.008～0.040	0.007～0.038
k	−1.365	−1.114	−0.965	−0.863	−0.788	−0.730	−0.682	−0.643	−0.610
c	0.086～0.156	0.070～0.127	0.061～0.110	0.055～0.098	0.050～0.090	0.046～0.083	0.043～0.078	0.041～0.073	0.039～0.070
k	−1.334	−1.089	−0.943	−0.844	0.770	−0.713	−0.667	−0.629	−0.597
c	0.157～0.226	0.128～0.185	0.111～0.160	0.099～0.143	0.091～0.131	0.084～0.121	0.079～0.113	0.074～0.107	0.071～0.101
k	1.306	−1.066	−0.923	−0.826	−0.754	−0.698	−0.653	−0.616	−0.584
c	0.227～0.297	0.186～0.242	0.161～0.210	0.144～0.188	0.132～0.171	0.122～0.159	0.114～0.148	0.108～0.140	0.102～0.133
k	−1.281	−1.046	−0.906	−0.810	−0.740	−0.685	−0.641	−0.604	−0.573
c	0.298～0.368	0.243～0.300	0.211～0.260	0.189～0.233	0.172～0.212	0.160～0.197	0.149～0.184	0.141～0.173	0.134～0.164
k	−1.259	−1.028	−0.890	−0.796	−0.727	−0.673	−0.629	−0.593	−0.563
c	0.369～0.438	0.301～0.358	0.261～0.310	0.234～0.277	0.213～0.253	0.198～0.234	0.185～0.219	0.174～0.207	0.165～0.196
k	−1.240	1.013	−0.877	0.785	−0.716	−0.663	−0.620	−0.585	−0.555
c	0.439～0.509	0.359～0.416	0.311～0.360	0.278～0.322	0.254～0.294	0.235～0.272	0.220～0.255	0.208～0.240	0.197～0.228
k	−1.225	−1.000	−0.866	−0.775	0.707	0.655	−0.612	−0.577	−0.548
c	0.510～0.580	0.417～0.473	0.361～0.410	0.323～0.367	0.295～0.335	0.273～0.310	0.256～0.290	0.241～0.273	0.229～0.259
k	−1.212	−0.989	−0.857	−0.766	−0.700	−0.648	−0.606	−0.571	−0.542
c	0.581～0.651	0.474～0.531	0.411～0.460	0.368～0.411	0.336～0.376	0.311～0.348	0.291～0.325	0.274～0.307	0.260～0.291
k	−1.201	−0.980	0.849	−0.759	−0.692	−0.642	−0.600	−0.566	−0.537
c	0.652～0.778	0.532～0.635	0.461～0.550	0.412～0.492	0.377～0.449	0.349～0.416	0.326～0.389	0.308～0.367	0.292～0.348
k	−1.192	0.973	−0.843	0.754	−0.688	−0.637	−0.596	−0.562	−0.533
c	0.779～1.131	0.636～0.924	0.551～0.800	0.493～0.716	0.450～0.653	0.417～0.605	0.390～0.566	0.368～0.533	0.349～0.506
k	−1.174	−0.958	−0.830	−0.742	−0.678	−0.627	−0.587	−0.553	−0.525
c	1.132～1.485	0.925～1.212	0.301～1.050	0.717～0.939	0.654～0.857	0.606～0.794	0.567～0.742	0.534～0.700	0.507～0.664
k	−1.165	−0.951	−0.824	−0.737	−0.673	−0.623	−0.583	−0.549	−0.521
c	1.486～1.838	1.213～1.501	1.051～1.300	0.940～1.163	0.858～1.061	0.795～0.983	0.743～0.919	0.701～0.867	0.665～0.822
k	1.163	−0.950	−0.823	−0.736	−0.672	−0.622	−0.582	−0.548	−0.520
c	1.838 以上	1.501 以上	1.300 以上	1.163 以上	1.061 以上	0.983 以上	0.919 以上	0.867 以上	0.822 以上
k	−1.163	−0.950	−0.822	−0.736	−0.672	−0.622	−0.582	−0.548	−0.520

续表

A 或 A'	0.900～0.939	0.860～0.899	0.820～0.859	0.780～0.819	0.760～0.779	0.740～0.759	0.720～0.739	0.700～0.719
n	11	12	13	14	15	16	17	18
c	0.006 及以下	0.006 及以下	0.006 及以下	0.005 及以下	0.005 及以下	0.005 及以下	0.005 及以下	0.005 及以下
k	−0.588	−0.563	−0.541	−0.521	−0.504	−0.488	−0.473	−0.460
c	0.007～0.036	0.007～0.035	0.007～0.033	0.006～0.032	0.006～0.031	0.006～0.030	0.006～0.029	0.006～0.028
k	−0.582	−0.557	−0.535	−0.516	−0.498	−0.483	−0.468	−0.455
c	0.037～0.066	0.036～0.064	0.034～0.061	0.033～0.059	0.032～0.057	0.031～0.055	0.030～0.053	0.029～0.052
k	−0.569	−0.545	−0.523	−0.504	−0.487	−0.472	−0.458	−0.445
c	0.067～0.096	0.065～0.092	0.062～0.089	0.060～0.086	0.058～0.083	0.056～0.080	0.054～0.078	0.053～0.075
k	−0.557	−0.533	−0.512	−0.494	−0.477	−0.462	−0.448	−0.435
c	0.097～0.127	0.093～0.121	0.090～0.116	0.087～0.112	0.084～0.108	0.081～0.105	0.079～0.102	0.076～0.099
k	−0.546	−0.523	−0.502	−0.484	−0.468	−0.453	−0.439	−0.427
c	0.128～0.157	0.122～0.150	0.117～0.144	0.113～0.139	0.109～0.134	0.106～0.130	0.103～0.126	0.100～0.123
k	−0.537	−0.514	−0.494	−0.476	−0.460	−0.445	−0.432	−0.420
c	0.158～0.187	0.151～0.179	0.145～0.172	0.140～0.166	0.135～0.160	0.131～0.155	0.127～0.150	0.124～0.146
k	−0.529	−0.506	−0.487	−0.469	−0.453	−0.439	−0.425	−0.413
c	0.188～0.217	0.180～0.208	0.173～0.200	0.167～0.192	0.161～0.186	0.156～0.180	0.151～0.175	0.147～0.170
k	−0.522	−0.500	−0.480	−0.463	−0.447	−0.433	−0.420	−0.408
c	0.218～0.247	0.209～0.237	0.201～0.227	0.193～0.219	0.187～0.212	0.181～0.205	0.176～0.199	0.171～0.193
k	−0.517	−0.495	−0.475	−0.458	−0.442	−0.428	−0.416	−0.404
c	0.248～0.277	0.238～0.266	0.228～0.255	0.220～0.246	0.213～0.238	0.206～0.230	0.200～0.223	0.194～0.217
k	−0.512	−0.490	−0.471	−0.454	−0.438	−0.425	−0.412	−0.400
c	0.278～0.332	0.267～0.318	0.256～0.305	0.247～0.294	0.239～0.284	0.231～0.275	0.224～0.267	0.218～0.259
k	−0.508	−0.487	−0.468	−0.451	−0.435	−0.421	−0.409	−0.397
c	0.333～0.482	0.319～0.462	0.306～0.444	0.295～0.428	0.285～0.413	0.276～0.400	0.268～0.388	0.260～0.377
k	−0.501	−0.479	−0.460	−0.444	−0.429	−0.415	−0.403	−0.391
c	0.483～0.633	0.463～0.606	0.445～0.582	0.429～0.561	0.414～0.542	0.401～0.525	0.389～0.509	0.378～0.495
k	−0.497	−0.476	−0.457	−0.440	−0.425	−0.412	−0.400	−0.388
c	0.634～0.784	0.607～0.751	0.583～0.721	0.562～0.695	0.543～0.671	0.526～0.650	0.510～0.631	0.496～0.613
k	−0.496	−0.475	−0.456	−0.440	−0.425	−0.411	−0.399	−0.388
c	0.784 以上	0.751 以上	0.721 以上	0.695 以上	0.671 以上	0.650 以上	0.631 以上	0.613 以上
k	−0.496	−0.475	−0.456	−0.440	−0.425	−0.411	−0.399	−0.388

续表

A 或 A'	0.680～0.699	0.660～0.679	0.640～0.659	0.620～0.639	0.600～0.619	0.580～0.599	0.560～0.579	0.540～0.559
n	19	20	21	23	24	26	28	30
c	0.005 及以下	0.004 及以下	0.004 及以下	0.004 及以下	0.004 及以下	0.004 及以下	0.004 及以下	0.004 及以下
k	−0.448	−0.436	−0.426	−0.407	−0.398	−0.383	−0.369	−0.356
c	0.006～0.028	0.005～0.027	0.005～0.026	0.005～0.025	0.005～0.024	0.005～0.024	0.005～0.023	0.005～0.022
k	−0.443	−0.432	−0.421	−0.402	−0.394	−0.379	−0.365	−0.352
c	0.029～0.050	0.028～0.049	0.027～0.048	0.026～0.046	0.025～0.045	0.025～0.043	0.024～0.042	0.023～0.040
k	−0.433	−0.422	−0.412	−0.393	−0.385	−0.370	−0.357	−0.344
c	0.051～0.073	0.050～0.072	0.049～0.070	0.047～0.067	0.046～0.065	0.044～0.063	0.043～0.060	0.041～0.058
k	−0.424	−0.413	−0.403	−0.385	−0.377	−0.362	−0.349	−0.337
c	0.074～0.096	0.073～0.094	0.071～0.092	0.068～0.088	0.066～0.086	0.064～0.082	0.061～0.079	0.059～0.077
k	−0.416	−0.405	−0.395	−0.378	−0.370	−0.355	−0.342	−0.331
c	0.097～0.119	0.095～0.116	0.093～0.113	0.089～0.108	0.087～0.106	0.083～0.102	0.080～0.098	0.078～0.095
k	−0.408	−0.398	−0.389	−0.371	−0.363	−0.349	−0.336	−0.325
c	0.120～0.142	0.117～0.139	0.114～0.135	0.109～0.129	0.107～0.127	0.103～0.122	0.099～0.117	0.096～0.113
k	−0.402	−0.392	−0.383	−0.366	−0.358	−0.344	−0.332	−0.320
c	0.143～0.165	0.140～0.161	0.136～0.157	0.130～0.150	0.128～0.147	0.123～0.141	0.118～0.136	0.114～0.131
k	−0.397	−0.387	−0.378	−0.361	−0.354	−0.340	−0.327	−0.316
c	0.166～0.188	0.162～0.183	0.158～0.179	0.151～0.171	0.148～0.167	0.142～0.161	0.137～0.155	0.132～0.150
k	−0.393	−0.383	−0.374	−0.357	−0.350	−0.336	−0.324	−0.313
c	0.189～0.211	0.184～0.206	0.180～0.201	0.172～0.192	0.168～0.188	0.162～0.180	0.156～0.174	0.151～0.168
k	−0.390	−0.380	−0.371	−0.354	−0.347	−0.333	−0.321	−0.310
c	0.212～0.252	0.207～0.246	0.202～0.240	0.193～0.229	0.189～0.225	0.181～0.216	0.175～0.208	0.169～0.201
k	−0.387	−0.377	−0.368	−0.352	−0.344	−0.331	−0.319	−0.308
c	0.253～0.367	0.247～0.358	0.241～0.349	0.230～0.334	0.226～0.327	0.217～0.314	0.209～0.302	0.202～0.292
k	−0.381	−0.371	−0.362	−0.346	−0.339	−0.326	−0.314	−0.303
c	0.368～0.482	0.359～0.470	0.350～0.458	0.335～0.438	0.328～0.429	0.315～0.412	0.303～0.397	0.293～0.383
k	−0.378	0.368	−0.360	−0.344	0.336	−0.323	−0.311	−0.301
c	0.483～0.596	0.471～0.581	0.459～0.567	0.439～0.542	0.430～0.531	0.413～0.510	0.398～0.491	0.384～0.475
k	−0.377	−0.368	−0.359	−0.343	−0.336	−0.323	−0.311	−0.300
c	0.596 以上	0.581 以上	0.567 以上	0.542 以上	0.531 以上	0.510 以上	0.491 以上	0.475 以上
k	−0.377	−0.368	−0.359	−0.343	−0.336	−0.323	−0.311	−0.300

续表

A 或 A′ n	0. 520～0. 539 32	0. 500～0. 519 35	0. 480～0. 499 38	0. 460～0. 479 41	0. 440～0. 459 45	0. 420～0. 439 49	0. 401～0. 419 54	0. 400 及以下 60
c k	0. 004 及以下 －0. 345	0. 003 及以下 －0. 330	0. 003 及以下 －0. 316	0. 003 及以下 －0. 305	0. 003 及以下 0. 291	0. 003 及以下 －0. 279	0. 003 及以下 －0. 265	0. 003 及以下 －0. 252
c k	0. 005～0. 021 －0. 341	0. 004～0. 020 －0. 326	0. 004～0. 019 －0. 313	0. 004～0. 019 －0. 301	0. 004～0. 018 －0. 288	0. 004～0. 017 0. 276	0. 004～0. 016 －0. 263	0. 004～0. 015 0. 249
c k	0. 022～0. 039 －0. 334	0. 021～0. 037 －0. 319	0. 020～0. 036 －0. 036	0. 020～0. 034 －0. 295	0. 019～0. 033 0. 281	0. 018～0. 031 －0. 270	0. 017～0. 030 －0. 257	0. 016～0. 028 －0. 244
c k	0. 040～0. 057 0. 326	0. 038～0. 054 －0. 312	0. 037～0. 052 －0. 300	0. 035～0. 050 －0. 288	0. 034～0. 048 －0. 275	0. 032～0. 046 －0. 264	0. 031～0. 044 －0. 251	0. 029～0. 041 －0. 238
c k	0. 058～0. 074 －0. 320	0. 055～0. 071 －0. 306	0. 053～0. 068 －0. 294	0. 051～0. 066 0. 283	0. 049～0. 063 －0. 270	0. 047～0. 060 －0. 259	0. 045～0. 057 －0. 247	0. 042～0. 054 －0. 234
c k	0. 075～0. 092 －0. 315	0. 072～0. 088 －0. 301	0. 069～0. 084 0. 289	0. 067～0. 081 －0. 278	0. 064～0. 078 －0. 265	0. 061～0. 074 －0. 254	0. 058～0. 074 －0. 242	0. 055～0. 067 －0. 230
c k	0. 093～0. 110 －0. 310	0. 089～0. 105 －0. 297	0. 085～0. 101 －0. 285	0. 082～0. 097 －0. 274	0. 079～0. 092 －0. 262	0. 075～0. 089 －0. 251	0. 075～0. 084 －0. 239	0. 068～0. 080 －0. 226
c k	0. 111～0. 127 －0. 306	0. 106～0. 122 －0. 293	0. 102～0. 117 －0. 281	0. 098～0. 112 －0. 271	0. 093～0. 107 －0. 258	0. 090～0. 103 －0. 247	0. 085～0. 098 －0. 236	0. 081～0. 093 －0. 224
c k	0. 128～0. 145 0. 303	0. 123～0. 139 －0. 290	0. 118～0. 133 －0. 278	0. 113～0. 128 －0. 268	0. 108～0. 122 －0. 255	0. 104～0. 117 －0. 245	0. 099～0. 112 －0. 233	0. 094～0. 106 －0. 221
c k	0. 146～0. 163 －0. 300	0. 140～0. 156 －0. 287	0. 134～0. 149 －0. 275	0. 129～0. 144 －0. 265	0. 123～0. 137 －0. 253	0. 118～0. 131 －0. 243	0. 113～0. 125 －0. 231	0. 107～0. 119 －0. 219
c k	0. 164～0. 194 －0. 298	0. 157～0. 186 －0. 285	0. 150～0. 178 －0. 273	0. 145～0. 172 －0. 263	0. 138～0. 164 －0. 251	0. 132～0. 157 －0. 211	0. 126～0. 150 －0. 229	0. 120～0. 142 －0. 218
c k	0. 195～0. 283 －0. 293	0. 187～0. 270 －0. 281	0. 179～0. 260 －0. 269	0. 173～0. 250 －0. 259	0. 165～0. 239 －0. 247	0. 158～0. 229 －0. 237	0. 151～0. 218 －0. 226	0. 143～0. 207 －0. 214
c k	0. 284～0. 371 －0. 291	0. 271～0. 355 －0. 278	0. 261～0. 341 －0. 267	0. 251～0. 328 －0. 257	0. 240～0. 313 －0. 246	0. 230～0. 300 －0. 235	0. 219～0. 286 －0. 224	0. 208～0. 271 －0. 213
c k	0. 372～0. 460 －0. 291	0. 356～0. 439 －0. 278	0. 342～0. 422 －0. 267	0. 329～0. 406 －0. 257	0. 314～0. 388 －0. 245	0. 301～0. 371 －0. 234	0. 287～0. 354 －0. 224	0. 272～0. 336 －0. 212
c k	0. 460 以上 －0. 291	0. 439 以上 －0. 278	0. 422 以上 －0. 267	0. 406 以上 －0. 257	0. 388 以上 －0. 245	0. 371 以上 －0. 235	0. 354 以上 －0. 224	0. 336 以上 －0. 212

注 $A=\frac{\mu_{1u}-\mu_{0u}}{\sigma}$，$A'=\frac{\mu_{0l}-\mu_{1l}}{\sigma}$，$c=\frac{\mu_{0u}-\mu_{0l}}{\sigma}$。

附表 3　　**单侧限“s”法的样本量与接收常数**

B 或 B'计算值范围	n	k	B 或 B'计算值范围	n	k
1.980 及以上	4	−1.176	0.680～0.699	21	−0.376
1.620～1.979	5	−0.953	0.660～0.679	22	−0.367
1.420～1.619	6	−0.823	0.640～0.659	23	−0.358
1.260～1.419	7	−0.734	0.620～0.639	24	−0.350
1.160～1.259	8	−0.670	0.600～0.619	26	−0.335
1.080～1.159	9	−0.620	0.580～0.599	27	−0.328
1.020～1.079	10	−0.580	0.560～0.579	29	−0.316
0.960～1.019	11	−0.546	0.540～0.559	31	−0.305
0.920～0.959	12	−0.518	0.520～0.539	34	−0.290
0.880～0.919	13	−0.494	0.500～0.519	36	−0.282
0.840～0.879	14	−0.473	0.480～0.499	39	−0.270
0.800～0.839	15	−0.455	0.460～0.479	42	−0.260
0.780～0.799	16	−0.438	0.440～0.459	46	−0.248
0.760～0.779	17	−0.423	0.420～0.439	50	−0.237
0.740～0.759	18	−0.410	0.400～0.419	55	−0.226
0.720～0.739	19	−0.398	0.399 及以下	60	−0.216
0.700～0.719	20	−0.387			

注　$B=\frac{\mu_{1u}-\mu_{0u}}{\hat{\sigma}}$，$B'=\frac{\mu_{0l}-\mu_{1l}}{\hat{\sigma}}$。

附表 4　双侧限“s”法的样本量与接收常数

B 或 B' n	1.980 及以上 4	1.620～1.979 5	1.420～1.619 6	1.260～1.419 7	1.160～1.259 8	1.080～1.159 9	1.020～1.079 10	0.960～1.019 11	0.920～0.959 12
D k	0.010 及以下 −1.581	0.009 及以下 −1.234	0.008 及以下 −1.043	0.008 及以下 −0.919	0.007 及以下 −0.831	0.007 及以下 −0.764	0.006 及以下 −0.711	0.006 及以下 −0.668	0.006 及以下 −0.632
D k	0.011～0.050 −1.557	0.010～0.045 −1.217	0.009～0.041 −1.031	0.009～0.038 −0.909	0.008～0.035 −0.822	0.008～0.033 −0.755	0.007～0.032 −0.704	0.007～0.030 −0.661	0.007～0.029 −0.625
D k	0.051～0.100 −1.506	0.046～0.089 −1.181	0.042～0.082 −1.001	0.039～0.076 −0.884	0.036～0.071 −0.799	0.034～0.067 −0.736	0.033～0.063 −0.685	0.031～0.060 −0.644	0.030～0.058 −0.609
D k	0.101～0.150 −1.464	0.090～0.134 −1.152	0.083～0.122 −0.977	0.077～0.113 −0.863	0.072～0.106 −0.782	0.068～0.100 −0.719	0.064～0.095 −0.670	0.061～0.090 −0.630	0.059～0.087 −0.596
D k	0.151～0.200 −1.423	0.135～0.179 −1.121	0.123～0.163 −0.952	0.114～0.151 −0.843	0.107～0.141 −0.764	0.101～0.133 −0.703	0.096～0.126 −0.656	0.091～0.121 −0.616	0.088～0.115 −0.584
D k	0.201～0.250 −1.383	0.180～0.224 −1.094	0.164～0.204 −0.931	0.152～0.189 −0.825	0.142～0.177 −0.748	0.134～0.167 −0.689	0.127～0.158 −0.643	0.122～0.151 −0.605	0.116～0.144 −0.572
D k	0.251～0.300 −1.351	0.225～0.268 1.070	0.205～0.245 −0.913	0.190～0.227 −0.809	0.178～0.212 −0.734	0.168～0.200 −0.677	0.159～0.190 −0.631	0.152～0.181 −0.594	0.145～0.173 −0.562
D k	0.301～0.350 −1.321	0.269～0.313 −1.050	0.246～0.286 −0.897	0.228～0.265 −0.795	0.213～0.247 −0.722	0.201～0.233 −0.666	0.191～0.221 −0.622	0.182～0.211 −0.585	0.174～0.202 −0.554
D k	0.351～0.400 −1.296	0.314～0.358 −1.032	0.287～0.327 −0.883	0.266～0.302 −0.784	0.248～0.283 −0.712	0.234～0.267 −0.657	0.222～0.253 −0.613	0.212～0.241 −0.577	0.203～0.231 −0.547
D k	0.401～0.650 −1.233	0.359～0.581 −0.990	0.328～0.531 −0.850	0.303～0.491 −0.756	0.284～0.460 −0.688	0.268～0.433 −0.636	0.254～0.411 −0.594	0.242～0.392 −0.560	0.232～0.375 −0.530
D k	0.651～0.900 −1.192	0.582～0.805 −0.963	0.532～0.735 −0.830	0.492～0.680 −0.740	0.461～0.636 −0.674	0.434～0.600 −0.624	0.412～0.569 −0.583	0.393～0.543 −0.549	0.376～0.520 −0.521
D k	0.901～1.400 −1.178	0.806～1.252 −0.954	0.736～1.143 −0.823	0.681～1.058 −0.735	0.637～0.990 −0.670	0.601～0.933 −0.620	0.570～0.885 −0.580	0.544～0.844 −0.547	0.521～0.808 −0.518
D k	1.401～1.900 −1.176	1.253～1.699 −0.953	1.144～1.551 −0.823	1.059～1.436 −0.734	0.991～1.344 −0.670	0.934～1.267 −0.620	0.886～1.202 −0.580	0.845～1.146 −0.546	0.809～1.097 −0.518
D k	1.900 以上 −1.176	1.699 以上 −0.953	1.551 以上 −0.823	1.436 以上 −0.734	1.344 以上 −0.670	1.267 以上 −0.620	1.202 以上 −0.580	1.146 以上 −0.546	1.097 以上 −0.518

续表

B 或 B'	0.880～0.919	0.840～0.879	0.800～0.839	0.780～0.799	0.760～0.779	0.740～0.759	0.720～0.739	0.700～0.719
n	13	14	15	16	17	18	19	20
D	0.006 及以下	0.005 及以下	0.005 及以下	0.005 及以下	0.005 及以下	0.005 及以下	0.005 及以下	0.004 及以下
k	−0.601	−0.574	−0.551	−0.530	−0.512	−0.495	−0.479	−0.466
D	0.007～0.028	0.006～0.027	0.006～0.026	0.006～0.025	0.006～0.024	0.006～0.024	0.006～0.023	0.005～0.022
k	−0.594	−0.568	−0.545	−0.525	−0.506	−0.490	−0.474	−0.464
D	0.029～0.055	0.028～0.053	0.027～0.052	0.026～0.050	0.025～0.049	0.025～0.047	0.024～0.046	0.023～0.045
k	−0.579	−0.554	−0.531	−0.512	−0.494	−0.478	−0.463	−0.449
D	0.056～0.083	0.054～0.080	0.053～0.077	0.051～0.075	0.050～0.073	0.048～0.071	0.047～0.069	0.046～0.067
k	−0.567	−0.543	−0.521	−0.501	−0.483	−0.468	−0.454	−0.440
D	0.084～0.111	0.081～0.107	0.078～0.103	0.076～0.100	0.074～0.097	0.072～0.094	0.070～0.092	0.068～0.089
k	−0.555	−0.531	−0.509	−0.491	−0.473	−0.458	−0.444	−0.431
D	0.112～0.139	0.108～0.134	0.104～0.129	0.101～0.125	0.098～0.121	0.095～0.118	0.093～0.115	0.090～0.112
k	−0.545	−0.521	−0.500	−0.481	−0.465	−0.449	−0.436	−0.424
D	0.140～0.166	0.135～0.160	0.130～0.155	0.126～0.150	0.122～0.146	0.119～0.141	0.116～0.138	0.113～0.134
k	−0.536	−0.512	−0.492	−0.473	−0.457	−0.442	−0.429	−0.417
D	0.167～0.194	0.161～0.187	0.156～0.181	0.151～0.175	0.147～0.170	0.142～0.165	0.139～0.161	0.135～0.157
k	−0.528	−0.505	−0.484	−0.467	−0.450	−0.436	−0.423	−0.411
D	0.195～0.222	0.188～0.214	0.182～0.207	0.176～0.200	0.171～0.194	0.166～0.189	0.162～0.184	0.158～0.179
k	−0.521	−0.498	−0.478	−0.461	−0.445	−0.431	−0.418	−0.406
D	0.223～0.361	0.215～0.347	0.208～0.336	0.201～0.325	0.195～0.315	0.190～0.306	0.185～0.298	0.180～0.291
k	−0.505	−0.484	−0.464	−0.447	−0.432	−0.418	−0.406	−0.394
D	0.362～0.499	0.348～0.481	0.337～0.465	0.326～0.450	0.316～0.437	0.307～0.424	0.299～0.413	0.292～0.402
k	−0.497	−0.476	−0.457	−0.440	−0.425	−0.412	−0.400	−0.388
D	0.500～0.777	0.482～0.748	0.466～0.723	0.451～0.700	0.438～0.679	0.425～0.660	0.414～0.642	0.403～0.626
k	−0.495	−0.473	−0.455	−0.438	−0.423	−0.410	−0.398	−0.387
D	0.778～1.054	0.749～1.016	0.724～0.981	0.701～0.950	0.680～0.922	0.661～0.896	0.643～0.872	0.627～0.850
k	−0.494	−0.473	−0.455	−0.438	−0.423	−0.410	−0.398	−0.387
D	1.054 以上	1.016 以上	0.981 以上	0.950 以上	0.922 以上	0.896 以上	0.872 以上	0.850 以上
k	−0.494	−0.473	−0.455	−0.438	−0.423	0.410	0.398	0.387

续表

B 或 B'	0.680～0.699	0.660～0.679	0.640～0.659	0.620～0.639	0.600～0.619	0.580～0.599	0.560～0.579	0.559～0.540
n	21	22	23	24	26	27	29	31
D	0.004 及以下	0.004 及以下	0.004 及以下	0.004 及以下	0.004 及以下	0.004 及以下	0.004 及以下	0.004 及以下
k	−0.453	0.441	−0.430	−0.420	0.402	−0.394	−0.379	−0.365
D	0.005～0.022	0.005～0.021	0.005～0.021	0.005～0.020	0.005～0.020	0.005～0.019	0.005～0.019	0.005～0.018
k	−0.448	−0.437	−0.426	−0.416	−0.398	−0.390	−0.375	−0.361
D	0.023～0.044	0.022～0.043	0.022～0.042	0.021～0.041	0.021～0.039	0.020～0.038	0.020～0.037	0.019～0.036
k	−0.437	−0.426	−0.416	−0.106	−0.388	−0.380	−0.366	−0.352
D	0.045～0.065	0.044～0.064	0.043～0.063	0.042～0.061	0.040～0.059	0.039～0.058	0.038～0.056	0.037～0.054
k	−0.428	−0.417	−0.407	−0.398	−0.380	−0.373	−0.358	−0.346
D	0.066～0.087	0.065～0.085	0.064～0.083	0.062～0.082	0.060～0.078	0.059～0.077	0.057～0.074	0.055～0.072
k	−0.420	−0.409	−0.399	−0.389	−0.373	−0.365	−0.351	−0.339
D	0.088～0.109	0.086～0.107	0.084～0.104	0.083～0.102	0.079～0.098	0.078～0.096	0.075～0.093	0.073～0.090
k	−0.412	−0.401	−0.391	−0.383	−0.366	−0.359	−0.345	−0.333
D	0.110～0.131	0.108～0.128	0.105～0.125	0.103～0.122	0.099～0.118	0.097～0.115	0.094～0.111	0.091～0.108
k	−0.405	−0.395	−0.385	−0.376	−0.360	−0.353	−0.339	−0.327
D	0.132～0.153	0.129～0.149	0.126～0.146	0.123～0.143	0.119～0.137	0.116～0.135	0.112～0.130	0.109～0.126
k	−0.400	−0.390	−0.380	−0.371	−0.355	−0.348	−0.335	−0.323
D	0.154～0.175	0.150～0.171	0.147～0.167	0.144～0.163	0.138～0.157	0.136～0.154	0.131～0.149	0.127～0.144
k	−0.395	−0.385	−0.375	−0.367	−0.351	−0.344	−0.331	−0.319
D	0.176～0.284	0.172～0.277	0.168～0.271	0.164～0.265	0.158～0.255	0.155～0.250	0.150～0.241	0.145～0.233
k	−0.384	−0.374	−0.365	−0.367	−0.341	−0.334	−0.322	−0.311
D	0.285～0.393	0.278～0.384	0.272～0.375	0.266～0.367	0.256～0.353	0.251～0.346	0.242～0.334	0.234～0.323
k	−0.378	−0.368	−0.359	−0.351	−0.336	−0.330	−0.317	−0.306
D	0.394～0.611	0.385～0.597	0.376～0.584	0.368～0.572	0.354～0.549	0.347～0.539	0.335～0.520	0.324～0.503
k	−0.376	−0.367	−0.358	−0.350	−0.335	−0.328	−0.316	−0.305
D	0.612～0.829	0.598～0.810	0.585～0.792	0.573～0.776	0.550～0.745	0.540～0.731	0.521～0.706	0.504～0.683
k	−0.376	−0.367	−0.358	−0.350	−0.335	−0.328	−0.316	−0.305
D	0.829 以上	0.810 以上	0.792 以上	0.776 以上	0.745 以上	0.731 以上	0.706 以上	0.683 以上
k	−0.376	−0.367	−0.358	−0.350	−0.335	−0.328	−0.316	−0.305

续表

B 或 B′	0.520～0.539	0.500～0.519	0.480～0.499	0.460～0.479	0.440～0.459	0.420～0.439	0.400～0.419	0.399 及以下
n	34	36	39	42	46	50	55	60
D	0.003 及以下	0.003 及以下	0.003 及以下	0.003 及以下	0.003 及以下	0.003 及以下	0.003 及以下	0.003 及以下
k	−0.347	−0.337	−0.323	−0.310	−0.296	−0.283	−0.269	−0.257
D	0.004～0.017	0.004～0.017	0.004～0.016	0.004～0.015	0.004～0.015	0.004～0.014	0.004～0.013	0.004～0.013
k	−0.344	−0.333	−0.319	−0.307	−0.293	−0.280	−0.266	−0.254
D	0.018～0.034	0.018～0.033	0.017～0.032	0.016～0.031	0.016～0.029	0.015～0.028	0.014～0.027	0.014～0.026
k	−0.335	−0.325	−0.312	−0.300	−0.285	−0.273	−0.260	−0.248
D	0.035～0.051	0.034～0.050	0.033～0.048	0.032～0.046	0.030～0.044	0.029～0.042	0.028～0.040	0.027～0.039
k	−0.329	−0.319	−0.306	−0.294	−0.280	−0.268	−0.255	−0.244
D	0.052～0.069	0.051～0.067	0.049～0.064	0.047～0.062	0.045～0.059	0.043～0.057	0.041～0.054	0.040～0.052
k	−0.322	−0.313	−0.299	−0.288	−0.274	−0.263	−0.250	−0.239
D	0.070～0.086	0.068～0.083	0.065～0.080	0.063～0.077	0.060～0.074	0.058～0.071	0.055～0.067	0.053～0.065
k	−0.316	−0.307	−0.294	−0.283	−0.270	−0.258	−0.246	−0.235
D	0.087～0.103	0.084～0.100	0.081～0.096	0.078～0.093	0.075～0.088	0.072～0.085	0.068～0.081	0.066～0.077
k	−0.311	−0.302	−0.290	−0.279	−0.265	−0.254	−0.242	−0.231
D	0.104～0.120	0.101～0.117	0.097～0.112	0.094～0.108	0.089～0.103	0.086～0.099	0.082～0.094	0.078～0.090
k	−0.307	−0.298	−0.286	−0.275	−0.262	−0.251	−0.239	−0.228
D	0.121～0.137	0.118～0.133	0.113～0.128	0.109～0.123	0.104～0.118	0.100～0.113	0.095～0.108	0.091～0.103
k	−0.304	−0.295	−0.282	−0.272	−0.259	−0.248	−0.236	−0.225
D	0.138～0.223	0.134～0.217	0.129～0.208	0.124～0.201	0.119～0.192	0.114～0.184	0.109～0.175	0.104～0.168
k	−0.296	−0.287	−0.275	−0.264	−0.252	−0.241	−0.230	−0.220
D	0.224～0.309	0.218～0.300	0.209～0.288	0.202～0.278	0.193～0.265	0.185～0.255	0.176～0.243	0.169～0.232
k	−0.291	−0.283	−0.271	−0.261	−0.249	−0.238	−0.227	−0.216
D	0.310～0.480	0.301～0.467	0.289～0.448	0.279～0.432	0.266～0.413	0.256～0.396	0.244～0.378	0.233～0.361
k	−0.290	−0.282	−0.270	−0.260	−0.248	−0.237	−0.226	−0.216
D	0.481～0.652	0.468～0.633	0.449～0.608	0.433～0.586	0.414～0.560	0.397～0.537	0.379～0.512	0.362～0.491
k	−0.290	−0.282	−0.270	−0.260	−0.248	−0.237	−0.226	−0.216
D	0.652 以上	0.633 以上	0.608 以上	0.586 以上	0.560 以上	0.537 以上	0.512 以上	0.491 以上
k	−0.290	−0.282	−0.270	−0.260	−0.248	−0.237	0.226	−0.216

注 $B=\frac{\mu_{1u}-\mu_{0u}}{\hat{\sigma}}$，$B'=\frac{\mu_{0l}-\mu_{1l}}{\hat{\sigma}}$，$D=\frac{\mu_{0u}-\mu_{0l}}{\hat{\sigma}}$。

参 考 文 献

［1］ 赛云秀．工程项目控制与协调研究［M］．北京：科学出版社，2011．

［2］ 王雪青．工程项目成本规划与控制［M］．北京：中国建筑工业出版社，2011．

［3］ 刘伊生．工程项目进度计划与控制［M］．北京：中国建筑工业出版社，2008．

［4］ 梁世连．工程项目管理［M］．2版．北京：中国建材工业出版社，2010．

［5］ 寇洪财．新版抽样检验国家标准实用手册［M］．北京：中国标准出版社，2005．

［6］ 中国建筑工业出版社．建筑工程施工质量验收规范（2021年版）［M］．北京：中国建筑工业出版社，2021．

［7］ 曾瑶，李晓春．质量管理学［M］．4版．北京：北京邮电大学出版社，2012．

［8］ 徐志胜，姜学鹏．安全系统工程［M］．2版．北京：机械工业出版社，2012．

［9］ 景国勋，施式亮，等．系统安全评价与预测［M］．徐州：中国矿业大学出版社，2009．

［10］ 郑小平，高金吉，刘梦婷．事故预测理论与方法［M］．北京：清华大学出版社，2009．

［11］ 佟瑞鹏，王文军，王斌．《生产安全事故报告和调查处理条例》宣传教育读本［M］．北京：中国劳动社会保障出版社，2014．

［12］ 王洪德，董四辉，王峰．安全系统工程［M］．北京：国防工业出版社，2013．

［13］ 张顺堂，高德华，吴昌友，等．职业健康与安全工程［M］．北京：冶金工业出版社，2013．

［14］ 中华人民共和国住房和城乡建设部．建筑施工安全检查标准：JGJ 59—2011［S］．北京：中国建筑工业出版社，2012．

［15］ 中华人民共和国国家质量监督检验检疫总局，中国国家标准化管理委员会．职业健康安全管理体系要求：GB/T 28001—2011［S］．北京：中国标准出版社，2012．

［16］ 高向阳，秦淑清．建筑工程安全管理与技术［M］．北京：北京大学出版社，2013．

［17］ 全国一级建造师执业资格考试用书编写委员会．建设工程项目管理［M］．北京：中国建筑工业出版社，2013．

［18］ 王祖和．项目质量管理［M］．北京：机械工业出版社，2004．

［19］ 施骞，胡文发．工程质量管理教程［M］．上海：同济大学出版社，2010．

［20］ 赵挺生．建筑施工过程安全管理手册［M］．武汉：华中科技大学出版社，2011．

［21］ 廖品槐．建筑工程质量与安全管理［M］．北京：中国建筑工业出版社，2008．

［22］ 中华人民共和国水利部．水利水电工程施工安全管理导则：SL 721—2015［S］．北京：中国水利水电出版社，2015．

［23］ 卢向南．项目计划与控制［M］．北京：机械工业出版社，2004．

［24］ 孙军．项目计划与控制［M］．北京：电子工业出版社，2008．

［25］ 刘思峰．灰色系统理论及其应用［M］．9版．北京：科学出版社，2021．

［26］ 王雪青．建设工程投资控制［M］．北京：知识产权出版社，2003．

［27］ 孙慧．项目成本管理［M］．3版．北京：机械工业出版社，2018．

［28］ 张家春．项目计划与控制［M］．上海：上海交通大学出版社，2010．

［29］ 何成旗，李宁，舒方方，等．工程项目计划与控制［M］．北京：中国建筑工业出版社，2013．

［30］ 全国造价工程师执业资格考试培训教材编审委员会．建设工程计价（2017版）［M］．北京：中国计划出版社，2017．